한국춘란
가이드북

전문가편

대한민국 명장이 직접 전수하는

한국춘란 가이드북

이대건 농학박사 지음

문예춘추사

변화의 시점에서 우리에게 필요한 것들

입문편을 쓰면서 기쁘고 행복했다. 역사와 문화, 재배 생리와 해부학, 분류 체계와 배양기술, 난초의 특별한 매력과 수익창출 방법을 간략하게나마 풀어낼 수 있었다는 것에 뿌듯함을 느꼈다. 입문편은 대국민 프러포즈이다. 그런데 이제는 전문가편이다. 난초로 명장이 되었지만 나보다 뛰어난 분들이 많기에 전문가편을 쓴다는 것이 무척 조심스럽다.

난초계 여기저기서 힘들다고 말한다. 품질관리, 생산기술, 시장전망 등을 원하지만 누구 하나 시원한 답을 제시해주지 못하고 있는 현실이다. 인구유입 실패, 문화적 정체성 확립 부족, 각종 비양심과 기술 부족, 게다가 평균연령은 이미 초고령으로 진입해버렸다. 난초 값은 인큐베이팅 생산자들에 의해 예측이 불가능해졌다. 결정적으로 변화를 이뤄내지 못한 낡은 제도와 관행이 신규 유입 절벽으로 이어져 오늘의 어려움을 만들고야 말았다. 모두가 한목소리를 내도 쉽지 않은데 사분오열이다. 조금만 난초를 알면 모두가 진영을 차려 자기주장만 내세우니 혼란은 더 가중된다. 누르스름하면 황화라 하고 조금만 둥글면 두화라 하고 양을 염소라고 하는 힘든 세상이다. 삼정지도(三正之道:정질, 정품, 정직의 길)를 살려내야 미래가 있다.

나는 국가의 부름을 받은 대한민국농업명장이다. 내가 해야 할 일은 난계를 살려내는 것이다. 공명심 하나로 살아온 내가 수신제가에만 치중할 수 없어 분연히 일어섰다. 난인들의 애환과 고민을 누구보다 잘 알기에 그들의 눈물과 땀방울을 씻어주고 싶어 전문가편에 임한다.

우리 모두가 살아남는 대원칙은 최선을 다하는 것뿐이다. 우리가 해야 할 최선은 무엇일까? 우리 스스로를 지켜줄 수 있는 안전한 제도와 법을 만들고 낡은 관행을 혁신하는 것이다. 양심을 회복하고 보다 더 정직해져야 한다. 더불어 영농생산 설계기술, 생산기술, 품질관리 기술을 몸으로 익히는 데 최선을 다해야 한다. 농림부와 〈난과 생활〉 설문에서도 이 두 가지를 원한다고 했다. 나는 이 분야의 전공자이자 프로다. 그래서 지금까지 내가 익히고 배운 모든 것을 이 책에 쏟아붓겠다는 자세로 펜을 들었다.

난초로 돈을 많이 벌었다는 분들이 있다. 이들에게는 실패한 사람들과는 다른 장점이 있었을 것이다. 난계에 쌓인 불만과 아쉬움을 말할 시간에 성공비법을 찾으려 했을 것이고 운과 타이밍도 남달랐을 것이다. 그럼 그들의 방법을 무작정 따라하면 성공할 수 있을까? 그렇다고 답하기가 어렵다. 시장 환경이 달라졌기 때문이다. 이제는 "누가 어떻게 해서 재미를 보았더라"는 말은 옛날 이야기가 되었다.

2019년 겨울 날씨를 보라. 예측 불허다. 이것은 여러 요인 중 지극히 작은 하나에 불과하다. 그래서 전문가편은 정답을 제시하는 것이 아닌, 입문을 지난 후 한 단계 더 도약하려는 분들을 위한 하나의 가이드라인 성격이 짙다. 나아가 많은 경험을 가지고 있는 경력자분들이 난초로 성공하기 위한 다양한 기술을 터득할 수 있는 한 차원 높은 가이드북이다.

지금의 춘란 시장 환경은 프로도 감당하기 어렵다. 각 장르별 균형이 무너졌고 계급이 실종되었다. 그래도 난초를 버리고 다른 취미로 돌아갈 마음이 없다면 과거형에서 미래형으로 방법과 생각을 바꾸어야 한다. 난계도 개인도 변해야 한다. 어제보다 더 정직해져야 하고 솔직해져야 한다. 깨끗하고 투명하고 공정하고 미래지향적으로 만들어야 모두가 웃을 수 있다. 난초는 사랑으로, 난계는 정의감으로 대해야 한다. 그리고 자신의 기회는 스스로가 찾고 지켜내야 한다. 기존 난계의 낡은 시스템으로는 난인들을 보호해줄 수 없는 지경에 이르렀다. 인큐베이터를 비롯한 난계 발전에 역행하는 일들을 해결하기 위해 성명서 한 장 낸 적이 있었는지 생각해봐야 한다. 이제는 귀동냥, 눈동냥에서 벗어나야 살아남을 수 있다.

이제부터 준비해야 할 것은 기술력이다. 근래에 많이 듣는 질문이 있다. "어떤 것을 사야 돈이 될까요?"이다. 나는 "품종이 아니라 에러를 최소화하는 기술력이 더 중요합니다"라고 한결같이 대답한다. 기술력에 답이 있다. 기술을 얻기 위해 힘쓰는 사람만이 불안이 아니라 기대에 부풀어 가슴 뛰는 오늘을 보낼 수 있다. 제대로 배우고 체계적으로 공부하면 세상은 바뀔 것이다.

해마다 에베레스트를 오른 사람들의 사고 이야기가 뉴스에 나온다. 그때마다 사람들은 "뭐하러 그 위험한 곳에 가서 사고를 당하나?"며 괜한 핀잔을 한다. 에베레스트 정상을 다녀왔다고 해도 국가와 사회가 그들에게 돈을 주거나 안락한 삶을 제공해주는 것은 아니다. 다만 스스로의 만족과 가치구현을 이루는 것이 대부분이다. 이들이 얼마나 많은 노력을 해야 하는지는 말하지 않아도 알 것이다. 에베레스트를 오를 때 당하는 사고는 부지기수며 사망률도 13%나 된다. 코로나19 사망률보다 높다. 그래도 국가나 가족, 동료가 나서서 말리지 않는다. 왜 그럴까? 그 도전에는 돈으로 환산할 수 없을 정도의 특별한 가치가 있기 때문이다.

난초 세계도 다르지 않다. 돈보다 더 가치 있는 것이 분명히 있다. 우리는 최고 수준의 난초 기량을 갖추기 위해 그들처럼 에베레스트를 오르고 있는 것이다. 한국춘란으로 만족스런 결과를 얻으려면 돈보다 값진 가치가 있다는 것을 알고 시작했으면 한다.

취미를 원하는 사람은 입문편만 읽어도 즐거움을 찾을 수 있을 것이다. 하지만 영리를 목적으로 한다면 입문편과 전문가편을 꼼꼼히 읽으며 그 모든 내용이 자신의 것이 되도록 해야 한다. 전문가편은 시장 분석, 전략 수립, 재배 생리, 생산기술, 품질관리, 위기 대처, 예술 세계 순서로 풀어냈다. 1장이 토양이라면 2장은 성공의 씨앗을 심는 것이다. 3장이 꽃을 피우는 원리라면 4장은 꽃을 피우는 방법이다. 5장이 결실이라면 6장은 열매를 지켜내는 방법이다. 마지막 7장은 앞의 전 과정을 하나의 예술로 승화시켜 고소득을 올리는 완성품 생산으로 귀결시켰다. 1장부터 7장까지 내용을 자신의 것으로 만든다면 삶이 달라지기 시작할 것이다.

TV 생방송에 출연해 한국춘란 산업과 문화 콘텐츠와 관련된 일자리 100만 개를 만들 수 있다고 힘주어 말했다. 그 꿈이 현실이 될 수 있도록 지금까지 내가 배우고 익힌 기술과 경영 노하우 등 모든 것을 두 권의 책에 아낌없이 쏟아부었다. 두 권의 책이 일자리 창출에 밑거름이 되길 기대한다. 또한, 난초에 몸담고 있는 모든 사람들에게 희망과 행복을 선물해줄 수 있기를 간절히 바란다.

관유정에서 이대건 씀

열정과 실력으로 꽃피운 한국춘란 가이드북

한국춘란 가이드북의 저자 이대건 명장을 만난 건 그가 배움의 길에 들어섰을 무렵이었다. 당시 늦깎이 학생이었던 그는 뭐가 그리 즐거운지 매사에 패기 있고 자신만만했다. 잠시도 가만히 있지 못하고 역동적으로 살아가는 모습이 보기에 좋았다. 한국춘란에 대한 열정도 대단해 궁금한 것이 있으면 참지 못하고 장소를 불문하고 질문하며 문제를 해결해나가는 모습 또한 인상적이었다. 전국대회 심사를 여러 번 같이 한 적이 있었는데 실력과 소신 있는 모습이 훗날 뭔 일을 크게 할 것 같다는 생각이 들 정도였다.

세월이 흘러 이대건 명장이 농학박사 학위를 취득한 후에는 함께 한국춘란의 생리생태학에 관한 지식을 교류할 수 있을 정도의 차원까지 발전하게 되었다.

그러던 어느 날, 한국춘란과 관련된 책을 썼다고 두 권의 원고를 건네주었다. 원고를 읽기 전 내심 조마조마했다. 제자를 바라보는 스승의 마음 때문일 것이다. 조금은 우려하는 마음으로 원고를 읽어갔다. 한 장 한 장 페이지를 넘기다 보니 우려는 사라지면서 오히려 내용에 흥미를 느껴 두 권의 원고를 단숨에 읽을 수가 있었다.

나는 오랜 세월 한국춘란의 원예화 촉진을 위한 대한민국 난 등록위원회 창립,

이에 따른 대한민국춘란명감 발행,《한국춘란(이론과 실제)》저서 간행 등 난계 발전을 위해 힘을 써왔고, 지금까지 교수로서 제자를 양성하고 연구하며 춘란의 이론과 저변확대의 토대를 마련하는 데 주춧돌 역할을 해온 것으로 회고한다.

그런데 이대건 명장이 기존 지식에 더해 현대인들의 마음을 움직일 수 있는 시각과 해석, 새로운 이론, 농장경영 노하우와 실전 기술까지 망라한 책을 펴낸 것을 보고 청출어람이라는 말이 떠올랐다. 그래서 입문편과 전문가편, 이 두 권을 잘 탐독하게 되면 한국춘란에 관한 모든 궁금증을 해소하여 난 생활을 해나가는 데 하나의 활력소가 될 것으로 판단하여 이 책의 일독을 추천하는 바이다.

아무쪼록 이대건 명장이 평생 연구하고 경험하면서 마음속에 담아두었던 난초에 관한 철학이 난계가 더 발전하고 저변이 확대되는 데 귀하게 쓰였으면 하는 마음이다. 이 책은 이대건 명장 개인의 책이라기보다 난계에 꼭 필요한 저서가 될 것으로 판단하며, 그간의 노력과 노고에 크나큰 박수와 위로를 보내며 앞으로 무궁한 발전이 있기를 기대한다.

2020년 早春
경북대학교 명예교수
농학박사 정재동

한국춘란에 관한 가장 튼실한 저서

대구가톨릭대학 대학원 원예학과에서 이대건을 알게 되었다. 석·박사를 지도하며 느낀 것은 이대건은 한국춘란을 위해 태어난 사람이라는 것이다. 유전 육종과 조직 배양, 한·중 춘란 꽃의 형태와 원산지 판별법으로 학위연구를 할 때의 열정은 다른 학생들과 확연한 차이를 보였다. 포기할 줄도 물러설 줄도 모르는 불도저 같았다. 삶의 모든 연결고리의 마침표는 한국춘란이었다.

담당 교수로서 이대건 학생을 볼 때는 안쓰럽기까지 했다. 깡마른 체격에 그렇다고 삶이 안정적이지도 않으면서 한국춘란을 살리겠다는 사명감이 있는 것을 보면 이해하기 어려운 점도 있었다. 자기 혼자 발버둥친다고 크게 달라지지 않을 것인데 너무 무리하고 있다고 생각했다. 그래도 이대건 명장은 콧노래를 흥얼거리며 특유의 몸짓으로 국내외로 뛰어다니며 공부를 했다.

간절하면 이루어진다고 했던가? 이대건 명장은 한국춘란의 발전을 간절히 바랐다. 때로는 그 주장이 너무 강해 다른 사람들의 오해를 사기도 했고 시기의 대상이 되기도 했다. 욕받이를 할 때도 있었는데 그런 노력이 헛되지 않았다는 것을 두 권의 책 원고를 받아 들고 알게 되었다. 그의 간절한 바람이 두 권의 책에 압축된 것을 보고 기뻤다.

이대건 명장은 거짓말을 못했다. 솔직하고 담백하고 의리까지 있었다. 그런 그의 마음이 책 속에 오롯이 녹아 있다는 것을 느꼈다. 자신이 가진 지식과 노하우를 아낌없이 쏟아부었다는 진심을 느낄 수 있었다. 자신만 알고 그 유익을 누리면 되는 것도 가감 없이 풀어놓은 것을 보고 이 책을 읽는 사람들이 복을 받는 것이라는 생각이 들었다.

한국춘란에 관심 있는 사람들은 앞으로 여기저기 기웃거릴 필요 없이 이 책 입문편과 전문가편 두 권이면 충분할 것 같다. 이대건 명장이 평생 공부하고 이룩한 모든 것이 담겨 있기 때문이다. 다른 데서는 들을 수 없는 소중한 매뉴얼과 기술들이 가득 차 있다. 찬찬히 두 권만 탐독해도 전문가 수준에 이를 수 있다는 확신이 들었다.

아무쪼록 한국춘란이 지닌 가치와 매력이 이 두 권의 책으로 많은 사람에게 전파되길 기대한다. 이 책은 그럴 만한 가치와 내용이 알토란처럼 튼실하다.

대구가톨릭대학 원예학과 명예교수
농학박사 고재철

차례

· 제1장 ·
시장 분석 - 이것만은 알고 시작하자

· 제 2 장 ·
전략 수립 - 마스터플랜을 수립하라

· 제 5 장 ·
품질 관리 - 분갈이와 스케일링 기술

· 제 6 장 ·
위기 대처 - 병충해 진단과 치료기술

· 제 7 장 ·
예술 세계 - 작가 · 작품 · 시합 · 콘테스트

원명

제1장

시장 분석

-

이것만은 알고 시작하자

난인들이 간절히 원하는 것은 무엇인가

입문편은 난초에 갓 입문한 분들을 위한 책이다. 난초의 기원부터 아주 기본적인 난초지식과 기술을 풀어내 기초부터 탄탄하게 쌓을 수 있도록 구성했다. 전문가편은 난초의 가치를 음미하고 자산가의 길을 걷고 싶은 사람을 위한 책이다. 입문편에 이어지는 전문가편 책의 서두를 어떤 이야기로 풀어낼지 고민하다 난인들이 간절히 원하는 것으로 시작하면 좋겠다고 생각했다.

난인들이 간절히 원하는 것은 무엇일까? 춘란 농가든, 갓 입문한 초보자든, 난초 세계에서 잔뼈가 굵은 경력자든 모두 기술을 꼽았다. 현재 가장 필요한 것이 기술이라는 말이다. 그런데 기술이 필요하다고 말은 하면서 적극적으로 공부하려는 사람은 찾아보기 힘들다. 마땅한 교육기관이 없고, 배울 만한 좋은 책이 없는 것이 이유다. 하지만 진짜 이유는 기술을 배우겠다는 간절함의 결여 같다. 〈표 1〉은 난초로 의미 있는 결과를 만들어내는 필수 요소를 정리한 것이다. 이로써 무엇을 준비해야 할지 알 수 있을 것이다.

	종류	내용	솔루션
1	매입 기술	좋은 품질의 전략품종 입수	정품의 상등품 구입

2	생산 기술	상등품을 항상 만들어내는 기술	공부해 터득해야 함
3	출하 기술	안정적인 값으로 제때 출하하는 기술	OEM 체결 생산

※ 전략품종이란 성공을 담보받을 수 있는 전략적 품종을 뜻함

| <표 1> 필수 주요 기술

한국춘란의 절대 경쟁국은 당연히 일본이다. 일본은 수준 높은 생산기술과 미술적 안목으로 쓸 만한 한국춘란을 싹쓸이하듯이 가져갔다. 전시회나 대회가 있으면 어김없이 우리나라로 들어와 좋은 품종을 수입해 돌아갔다. 고도로 정립된 그들만의 기술과 방식으로 촉수를 늘려 다시 우리나라로 역수출하며 성장했다. 대표적인 품종이 아가씨, 신라, 신비이며 그 외에도 아주 많다. 앞으로는 중국과 대만도 만만치 않다. 대만의 생산기술은 세계 최고 수준이다. 또한 중국의 기술도 날이 갈수록 성장하고 있다.

그럼 우리나라 난초 재배 수준은 어느 정도일까? 동양 3개국과 견주어도 손색이 없고, 자산가의 길로 접어들 만한 기술을 가지고 있을까? 이 문제는 난초계 현장에서 땀방울을 흘리고 있는 사람들의 이야기에 귀기울여야 답을 찾을 수 있다. 현실적인 문제를 알 수 있기에 그렇다.

2016년 농림축산식품부는 고려대학교 산학협력단에 의뢰하여 '한국춘란의 산업화·대중화를 위한 기초·기반조사 및 발전방안'을 위탁했다. 앞으로 어떻게 하면 산업화와 대중화를 이룰 수 있을 것인지 파악하고 대책을 찾아보기 위해서였다. 그 결과는 다음과 같았다.

	기술지도	품질관리	판로개척
생산자(전업농)	14.29%	57.14%	14.29%

애호가(취미인)	37.62%	**20.63%**	18.69%
재배자(부업농)	24.24%	24.24%	21.97%

| <표 2> 난실 경영상 문제점 해결방안(국립중앙도서관 발췌 정리)

난계가 원하는 것은 전업농의 경우 품질관리를 제일로 손꼽았다. 그리고 본편의 주요 독자층인 부업에 관심을 두거나 이제 막 난초를 시작한 분들은 기술지도가 가장 시급하다고 말한다. 품질관리에도 관심이 많았는데 이 역시 기술과 관련이 있다. 기술이 뒷받침되지 않으면 품질관리도 할 수 없기 때문이다.

2019년 〈난과 생활〉에서 설문조사를 한 것을 보아도 많은 생산 농가들이 기술보급을 간절히 원하는 것으로 나타났다. 현재 난계를 어떻게 보느냐의 질문에서는 긍정적인 응답이 약 20%, 부정적인 응답은 76%였다. 가장 시급한 것으로는 신규 유입, 문화와 산업의 조화를 꼽았다.

67%의 응답자가 난 교육과 인구 유입을 위한 마케팅이 필요하다고 했다. 특히 87%는 가온 난초가 시장에서 없어져야 한다고 했다. 60%는 가격안정화를 위해 가온 난초 규제와 다양성을 살려내는 전시문화를 만들어야 한다고 답했다.

조사자 중 92%는 온라인 시장이 전체 난 가격에 영향을 미친다고 말했다. 그런데 92%보다 많은 97%의 응답자가 온라인은 부정적 영향이 크다고 했다. 잘못된 정보의 유통, 가짜 난 유통으로 난초 가격 하락을 조장한다는 것이 이유였다.

많은 사람들이 온라인을 통해 매매를 하지만 실상은 서로 믿지 못하는 것이 현실이다. 온라인이 활발한 유통을 이끌어낸 것 같지만 난계를 더 힘들게 하는 요인이 돼버린 것이다. 그런데도 왜 온라인 시장이 이렇게 활성화되었을까? 시대의 흐름이 중요한 부분을 차지한다. 요즘은 많은 상품이 온라인 시장에서 매매되고 있다. 난초도 이런 시류에 편승해 활성화가 되었다. 활발하게 난초 매매가 이루어진 점은 긍정적인 측면도 일부 있다.

그런데 문제는 난초는 생물이라는 점이다. 온라인상에서 고르고 선택하기에 한계가 있다. 가온 난초, 병에 걸린 난초 등을 정확히 확인하는 데 어려움이 있다. 설문조사에서 뜻밖의 결과 하나가 눈길을 끈다. 온라인에 유통되는 난초들이 품질에 심각한 결격사유(가짜 난 유통과 불량 난들이 난가격의 하락화를 조장)가 있다고 느낀다는 것이다. 많은 응답자가 이를 아주 부정적으로 보고 있다고 했다.

그런데 이 응답자들 중에도 아마 60% 정도는 온라인상에서 직간접적으로 판매한 적이 있었을 것이다. 그렇다면 그 난초들은 선량했는지 돌아봐야 한다. 자신이 출입하는 곳이 부정적인데도 왜 그곳으로 자신들이 내몰리는지 정확히 알아볼 필요가 있다.

불특정 다수가 참여하는 SNS상에서 난초가 판매되는 이유	
1위	생산물의 어떤 부분을 숨기고 팔아야 하므로
2위	난초 가게에서 다시 사주지 않아서
3위	생산물의 품질이 나빠서 또는 낮아서
4위	난초가게에 파는 것보다 10%라도 더 받고 싶어서
5위	생산물의 품종수준(옵션 정도)이 낮아서

| <표 3> 온라인으로 판매하는 난들의 성향 분석(관유정 출입 판매 경험자들의 말)

표에 수록한 것 이외에도 다른 사연들이 있겠지만, SNS상에서 유통되는 난초에 대한 평가를 대략 요약하면 물건이 나쁘다는 것으로 귀결된다. 이제는 SNS 시장이 정품시장을 장악할 정도다. 신규 애란인들이 재미삼아 놀러갔다가 SNS 시장에 안주하는 경우가 대부분이다. 전문 농장보다 값이 싼 것처럼 마케팅을 해서인지 그대로 믿고 구매한다. 하지만 얼마 지나지 않아 후회하는 경우가 많다.

실제 내가 본 몇 곳의 일부 난초들은 관유정에서는 판매나 취급해서는 안 되는 정도가 90%를 넘긴 곳도 있었다. 심지어 실제 난초 주인의 아들과 딸 이름의 차명으로 판매하는 사태도 벌어지고 있었다. 물건이 좋고 가격이 좋으면 왜 차명으로 팔겠는가? 사정이 이러니 난계의 미래는 담보하기 어렵다. 그래서 스스로를 지켜줄 공부와 기술력 향상이 중요하다.

대부분의 춘란 관계자들은 기술을 원하지만 교육은 기피한다. 난초를 재미삼아 시작했는데 얼떨결에 많은 돈이 들어가다 보니 본전이라도 찾을 생각에 그 정도만 고민한다. 수월하게 돈을 벌어보겠다는 생각이 지배적이다. 그러다 보니 굳이 머리 아프게 공부까지 해야 하느냐며 푸념한다. 실패는 두렵지만 그렇다고 공부를 해서 위기를 극복하려는 마음은 크지 않다. 하는 데까지 해보다가 도저히 안 될 때 기술을 배우겠다는 것이다. 문제가 터진 후에 해결책을 마련하겠다는 발상이다.

이런 생각으로는 춘란 아니라 어떤 일을 해도 성공 궤도에 진입하기 어렵다. 이들은 체계적으로 공부해야 할 시간에 난계 사람들과 인맥부터 형성하려 든다. 난초로 성공했다는 사람들의 이야기를 맹신하며 따른다. 하지만 대부분 실패의 쓴 잔을 마시는 경우가 많다.

기술 없이 무작정 뛰어들면 100% 실패한다. 한국춘란은 그리 호락호락하지 않다. 야심차게 들인 난초들이 시들해질 때면 이미 늦었다. 난초로 명장에 오른 나도 표준 매뉴얼을 준수하지 않으면 여지없이 실패한다. 그런데도 현실에는 재래식이 깊이 자리하고 있다. 신기하게도 태동시킨 사람은 없는데 그것을 따라하는 사람들은 실제로 아주 많다. 그 방식은 대체로 이러하다.

1. 분을 작게 쓰고 물이 잘 마르는 낙소 분을 선호하며 분내가 마를 무렵 관수한다.

2. 분갈이를 자주 하지 않고 난석을 대, 중, 소로 확실히 구분해 순서대로 사용한다.

3. 핀셋을 사용하고 두드리고 다져서 심는다. 또한 분내 통기를 위해 선풍기를 선호한다.

4. 여름철엔 가급적 난초를 안 건드리고 겨울에는 주야간 모두 차갑게 기른다.

5. 화학 비료보다는 유기질 비료를 선호하며 방제보다는 유기농법을 선호한다.

6. 밑달림을 아주 무서워하며 난실은 밝은 자생지보다 어둡게 한다.

　나도 처음에는 위와 같이 키웠다. 하지만 곧 나만의 방식을 찾았다. 그런데 신기하게도 재래식의 반대이다. 관유정에서는 난초를 이렇게 배양한다.

1. 분을 크게 쓰고 물이 잘 마르지 않는 플라스틱 분을 선호하며 분내가 마르기 전에 관수한다.

2. 분갈이를 자주 하고 난석을 소립과 소·소로 구분해 사용한다.

3. 심을 때 헐렁하게 주르륵 부어 심고 분내 통기를 줄이기 위해 선풍기는 두지 않는다.

4. 여름철엔 가급적 난초를 자주 살피고 겨울에는 주간 20도, 야간 7도로 온화하게 기른다.

5. 유기질 비료보다는 화학 비료를 선호하며 유기농법보다는 방제를 철저히 한다.

6. 밑달림을 무서워하지 않으며 난실은 자생지보다 밝게 한다.

　나는 누군가가 말해주는 방식을 온전히 따르지 않았다. 나만의 방식을 찾았다. 문제가 발생하면 왜 그런지 따져보고 해결책을 찾으려 노력했다. 수많은 시행착오가 있었지만 그것들을 극복하고 오늘에 이르렀다. 품질이 좋아 고객들의 호응도 좋다. 이 모두는 기술을 배우고 익힌 결과다. 춘란의 재배기술은 오랜 답습에서 비롯되는 것이 아니라 확실한 기술과 분석의 토대 위에서 만들어지는 것이다. 그 기술이 무엇인지 스스로 생각해보고 난초에 적용시켜야 희망이 있다.

확실한 체계를 잡아야 성공이 보인다

사람은 살아가다 보면 자신을 검증해야 할 때가 있다. 이때 주로 시험을 통해 실력과 능력을 검증받는다. 시험에 통과하면 안정된 삶을 보장받거나 한 단계 성장하는 기회를 제공받는다. 그런데 시험이 끝난 후 저마다의 이야기를 들어보면 그 결과가 예측이 된다. 준비를 철저히 한 사람은 "준비한 것에서 크게 빗나가지 않았다"라고 말한다. 반면 시험을 잘 못 본 사람은 "문제가 잘못되었다"며 푸념을 늘어놓는다. 입에서 나온 말만 들어도 어떤 결과를 받게 될지 충분히 예상할 수 있다.

난초에 종사하는 사람들의 말을 들어봐도 그들이 어떤 결과를 만들어왔고, 앞으로 어떤 결과를 맞이하게 될지 예상이 된다. 드물지만 의미 있는 결과를 만들어낸 사람들은 거의가 끊임없이 공부하고 시도하며 자신만의 기술을 터득한 사람들이다. 제대로 준비하고 공부한 사람들은 늘 좋은 결과를 만들어냈다. 반면 좋지 않은 결과를 낸 사람들은 대체로 배움은 멀리하고 푸념 섞인 변명을 늘어놓기 일쑤다.

난초로 자산가가 되는 길은 쉽고도 어려운 길이다. 한국춘란계는 알면 놀이터고 모르면 지옥이란 말이 있다. 쉽다고 생각하는 사람들은 제대로 공부하며 체계를 갖춘 분들이다. 그들은 난초의 어제와 오늘, 내일을 예측하며 그에 걸맞은 공부를 한다. 선택의 기로에 서면 자신이 공부한 바대로 결정하며 좋은 성적을 거둔다. 막힐 때는 전문가에게 부끄러움을 감수하고 질문하며 배운다. 이게 선순환 구조를 만들어 자연스레 물 흐르듯 돌아간다.

반대로 난초가 어려운 길이라고 생각하는 사람들은 제대로 공부가 되지 않은 사람들이다. 난초의 생리부터 아름다움의 기준, 작품성까지 골고루 공부가 되지 않았기에 어떻게 해야 할지를 모른다. 그러니 좋은 성적도 기대할 수 없다.

공부하지 않으면 미래는 없다. 공부를 해도 제대로 해야 한다. 반드시 전문지식과 현장 경험을 아우르고 있는 사람에게 배워야 실수하지 않는다. 대학에서 박사학위를 받으려면 대학교수에게 배워야 한다. 난초 경력이 오래된 사람과 전문지식이 뒷받침된 사람이 전하는 기술은 완전히 다르다. 그러니 제대로 배우고 공부해야 한다. 공부하지 않고 성공한 부농의 길을 걸으려고 한다면 매주 로또 복권을 사며 요행을 바라는 것과 다를 바 없다.

또 하나 중요한 것은 출하할 시기가 다가왔을 때 자신만의 판로가 있어야 한다는 점이다. 난초를 길러 수익을 조금이라도 더 창출하려면 가급적 높은 값에 팔아야 한다. 좋은 값을 받으려면 물건이 좋아야 한다. 그리고 사려는 사람이 있어야한다. 수요와 공급이 조화를 이루어야 원하는 값을 받을 수 있다.

도시농업의 일환으로 시작해 자산가의 길을 걸으려 하면서 자신만의 판로를준비하지 못한 경우가 많다. 이럴 때는 중점 전략품종은 OEM으로 공급받는 게 유리하다. OEM으로 공급받으면 판로 문제는 걱정이 없다. 공급해준 농장에서 다시 사가기 때문이다.

그런데 문제는 재매입 요율은 시간이 흐른 관계로 상등품으로 길렀어도 50~60%인 경우가 많다는 것이다. 판로는 보장받지만 일반 수요자에게 직접 판매할 때보다 가격이 낮다. 관유정의 경우 재매입 표준 약정에 따라 반드시 상등품이어야 매입을 한다. 중등품(3~4등급)은 재매입이 안 될 수 있고, 하등품(5~6등급)과

등외품(6등급 이하)은 취급하지 않는다.

이때 자신이 형성한 판로가 있으면 10~20%의 수익을 더 창출해낼 수 있다. 한 분당 10~20%는 영향이 커 보이지 않지만 선택과 집중 측면에서 보면 이야기가 달라진다. 20%가 수천만 원이 될 수도 있다는 말이다. 그러므로 자산가의 길을 걷고 싶으면 자신만의 판로를 개척하는 노력도 기울여야 한다.

자, 그러면 어떻게 하면 '10~20% 수익을 더 올릴 수 있을까'라는 의문이 생길 것이다. 답은 간단하다. 공부를 열심히 해서 누구나 탐낼 만한 옵션을 갖춘 품종을 들이는 것이 첫째다. 둘째는 배양기술을 터득해 고품질 난초로 키우는 것이다. 이 두 가지만 준비되면 OEM이 아니라도 잘 팔린다. 이런 물건이 SNS로 나와야 한다. 물건 좋고 믿음도 가고 값도 좋아 굳이 얼굴을 보지 않고도 사가는 신뢰가 필요하다. 앞으로는 이런 우량 난초만 엄선해 삼정지도를 실천하는 SNS 판매처가 생겨나야 한다. 수익이 담보되는 인기 품종은 매수자가 대기하고 있다. 거기에다 품질까지 좋으면 더 비싼 값으로 팔 수 있다. 그리고 4등급(관유정 품질등급 기준) 이하의 난초는 SNS에서 팔아야 하는 수고를 해야 한다. 고장률이 높은 중고차 격인 하등급품 생산으로는 돈을 벌기가 어렵다. 이제 우리 세계도 적자생존이다. 외국에서 상등품이 들어온다. 고장률이 없는 신차에 가까운 수준의 상등품을 생산하지 않고서는 악의적 인큐베이팅 등 물리적 환경의 영향으로 가격 보존이 앞으로는 더 힘들어질 전망이다.

이런 능력을 꾸준히 유지하면 그 집(생산자)은 명품을 생산하는 난실로 소문이 나 손님이 문전성시를 이룬다. 저절로 판매처가 생기는 것이다. 욕쟁이 할머니처럼 자신만의 방식으로 손님을 대해도 음식 맛을 보기 위해 일부러라도 사람들이 찾아간다. 그러니 제대로 공부하며 나아가라. 그것이 자산가로 거듭날 수 있는 최고의 방법이며 유일한 길이다.

모든 성공은 기본 위에서 비롯된다

입문자와 전문가는 차원이 다르다. 추구하는 목적과 기술력에서 현저하게 차이가 난다. 입문자는 기술력이 없어도 눈동냥과 귀동냥으로도 얼마든지 난초를 기를 수 있다. 그러나 전문가는 다르다. 전문가는 관련된 분야에 풍부한 지식과 경험이 축적된 사람을 말한다. 문제가 무엇인지 파악할 능력이 있고 그것을 해결할 솔루션도 제공할 수 있는 능력을 갖춰야 전문가라고 할 수 있다.

대체로 우리 난계에는 풍부한 경험을 가진 분들이 많다. 산전수전에 공중전까지 다 겪어서 한국춘란의 이력이나 역사를 꿰뚫고 있다. 경험이 풍부해 다양한 노하우를 방출한다. 그러나 자세히 살펴보면 난초에 대한 전문적인 지식은 결여돼 있는 경우가 많다. 경험은 풍부한 반면 유전학이나 재배 생리학, 미술학과 같이 반드시 알아야 하는 전문지식은 그리 많지 않은 편이다.

전문가 영역으로 뛰어든다는 것은 기술력을 바탕으로 경쟁자의 10% 이내로 진입해 수익을 창출하겠다는 것과 같다. 자본을 투자해 돈을 벌겠다는 의지다. 문제는 돈을 벌겠다는 의지만으로는 돈이 벌리지 않는다는 것이다. 반드시 전문가적인 식견과 기술력, 문제 해결력을 갖춰야 한다. 나아가 난초의 옵션과 작품 설계까지 보는 미술적 안목까지 곁들여야 성공을 담보할 수 있다. 기본이 조성되기 전에는 목돈을 투자하면 위험하다. 난초의 기본기란 이런 것이다.

첫째, 성공 매뉴얼(기술)이 있는가?

둘째, 고품질로 생산할 수 있는 설비가 갖추어졌는가?

셋째, 안전한 종잣돈은 마련돼 있는가?

넷째, 성공을 향한 간절함이 있는가?

이 네 가지 기본이 준비되었다면 얼마든지 도전해도 좋다. 경험만 있는 것이 아니라 지식과 기술이 뒷받침되고 필승을 향한 마음의 준비가 투철할 때라야 할 수 있다는 것이다.

그럼 어떻게 전문가적인 역량을 확보할 수 있을까? 주변에 전문적인 지식을 갖춘 사람들에게서 체계적인 기술을 습득해야 한다. 반드시 난초에 대한 전문적인 지식에 통달한 사람에게 배워야 한다.

예를 들어 반려견을 잘 기르려면 어떻게 해야 할까? 개를 파는 곳이 아니라 수의사를 찾아가야 한다. 품종은 개장사도 어느 정도 알지만 건강상태 확인은 수의사에게 맡겨야 한다. 그런데 우리 난계에서는 고양이와 개도 구분 못하는 분들이 난초를 판다. 이것이 너무 심각하다. 나아가 개를 잘 기를 수 있으려면 개(품종)의 특성을 잘 아는 사람에게 배워야 한다. 요즘 방송에서 반려견과 관련된 프로그램이 많이 방영되고 있다. 개를 무척 사랑해서 가족처럼 돌보는데 문제가 생겨 고민을 앓고 있는 사람이 많아졌다는 방증이다. 방송을 통해 이목을 집중시킨 사람은 바로 강형욱이다. 반려동물 전문가이며 전문 치료사다. 그가 가는 곳마다 반려견 고민은 바로 해결된다. 그는 도저히 풀지 못할 것 같은 숙제도 어렵지 않게 해결한다.

그렇다면 개를 너무 사랑해 수년을 함께 동고동락하는 사람들은 왜 문제를 해결하지 못할까? 개에 대한 전문지식이 없어서다. 사랑하고 좋아하는 것과 전문적인 지식은 별개의 문제다. 개와 관련된 경험이 풍부한 것과 전문적 지식은 다르다. 전문가는 개통령이라 불리는 강형욱처럼 한눈에 문제를 발견하고 해결책을 내세울 정도가 되어야 한다. 난초도 반드시 전문가에게 기술을 전수받고 문제를 해결할 능력을 배우며 준비해야 한다. 전문적인 지식을 갖추고 나서 돈벌이에 도전해야 성공 확률이 높다.

요즘은 SNS나 유튜브를 통하지 않고는 매출이 이루어지지 않는다. 각종 기술과 정보도 이들을 통해 배우고 익힌다. 하다못해 단행본 서적도 유튜브로 먼저 소개를 받고 책을 사는 형국이다. 난초계도 다르지 않다. 그런데 문제는 이들의 정보를 무분별하게 받아들인다는 점이다. 이 사람 말을 들으면 이 사람 말이 맞고, 저 사람 말을 들으면 저 사람 말도 일리가 있다. 이러다 보면 도대체 어느 장단에 춤을 춰야 할지 모르는 지경에 이른다.

SNS나 유튜브에서도 목마름을 해결하지 못하면 그다음에는 난초 동호회에 가입한다. 경험이 풍부한 사람들에게 자문을 구하며 하나하나 익혀간다. 이때 중요한 것은 기본기가 탄탄한 사람에게 배워야 한다는 것이다. 기본기가 탄탄하지 않은 사람에게 배우면 답이 없다. 이 점을 꼭 기억하며 기본기를 세워나가야 한다.

근래 난초가 돈이 된다고 하니 많은 사람이 난초를 배우려고 뛰어들고 있다. 취미가 아닌 자산을 늘리기 위한 목적으로 난초에 발을 내디딘다. 그런데 욕심만 앞서 뛰어든 사람들은 실패할 확률이 높다. 기본기가 탄탄하지 않으니 좋은 성과를 거두지 못하는 것이다.

반면에 전문가에게 체계적으로 배우고 도전한 사람들은 많은 성과를 거두고 있다. 오래 한 것보다 체계적으로 해야 승률이 높다. 경험이 아니라 과학적으로 접근하고 체계적인 시스템을 덧입혀야 좋은 성과을 거둔다는 말이다.

먼저 본인이 잘 배워야 한다. 프로 수준에 도달할 정도까지 실력을 가다듬어야 한다. 프로 속에서도 30% 안에 들 정도의 수준이 되어야 밥벌이가 된다. 10% 안에 들면 꾸준히 돈을 만질 수 있다.

문제가 발생한 후 누구누구의 탓으로 돌리면 그게 무슨 의미가 있겠는가. 마음은 후련하겠지만 잃어버린 돈은 되찾을 수 없다. 남의 탓, 외부 탓으로 돌리기 전에 자신을 점검하는 일이 가장 우선이다. 기본기는 입문편과 본편에 빠짐없이 수록했다. 기본기 없는 현란한 기술은 모두 잡기술이라 여러분들을 더 힘들게 할 뿐이다.

나는 대통령상이 걸린 함평 난대제전에서 대한민국농업(난초)명장상을 2013년부터 제정해 수여해왔다. 부상으로는 순금으로 된 명장 배지를 부착한 상패를 증정한다. 상금도 나간다. 그간의 노고를 축하하기 위해서다. 나는 프로 작가를 지도하는 교육자다. 두각을 내는 작품을 만들어낸다는 게 얼마나 영광스러운 것인지를 누구보다도 잘 알기에 진심 어린 축하를 하는 것이다. 수상작은 대부분 기본기가 충실히 이행된 작품들이다. 기본 기술이 부실하면 확률적으로 좋은 성적을 내기가 힘들다.

| 입상작과 상패

| 시상 전경

간절함이 있어야 자산가가 될 수 있다

　난초를 시작하는 사람이라면 누구나 성공을 꿈꾼다. 자신이 선택한 전략품종이 건강하게 새끼를 낳고, 그로 인해 고수익을 올리며, 높은 성적으로 대회를 주름잡는 즐거운 삶을 살아가고 싶어 한다. 하지만 성공을 기대하며 야심차게 발길을 디뎠지만 즐거움에 도달하지 못하는 사람이 많다.

　난초의 성공은 한 방이 아니다. 근면·성실·기다림이란 농심의 3대 요소로 이루어진다. 작은 실수를 하나씩 줄이는 것에서 시작해야 한다. 자신의 실수가 발견되면 겸손한 마음으로 방법을 찾고 문제를 해결하며 한 걸음씩 전진하면 그리 어렵지 않다. 나아가 목표를 꼭 이루고 말겠다는 간절함도 필요하다. 물러설 수 없는 절박함과 반드시 성공해야 한다는 간절함이 있어야 원하는 성공에 가까워진다.

　여기에서 "우리 난계에는 간절함이 있는가?"라고 물어온다면 나는 회의적으로 본다고 답하겠다. 당장 눈앞에 닥친 어려움을 토로하지만 문제를 해결하는 토대를 만드는 데는 소홀하다. 양대 설문조사에서 드러난 바대로, 기술을 간절하게 원하지만 실제로는 돈을 투자해 배우려고 하지 않는다. '누가 당면한 문제를 해결해주겠지, 언젠가는 이 문제가 해결되겠지'라며 막연한 기대심리로 일관하다 뜻대로 풀리지 않으면 남 탓과 원망만 한다.

그렇다면 간절함은 어디서 생기는가? 통증과 고통을 겪어봐야 생긴다고 본다. 고통을 겪지 않으면 간절함은 생기지 않는다. 간절함은 입으로 요구하는 것이 아니다. 몸으로 요구하는 것이다. 그런데도 체계적인 기술을 배우려는 사람은 찾아보기 힘들다. 아직 덜 답답하다는 것이다. 그러나 앞으로는 많이 답답해질 것이다. 수요와 공급의 균형이 무너졌기 때문이다. 악의적 인큐 생산품을 비인큐로 속이는 것 때문에 시장예측이 점점 어려워져 간다. 이제는 모든 면에서 0.01% 안에 진입해야만 경쟁에서 그나마 견뎌낼 수 있다.

난초는 알고 덤비면 쉽다. 난초의 먹이가 무엇인지, 좋아하는 환경은 무엇인지, 어떻게 생산성을 높일 것인지 그 방법과 기술을 터득하면 고수익을 올리는 일은 땅 짚고 헤엄칠 정도다.

그런데 이런 경지에 도달하기는 말처럼 쉽지만은 않다. 난초를 훤히 꿰뚫을 수 있는 단계까지 오르는 데 만만치 않은 과정들이 산적해 있다. 아주 조그마한 기본부터 고급 기술까지 배우고 익히며 활용할 수 있어야 한다. 삶으로 체득이 될 때까지 기술을 갈고 닦아야 하는데 이 과정이 호락호락하지 않다.

간절함이 있으면 아무리 산적한 난제가 있어도 극복해낼 수 있다. 목표 지점에서 승리의 깃발을 흔들 수 있다. 나는 18세에 기능사 2급으로 시작해 45세에 한국춘란으로 건국 이래 최초로 농업분야 농업명장이 되었다. 난계를 살려보려는 간절함 덕분이었다. 30년간 현장을 누비면서 수많은 사람을 만났다. 그렇게 만난 사람들 중에서 입으로 간절함을 외치는 사람은 많았다. 하지만 진심으로 간절함이 느껴지는 사람은 많지 않았다. 교육을 받고 훈련하며 기술을 터득하려는 사람들은 손으로 꼽을 정도다. 어떤 일이든 놀이삼아, 재미삼아 임해서는 좋은 결과를 만들어낼 수 없다. 재미는 놀이일 뿐이다.

절박함이 있어야 간절함이 생긴다. 간절함이 있어야 성공을 위한 노력을 하게 된다. 절박함과 간절함은 숱한 실패를 견디게 한다. 실패는 성공을 위한 하나의 디딤돌이 되어준다. 아픈데도 병원에 안 가는 건 진짜 아프지 않아서다.

난초로 돈을 벌 수 있을 것 같다는 생각에 수많은 사람들이 도전한다. 어제도 오늘도 내일도 누군가의 말에 힘을 얻어 난초 영농에 뛰어들 것이다. 오늘을 희생하며 성공을 향해 나아갈 것이다. 이때 성공과 실패를 좌우하는 것이 간절함이다. 간절함이 마음 중심에 있다면 성공은 이미 내 안에 있다. 지금 내 안에는 간절함이 있는가? 여기에 대한 답변이 바로 자신의 미래라고 보면 된다.

진심·진실 영농이 성공의 열쇠다

난초로 의미 있는 결과를 만들고 싶다면 먼저 난초를 사랑하는 마음이 있어야 한다. 자신이 기르고 있는 대상에 애정을 두지 않는다면 전문가로 거듭날 수 없다. 전문가가 되지 못하면 돈을 벌 수 없다. 사랑이 싹트는 연인들을 보라. 상대의 자그마한 몸짓, 눈빛 하나도 허투로 보지 않는다. 촉을 곤두세우고 상대를 주시하면서 메시지를 찾고 그에 반응한다. 그러면서 서로의 물리적 거리를 좁히고 마음의 거리도 무너뜨리며 사랑을 싹틔운다. 그렇게 틔운 싹에서 줄기가 돋아나고 꽃이 피고 아름다운 열매가 맺힌다.

2009년 대한민국광고대상 우수상을 수상하며 광고계를 강타한 카피가 있다. 인문학의 토대에서 카피를 만들어내는 박웅현 작가의 작품이었다. 카피만 보아도 마음이 움직일 정도라며 칭찬이 자자했다. 카피의 내용은 바로 '진심이 짓는다'였다. 어느 건설회사의 광고 카피였는데 시장 반응은 뜨거웠다. 회사의 진심이 느껴졌기 때문이다.

기적의 사과로 유명한 기무라 아키노리(木村秋則)는 진심영농으로 유명하다. 그는 사과나무를 진심으로 대하며 재배한다. 사과나무와 이야기를 나누고 소통한다. 자연 생태계를 이해하며 길러서인지 사과는 썩지 않고 맛도 좋다고 전해진다.

10여 년의 실패를 경험하며 진심영농이 꽃을 피우기 시작했고 '기적의 사과'라는 타이틀까지 얻었다.

リンゴ農家
木村秋則

映画のモデルは
この人です!!

| 진심영농 기적의 사과 아키노리(木村秋則)

내가 진심을 강조하는 이유는 난초 경영도 진심의 토대 위에서 이루어져야 하기 때문이다. 난초 영농에 대한 진심, 난초 비즈니스에 대한 진심이 필요하다는 이야기다. 난초를 대하는 태도에 진심이 담겨 있어야 하고, 난계를 바라보는 데도 진심이 있어야 한다. 후배 난인들을 대할 때도 진심으로 대해야 존경받는 전문가로 도약이 가능하다. 진심이 없는 가식은 아무리 그럴듯하게 보이려 해도 한계가 있다.

난초는 생명체이기에 더욱 진심으로 대해야 한다. 난초는 주인의 사랑과 배려를 먹고 자란다. 진심을 보이면 난초도 그에 걸맞는 대가로 보답한다. 도쿄에서 개최된 난초 세계대회에서 호접란으로 대상을 받아 벤츠를 선물로 받은 이가 있었다. 그의 인터뷰를 보았는데 많은 부분에 공감이 갔다. 이분도 날마다 난초와 대화를 한다고 했다. 출근하고 퇴근할 때마다 인사를 나눈다. 그런 진심어린 소통이 건강한 난초가 되도록 이끈 것이다.

근래 난초로 자산을 늘리려는 사람들이 많아졌다. 그런데 타인이나 농장에 맡겨놓고 대리영농을 하는 사람들도 있다. 주인의 발자국 대신 대리모의 발자국 소리를 듣게 하는 것이다. 물도 기계식으로 자동 분사를 하는 곳이 있다고 전해진다. 편리하고 인건비도 절감할 수 있어 좋지만 관유정은 그렇게 하지 않는다. 난초와 소통하기 위해서다.

지금은 회사가 커져 연구에 몰두하지만 내가 직접 물을 줄 때는 인사를 나누고 대화를 했다. 관유정 직원들도 마음을 전하며 신촉부터 꼼꼼히 살피면서 물을 준다. 그러다 보면 난초가 전하는 메시지를 들을 수 있다.

"뿌리가 아파요. 잎에 병이 생겼어요. 목이 마르니 물을 자주 주세요. 화분 속이 더러워요. 어서 새 화분으로 갈아주세요."

난초는 다양한 표현으로 자신의 속마음을 전한다. 진심으로 다가가면 난초가 전하는 메시지를 발견할 수 있다. 그러면 더 건강한 난초로 키울 수 있다.

난초를 배양하고 생산하는 사람은 농부다. 농부에게는 농심(農心)이 필요한데 그 중심에는 진심이 있어야 한다. 생명체를 대하는 직업이기 때문이다. 상추를 길러도 클래식 음악을 들려주면 잘 자란다고 한다. 과일도 아름다운 음악을 들려줄 때 맛이 좋다고 한다. 물을 떠놓고 3개월 동안 한쪽 물에는 욕을 하고 한쪽 물에는 칭찬과 사랑의 말을 들려줬을 때의 결과는 모두들 잘 알 것이다. 욕만 들려준 물의 결정체는 불규칙적인 못생긴 입자로 변했고, 반면 칭찬을 들려준 물은 최고의 결정체인 육각수가 되었다고 한다. 양파로 똑같은 실험을 해도 비슷한 결과가 나왔다. 난초도 다르지 않다.

자산가의 길로 들어섰다면 이제 진심영농, 진실영농을 해야 한다. 정직하게 난초를 길러야 한다는 말이다. 돈에 눈이 어두워 비양심적으로 가온이나 인큐베이터에서 속성 재배하는 것은 진실영농이 아니다.

한 개에 2~3만 원 하는 사과에게도 진심을 다하는데 1촉에 억 소리가 나는 난초를 함부로 대해서는 곤란하다. 사군자의 으뜸인 난초를 진심으로 대하는 사람이 많아질수록 난초도 우리에게 많은 것으로 보답해줄 것이다. 자산가를 꿈꾼다면 '진심이 키운다'라는 슬로건을 걸고 난초를 대하면 어떨까? 그런 사람들이 많아지기를 기대한다.

목표를 명확히 하고 출발하라

전문가로 나아가기 전에 명심해야 할 것은 돈과 명예보다 난초를 아끼는 반려자의 마음이 먼저라는 것이다. 난초를 사랑하고 아끼는 내면가치가 마음 깊이 뿌리를 내려야 다음 단계로의 도약이 가능하다. 무턱대고 덤벼들면 사랑하는 연인을 놓칠 뿐만 아니라 마음의 상처까지 고스란히 떠안게 된다.

많은 사람들이 난초로 수익을 내려고 덤벼들지만, 마음과 생각은 여전히 취미의 영역에서 벗어나지 못하고 있다. 전문가로 거듭나기를 원하면서 그에 걸맞는 공부는 하지 않는다. 배양 능력을 키우고, 기술을 익히며, 종자 목을 보는 안목을 기르기보다 '취미삼아 즐기며 하다 보면 돈도 벌리겠지?'라는 순수한 마음으로 시간과 돈을 투자한다. 뚜렷한 목적과 방향성이 확보되지 않으니 어떤 품종을 들여서 길러야 할지도 모른다. 귀동냥 눈동냥으로 해결되는 일이 아니란 말이다.

난초 교육 때 23년을 취미로 난초를 키웠다는 분이 있었다. 그런데 어떤 꽃이 더 예쁜지 풀어내질 못한다. 꽃의 인상 차이와 등급도 몰랐다. 심지어 옵션의 계급체계도 알지 못했다. 더 심각했던 것은 진짜 황화와 가짜 황화, 화형과 화판형의 정의, 두화와 원판화, 순소심과 준소심도 구분하지 못했다는 것이다. 세포가 괴사를 해도 병인 줄 모르고 바이러스를 서반으로 여겼다. 이런 분에게 취향과 작품관이 있을 리 없다.

한국춘란이 출범한 지 꽤 많은 세월이 흘렀지만 아직도 수십 년의 경력자 중에는 이런 분이 많을 것이라고 생각한다. 한국춘란의 세계는 가정 원예 활동에 기반을 두고 채집, 개발, 생산, 작품, 유통, 출하의 영역이 혼재하며 공존한다. 여기에 체계적인 기술력을 덧붙이면 더 좋은 결과를 만들어낼 수 있다. 스스로 하는 공부는 평가가 따르지 않아 발전 속도가 더디다. 그러나 교육은 다르다. 자격이 있는 전문가에게 체계적이고 논리적으로 배운 후 자신이 어느 정도 알고 있는지 객관적으로 검증받는 것으로 종결된다. 그래서 성장 속도가 빠르다.

어떤 분은 평생 어부처럼 산채만 한다. 또 어떤 분은 6가지 영역(채집, 개발, 생산, 작품, 유통, 출하)을 병행하며 의미 있는 결과를 만들어간다. 무엇을 하든 스스로 행복하고 만족하면 되지만 난초로 웃음을 지을 수 있는 장을 만들려면 자신을 점검할 필요가 있다.

난계에는 두 부류가 혼재한다. 하나는 취미이고 또 하나는 일이다. 양쪽을 병행하는 사람들도 생겨나는 추세다. 취미는 돈을 쓰면서 즐거움을 얻는 것이고, 일(業)은 돈을 벌기 위해 임하는 노동을 일컫는다. 취미는 즐기는 것이고, 일은 애를 먹고 고생을 하는 것이다. 난초로 성공하려면 일과 취미는 반드시 구분해야 한다. 두 마리의 토끼를 잡으려다 다 놓치는 우를 범할 수 있기 때문이다.

난초는 취미에서 웰빙으로, 웰빙에서 원예치료로, 원예치료에서 생산적 취미로, 생산적 취미에서 도시농업으로 변천에 변천을 거듭해왔다. 앞으로도 변해갈 것이다. 과거에는 내면의 풍요를 위해 즐겨왔다면 지금은 수익 모델로 변화되는 양상이 두드러진다. 난계는 가내 농업의 일환으로 시작해 수익을 창출하려는 가파른 움직임이 이미 시작되었다.

난초를 취미의 영역으로 삼고 내면의 가치를 위해 머리를 식히며 여가를 즐기려고 한다면 입문편의 정보만으로도 충분하다. 그렇지만 단 몇 만 원이라도 벌어

볼 요량으로 춘란을 사들이겠다면 다른 각도에서의 접근이 필요하다.

낚시가 좋으면 낚싯대 하나만으로도 즐거운 시간을 보낼 수 있다. 용케 값비싼 물고기를 잡으면 팔아서 돈을 챙길 수 있지만 이런 일은 정말 드물다. 그렇지만 처음부터 물고기를 잡아 돈을 벌려고 한다면 마음부터 다잡고 시작해야 한다. 물고기를 잘 잡을 수 있는 장비와 기술을 갖추고, 잡으려는 물고기의 특성도 알아야 한다. 그 물고기가 좋아하는 먹이, 그물, 바늘도 훤히 꿰뚫어야 원하는 결과를 만들어갈 수 있다. 난초도 다르지 않다.

많은 사람들이 취미 이상의 목표를 설정하고 춘란을 대하면서도 여전히 여가 생활을 즐기는 수준으로 접근한다. 물고기를 잡으면 좋고 안 잡아도 그만이라는 생각이다. 그러다 보니 자신이 키우고 잡은 것을 막상 팔려고 하면 사줄 사람이 없다. 나는 좋은 물건이라고 내놓는데 사려는 사람은 쓸모가 없다고 외면한다. '이만하면 되겠지?, 이 금액이면 사주겠지?'라고 생각해도 다른 사람들은 그렇게 보지 않는다. 트렌드를 읽지 못한 결과이며 좋은 종자를 보지 못하는 기술과 능력의 문제다. 이 역시 목표와 방향성을 깊이 고민하지 않아 나타난 현상이다.

다시 한 번 강조하지만 난초로 전문가가 되고 자산을 늘리려는 의도가 있다면 먼저 난초를 깊이 사랑하는 마음부터 길러야 한다. 난초는 우리를 행복하게 해주려고 우리 곁에 머물고 있다. 사랑하는 마음이 없으면 하늘나라로 가버린다. 사랑의 마음이 깊어졌다면 이제는 자신이 추구하는 목표와 방향성을 고민해야 한다. 어떤 품종(옵션)을 전략상품 삼아 자산을 늘리고 싶은지 계획을 세워야 한다. 어떤 작품을 만들고 언제부터 수익을 창출할 것인지 구체적으로 계획을 세우고 도전하기를 권한다. 그리고 반드시 교육을 받는 것으로 시작해야 한다. 독학에는 한계가 있다. 그렇게 시작하다 보면 원하는 결과를 만들어낼 수 있다. 다시 강조하지만 일인지 놀이인지를 정확히 설정하지 않으면 이도 저도 안 된다. 일은 어업이고 낚시는 놀이다. 처음부터 방향이 확고하지 않으면 아무것도 이룰 수 없다.

자만은 패망의 지름길이다

《삼국지》는 진나라가 통일하기 전까지 위(魏), 촉(蜀), 오(吳) 세 나라가 다투던 상황을 그린 역사 이야기다. 다양한 인간 군상들을 만나는 장이며 처세와 삶의 지혜까지 만날 수 있는 책이다. 오죽하면《삼국지》를 세 번 이상 읽은 사람과는 말을 섞지 말라고 하거나 세 번 이상 읽지 않은 사람과는 상대하지 말라고 하겠는가? 그만큼《삼국지》가 주는 영향이 크다는 의미다.

그런데《삼국지》전체를 통해 배울 수 있는 것은 '자만=몰락'이라는 공식이다. 수많은 전쟁에서 패한 사람들의 특징은 그것이 자만에서 비롯되었다는 것이다. 승승장구하다가도 한순간 자만에 빠져 나라를 잃거나 부하들을 죽음으로 몰아넣은 경우가 많았다. 이것은 전쟁에 국한된 이야기가 아니다. 운동, 일, 삶 등 어떤 영역에서든 자만하면 실패할 수밖에 없다. 난초의 세계도 다르지 않다.

경험만큼 소중한 것이 없다고들 한다. 경험이 재산이라며 실전에서 갈고 닦은 기술을 최고로 여기는 경우가 많다. 난초 경력 몇 년이라는 말을 강조하며 자기 방법이 옳다고 강조한다. 수십 년의 경력은 존중받아 마땅하다. 하지만 전문지식이 뒷받침되지 않은 상태에서 경력은 큰 의미가 없다. 탄탄한 이론의 바탕 위에 경험이 덧입혀져야 실력이 되고 능력이 된다.

모두가 그런 것은 아니지만 지금까지 우리 난계는 탄탄한 이론체계 위에 경험과 실전을 덧입히지 못했다. 전문적인 지식 없이 선배들에게 귀동냥, 눈동냥으로 난초를 배웠고 그렇게 쌓인 노하우로 길렀다. 물론 그중에는 진짜 이론과 실전이 조화로운 사람도 있지만 그 수는 많지 않다. 그러다 보니 자신만의 난초 철학이 굳건하게 자리 잡고 있어 전문지식을 이야기해줘도 콧등으로 알아듣는다. 이게 현실이다.

20년 전부터 많은 난실을 방문하며 컨설팅을 했다. 대부분이 작황이 좋지 않았다. 난초로 수익을 지속적으로 창출하고 있는 곳도 많지 않았다. 난실의 현황을 파악해 문제 해결책을 제시하면 모두 고개를 가로젓는다. 자신의 방법이 절대 틀리지 않다는 뜻이다. 자신의 기술은 어디에 내놔도 손색이 없다고 자신만만해한다.

그런데 그렇게 자신만만한 사람들의 난초는 거의 죽을 지경이다. 더 이상 희망이 없어 보이는데도 자신이 초래한 재해임을 인정하지 않으려고 애쓴다. 모두가 남 탓, 날씨 탓이다. 참 이해가 가지 않는 장면이다.

난초가 돈이 된다고 해서 많은 사람들이 산으로 향했다. 산채를 하며 난초를 취미의 영역으로 생각하며 시작을 한다. 그러다 슬슬 재미가 생기면 작가의 길도 넘본다. 돈을 벌 수 있는 자신이 생기면 영리를 꿈꾸고 도전한다. 그렇지만 전문적인 지식과 기술은 체계적으로 공부하지 않는다. 오로지 자기 경험과 경력에만 의지한다. 경력이 곧 무기라고 생각하지만 이내 현실이 녹록치 않음을 절감한다. 하지만 나는 산채 갈 시간에 있는 난초 안 죽이려고 재배 생리 책을 사본 결과로 오늘에 이르렀다.

영리를 목적으로 난초를 하면 잎 한 장, 뿌리 1cm가 다 돈이다. 예를 들어 천종은 2019년 기준 잎 길이 7~8cm 5장, 뿌리 5가닥(현재 중하작)이면 4등품이다. 관유정에서는 3등품이면 9천만 원(2020년 5월 기준)에 출하한다. 4등품은 대략 7천만 원이다. 뿌리 한 가닥의 가격은 350만 원이고 1cm는 35만 원이다. 1cm의 뿌리 조각이 태극선의 30촉 값이다. 입이 떡 벌어지는 이야기다. 1cm의 뿌리를 건강하게 키워내는 것은 난초를 몇 년 했는가가 아니라 기술이 얼마만큼 뒷받침되느냐로 결정된다. 이래도 지난 경력과 경험에만 의지하겠는가?

난초는 로또복권처럼 한방으로 결과를 낼 수 있는 작물이 아니다. 그럼에도 많은 사람들이 로또복권에 당첨되기를 바라는 것처럼 생각하고 덤벼든다. 언젠가는 꿈의 난초가 내 곁으로 올 것이라는 막연한 기대감으로 난초를 찾아 나선다. 하지만 막연한 기대는 아무런 결과도 만들어낼 수 없다. 반드시 기대에 걸맞은 전략과 기술과 안목이 곁들여져야 결과를 만들어낼 수 있다.

지금까지 자신의 기술과 경력이 좋은 성과를 가져다주지 못했다면 다시 0점을 조정해야 한다. 사격을 할 때 제일 먼저 하는 일이 0점을 조정하는 것이다. 0점이 맞지 않으면 아무리 방아쇠를 당겨도 타깃을 벗어날 수밖에 없다. 난초에서 0점을 조정하는 일은 지난 경력 속에서 얻은 정보와 기술을 내려놓는 일이다. 자만을 내려놓고 겸손한 자세로 다시 배우고 익혀야 한다. 전문적인 지식의 토대 위에서 다시 공부하고 기술을 덧입혀야 된다. 자만은 패망의 지름길이기 때문이다.

내면가치와 외면가치 모두를 이해하라

한국춘란으로 부가가치를 누리려 한다면 먼저 점검할 것이 있다. 춘란을 대하는 자신의 태도에 대한 것이다. 그 태도에 따라 만족도와 행복감이 달라진다.

한국춘란의 부가가치가 매겨지는 과정은 이렇다. 산지에서 돌연변이 개체나 그 외에 아름답다고 여기는 난초를 인공배양장으로 들여와 가치를 부여한다. 원예적인 가치가 있다고 판단되면 작품을 할 사람들에게 판매를 한다. 작가들은 이를 구해 작품을 만들어 선을 보인다. 그렇게 만들어낸 가치를 많은 사람들이 소비한다. 그 과정에서 두 가지 가치가 형성된다. 어떤 사람은 문화·예술 활동의 일환으로 난초를 대하고, 어떤 사람은 소득창출의 일환으로 난초를 만난다. 여기서 전자는 내면가치(힐링)이고, 후자는 외면가치(수익)로 보면 된다.

내면가치는 난초가 가진 특성을 잘 이해해 작품을 만들고 그 아름다움의 가치를 공유하는 것을 말한다. 이 과정에서도 소득이 창출되지만, 궁극적인 목적은 돈이 아닌 난초와의 교감에 있다. 작품이 잘되면 돈은 저절로 들어오기 때문에 신경을 쓰지 않아도 된다.

외면가치는 겉으로 드러난 아름다움을 바탕으로 생산성 있는 활동을 하는 것이다. 부가가치를 생성해 소득을 창출하는 것에 초점을 맞춘다. 이 두 가지 가치가 수레바퀴처럼 공전하며 난초계는 흘러가고 있다.

내면가치는 '저 사람이 나를 얼마나 사랑하느냐?'이다. 사랑도 받아본 사람이 사랑할 줄 안다. 내면의 깊이를 아는 사람이어야 난초를 아끼고 사랑하며 동반자처럼 함께 아름다운 관계를 유지시킬 수 있다. 난초는 복날이 제삿날인 양계장의 닭이 아니다. 자신의 소중한 난초와 나눈 사랑의 맛을 알아야 그 기쁨이 배가 되고 돈도 배가 된다.

외면가치는 '저 사람이 나를 사랑하니까 얼마를 투자할 수 있을까?'라는 것에 중점을 둔다. 전략품종을 들여서 몇 년 동안 기르면 예상 수익이 어느 정도 발생할지 생각하고 난초를 배양한다고 보면 된다. 계산적 사랑이다. 전시회에서 자신의 작품을 선보이면 어느 정도의 가치를 부여받아 돈을 벌 것인가를 먼저 따져보고 임한다는 의미다. 본편의 전문가 과정은 내면가치 위에 외면가치를 덧입히는 것에 의미를 둔다. 두 가지 가치가 서로 공존해야 의미 있는 결과를 만들어낼 수 있기 때문이다.

나는 10년간 공들여 한국춘란 중투호(中透縞) 신문을 작품으로 만들었다. 9촉에 56장의 잎이다. 2019년 대한민국동양란협회 전국대회에서 1위 아가씨 품종과 동점을 받았다. 주변에서 신문을 판매하라는 전화를 많이 받았지만 정중히 거절했다. 돈으로 환산이 안 되는 내면가치 때문이다. 그동안 잎 한 장 한 장에 철사를 걸어 수형을 잡고 작품을 완성시켰다. 잎과 뿌리에 내 손때가 안 묻은 곳이 없다. 지난 10년간 서로 사랑을 나눈 사이가 됐기에 도저히 팔 수 없었다. 10년 이상을 매일같이 사랑을 나눈 사이인데 돈이 전부가 아니기에 팔 수가 없다. 시집을 보냈는데 매일 눈물짓는 삶이 주어진다면 가슴이 미어질 것이다. 그리고 남은 나의 20년 프로 생활에 매일 나의 애장 난초 신문과 사랑을 나누고 싶기 때문이다.

나는 한국춘란의 생산자이자 프로 작가다. 나만의 고유한 작품관과 세계, 그리고 스타일이 존재한다. 잎의 수와 길이, 변이 과정, 잎과 꽃송이마다 표현하려는 특성의 균형적 발현 등을 세심하게 살피고 큰 그림을 그릴 수 있는 과정을 레슨하는 프로 작가다. 이것이 자랑스럽다.

| 개인전 중 대구시장과 시의원들의 축하 방문

난초가 가진 유전적 특성과 성질을 이해하고 사랑해야 수작을 빚어낼 수 있다. 이는 여러 가지 기술적 요소를 가미해 아름다운 작품을 만들어 일반인들에게 증명시키는 과정이다. 즉 내가 추구하는 가치에 부합되는 것들과 인연을 맺고 사랑을 나누며 애란 생활을 이어가는 것이다. 그 과정에서 자연스럽게 부가가치도 올릴 수 있다.

그저 물 주고 기르던 수십 개 중에서 용케 상 받을 만한 것을 건져내는 것은 프로 작가의 일이 아니다. 그런 사람은 그냥 난초의 주인일 뿐이다. 그림으로 치면 그림을 팔아 돈을 벌려는 상인이라는 말이다. 그림을 팔아 얼마의 돈을 벌 수 있는지, 거기에만 생각과 마음이 집중돼 있다.

하지만 그림을 그리는 화가는 다르다. 자신의 심경과 가치관을 배경으로 기술과 혼을 불어넣어 작은 종이 위에다 자기만의 우주를 담아낸다. 이런 그림을 떠나보낼 때는 자식을 보내는 것처럼 안타까워한다. 화가는 내면가치를 실현하려는 입장이고, 화상은 외면가치를 인정받으려고 한다. 비슷한 것 같아도 그림을 대하는 태도가 본질적으로 다르다.

많은 사람들이 난초가 재테크와 자산가가 되는 좋은 도구라며 뛰어들었다. 어떤 분은 돈을 벌기 위해 난초를 사서 대리 생산을 맡기고 적당한 때에 사고팔며 수익을 올린다. 더러는 비양심도 서슴지 않으며 오직 외면가치(돈벌이)에만 관심을 둔다. 그러다 매력이 떨어지면 슬그머니 난초를 멀리한다. 수익이 나지 않으면 헐값에 매매해서라도 본전을 챙기려고 한다.

한때 중투복색화 태극선은 1촉에 수백만 원을 호가했다. 하지만 이제(2020년)는 몇 만 원이면 살 수 있다. 태극선의 몰락은 복색화 군의 자멸을 불러일으켰다. 두화소심 일월화도 태극선보다는 사정이 조금 나았지만 마찬가지다. 일월화의 하락세는 소심 군의 몰락을 부채질하고 있다.

이것은 난계가 내면가치를 조명하지 못함으로써 벌어진 참화다. 나는 아무리 두화의 소심이라도 꽃이 만개했을 때 부판이 처져서 울상이거나 봉심이 안정적이지 못한 품종은 좋아하지 않는다. 예쁘지 않고 못생겼기 때문이다. 내면의 가치는 작품 그 자체다. 잘 갖춘 예쁜 꽃과 잎을 바탕으로 하는 예술이기 때문이다.

올해(2020년) 초에는 옵션이 아주 훌륭한 예쁜 원판화를 두화소심 일월화 값보다 더 비싸게 출하했다. 내면가치에 눈을 뜬 교육생이 난초를 구입했다. 내면가치 개념이 서지 않은 사람이라면 이해가 되지 않는 일이었을 것이다.

외면가치가 돈이라면, 내면가치는 예술 세계다. 즉 아주 잘생긴 원판화는 2예품이라는 뜻이다. 못난 두화소심은 2예품이지만 못생긴 점을 감점처리하면 아주 잘생긴 원판화보다 못한 결과가 나온다. 예술의 메커니즘은 희소성이다. 희소성의 으뜸은 잘생긴 것이다. 못생기면 2예, 3예라도 감예가 발생해 시장의 손길이 닿지 않아 나는 반기지 않는다. 희소하면서 옵션을 갖춘 난초가 인정을 받아야 한다. 고려청자도 수량이 많은 것은 조선 백자보다 값이 싸다.

난초의 25계열 중 25개 대표 종이 무너진다고 아우성이다. 이를 막는 유일한 대안은 내면가치를 되살려 바라만 봐도 즐겁고 신명나는 풍토를 스스로가 만드는 것이다. 자신만의 작품과 품종을 만들고 개발해나가면 된다. 미스코리아에서 1~10위권이라 해도 반드시 상위권이 더 예쁜 건 아니다. 미의 정점을 보는 관점은 다르기 때문이다. 작품을 정점으로 두고 접근해 품종을 생산한다면 일월화나 태극선의 시가 하락에는 영향을 현저히 덜 받을 수 있다. 그리고 집집마다 있는 태극선은 컬렉션 시장에서 무슨 의미가 있겠는가? 조금 비약한다면 조직배양과 무슨 차별을 둘 수 있겠는가? 나는 태극선의 50% 예라도 있다면 흔치 않은 품종에 큰돈을 넣을 마음을 늘 가지고 있다. 난초는 철학을 담아내는 종합 예술이다.

우리는 좀 더 내면의 성숙을 추구해야 한다. 나를 보라. 누구나 가지고 있는 신문을 팔기 싫은데 돈을 3~4배로 준다는 사람이 여럿 대기 중이다. 그래도 팔기 싫다. 우리가 이런 모드로 작품을 하고 난계가 성숙해진다면 난계는 오늘보다 더 활기를 찾았을 것이다. 내면가치를 자신의 것으로 만들어야만 난계도 여러분들도 풍성해진다.

이제는 내면의 풍요가 외면의 돈보다 훨씬 가치가 높음을 깨달아야 한다. 과거 1세대들은 허브 식물보다 향기가 못한 중국춘란 송매(宋梅)를 기르며 여생을 함께했다. 이처럼 난초의 내면가치에 관심을 가지는 문화를 정착시켜야 한다. 내면가치가 충족되면 자연스럽게 외면가치도 인정을 받는다. 정당한 가격에 보상을 받게 된다. 그 가치는 함부로 훼손되지 않는다. 세월이 흘러도 변하지 않는다. 이와 같은 두 가치의 상관관계를 이해하며 전문가 과정을 시작했으면 한다. 내면가치 충족 없이는 외면가치도 인정받지 못하고 오랫동안 우리 곁에서 살아남을 수 없다.

리스크를 최소화하는 기술을 터득하라

리스크(risk-위험)가 없는 사업모델은 없다. 어떤 사업을 하든지 위험이 도처에 도사리고 있다. 그 위험요소를 미리 간파하고 최소화하는 사람은 원만하게 수익을 창출할 수 있다. 그렇지만 위험요소가 무엇인지도 모르고 그것을 해결할 능력조차 없다면 사업에 뛰어들어서는 안 된다. 휘발유를 들고 불길로 뛰어드는 것처럼 실패가 분명하기 때문이다.

난초로 수익을 만들어내고자 할 때도 도처에 위험요소들이 도사리고 있다. 그 요소를 간파해 해결할 기술이 있느냐 없느냐에 따라 결과가 달라진다. 실제 난초로 결과를 만들어가는 것은 그리 어렵지 않다. 난초로 의미 있는 결과를 만든 사람들의 특징은 철저한 자기 기준이 있었고 리스크를 최소화하는 데 성공한 사람들이었다는 것이다. 반면 실패한 사람들은 대부분 귀동냥으로 모든 것을 결정하고 리스크의 중요성을 간과했다. 그들 중에는 결정적인 작은 부주의로 인한 리스크 하나로 모든 게 끝난 경우도 허다했다.

그럼 난초에 도사리고 있는 리스크에는 어떤 것이 있는지 살펴보자. 알아야 준비하고 대처할 능력과 기술을 터득할 수 있지 않겠는가?

번호	리스크	해결책
1	바이러스 감염	배워서 익히거나 검사를 통해 판별
2	속아서 산 것	안 속이는 곳에서 보증을 받으면 됨
3	경기 둔화에 따른 시세 파동	시장 예측 기술과 우량 품종을 기르면 됨
4	배양(생산) 중 세력 저하 및 사망	건강한 것을 가격을 더 주고 들이면 됨
5	비인기 품종 선택 및 기대품의 시세 하락	주문식 OEM으로 해결
6	기술 부족에 따른 생리장애	교육을 받으면 되고 막히면 전문가에게 컨설팅을 받으면 됨
7	생산 중 가치가 낮은 변이로 가치 하락	안전성 높은 계열을 고르면 됨
8	이상기후, 냉해, 동해, 고온해 등으로 인한 손실	교육을 받아 미연에 안전조치를 하면 됨

| <표 4> 난초의 리스크와 해결책

위의 8가지 외에도 다양한 리스크가 존재하는 것이 현실이다. 자신의 환경과 전략품종을 선택해 생산하려고 할 때 리스크를 예상하고 계획을 세우는 것이 실패를 줄이는 비결이다.

예를 들어 원판 황화 원명을 생산해 수익을 창출하려고 한다면 생산비가 필요하다. 임대료와 공과금(수도세, 전기료)을 감안해야 한다. 만에 하나 세력이 저하될 것도 예측할 수 있어야 한다. 자신이 매입한 금액으로는 출하가 안 된다는 것도 인지해야 한다. OEM사와 상인의 마진도 계산해서 출하비용을 설정하는 것이 필요하다. 대개 50~60% 수준이다.

내가 1촉을 300만 원에 구입했다고 해도 출하 시는 150~180만 원 선이라야 OEM사와 파트너가 될 수 있다는 이야기다. 물론 상등품이라야 한다. 하나도 죽이지 않고 생산해도 리스크를 예측하고 계산에 넣어야 할 것이 많다. 이런 점을 충분히 인식하고 있다면 실수가 줄고 실패도 없다. 〈표 4〉의 난초의 리스크와 해결책 8가지 사항에 하나라도 저촉이 되면 곤란하다. 이 모두를 최소화할 자신이 없다면 취미로 돌아가거나 최종 결과에 연연하지 말아야 한다.

특히 춘란으로 도시농업과 노후대책을 생각하고 있다면 난초를 정확히 이해할 수 있는 체계를 잡고 철저한 계획과 공부가 필요하다. 이때 각종 리스크에 저촉되지 않는 기술을 배우고 익혀야 한다. 철저히 과학적으로 접근해 몸에 익히고 난 후 전문적인 영역으로 뛰어들어야 한다. 절대로 자만하지 않고 방심하지 않는 철저한 마음가짐이 무엇보다 중요하다.

많은 사람들이 위기라고 말한다. 맞는 말이다. 위기가 분명하다. 장기적인 경기 둔화로 모든 영역에서 위기설이 나돌고 있다. 그런데 위기는 사실 기회의 장이다. 나는 원명, 목성, 세홍소, 명금보, 여울, 홍장미 등 10여 품종은 상등품일 때 한해서만 시세의 50~60%로 전량 매입한다. 옵션이 매우 우수한데 특정 품종 자본 쏠림으로 공동화되어 평가절하된 것들이라 그렇다.

한 예로 세홍소(世紅素)의 경우는 가격이 쌍둥이 자매주인 태양(가명)의 10~20% 밖에 하지 않는다. 그래서 계속 사 모으고 있다. 수작을 만들어 대회에서 높은 성적을 거두면 값은 5배로 오를 것이기 때문이다. 나는 이런 품종으로 물건을 만들어 대박을 낸 경험이 많기에 누구보다 잘 안다. 이렇게 모은 평가 절하품조차도 실제 구하려면 상등품은 찾아보기 힘들다. 다시 말해 사고 싶어도 난초가 없다. 대부분 하등품이나 판매 불가품들이다. 역 미스매치 현상이 심하다.

관유정은 교육을 이수한 곳에만 협력업체 코드를 개설한다. 나중 A/S 등의 복잡한 일이 아예 생기지 않게 하기 위함이다. 이런 탓에 협력업체는 납품 규정에 해당되는 수준이 있으나, 일반 농가들은 거의 없다. 아직도 많은 수의 농가들은 품질이 낮다. 예컨대 백화점에 납품이 되고 수출이 되는 정도의 수준에 달한 품질의 난을 생산할 기술과 설비수준이 근본적으로 부족하다는 것이다. 사정이 이러니 전통 시장 한편이나 길거리 노점에서나 팔아야 하는 형국이다. 백화점 값의 30~40% 수준이다. 난초로 돈과 명예를 얻기에는 아직 갈 길이 멀어 보인다.

나는 교육 때 자산가로 거듭나고 싶다면 말도 많고 탈도 많은 SNS상 잔(피라미) 입질 볼 시간에 틈나는 대로 정품의 상등품을 만드는 공부를 하라고 주문한다. 위기는 현실을 자각하고 잘못된 점을 바로잡을 때 극복된다. 이렇게 리스크를 하나씩 줄여나가야만 한다.

한국춘란계에는 그간 두 번의 대폭락이 있었다. 5천만 원 하던 송정이 200만 원으로 추락했으며 200만 원 하던 관음이 10여 년 전 40만 원 한 적도 있었다. 그때도 돈을 번 사람은 있었다. 자고 나면 난 값이 오르던 가장 호황이던 시절에도 돈을 못 번 사람들이 있었다. 큰 틀의 등락은 늘 있어 왔다. 이 점을 생각하면 위기라고 해도 마냥 실망할 필요가 없다. 변함없이 사랑받을 수 있는 정품에 하이 옵션을 갖춘 나만의 품종을 선발해 상등품으로 생산하면 어떤 시절이라도 성공할 수 있다.

위기에 봉착해 있을 때 리스크를 예측하는 사람은 그 위기를 기회로 만든다. 1997년 IMF 외환위기 때 많은 사람들이 직장을 잃고 도산했다. 가정이 파괴되고 목숨까지 잃은 사람들이 많았다. 하지만 망하는 사람들이 수두룩할 때 그것을 기회삼아 일어선 사람도 적지 않았다. 누군가 싼값에 내놓은 물건이나 부동산을 사들여 재미를 톡톡히 본 것이다.

난초로 자산가가 되기 위해서는 그 길에 깔려 있는 다양한 리스크를 철저히 분석해야 한다. 그러면 실패의 확률은 반드시 줄어든다. 아니 성공의 길에 한 걸음 더 가까이 다가설 수 있다. 몰락은 위기를 준비하지 않고 무시하는 사람에게 찾아간다. 난초로 모두가 성공할 수는 없다, 세상의 이치이다. 그러나 본편의 깊은 철학을 깊이 새겨 자신감을 회복한다면 성공한 10%에 들 수 있을 것이다.

아끼고 모아 종잣돈이 준비될 때 시작하라

인구 1,600만 명으로 세계를 쥐락펴락하는 민족이 있다. 바로 유대인들이다. 그들은 나라를 빼앗기고 수많은 세월 다른 나라를 전전하며 살았다. 하지만 지금은 정치, 경제, 문화, 산업 등 다양한 분야에서 세계를 선도하고 있다. 특히 경제적인 분야에 특출한 능력을 발휘한다. 역사상 가장 부자인 존 록펠러, 현존하는 세계 최고의 부자 빌 게이츠도 유대인이다. 미국 경제 대통령이라고 불리는 미연방준비제도이사회 의장은 4대 연속 유대인이 차지하고 있다. 노벨 경제학상 수상자의 42%가 유대인이며, 구글, 페이스북, 델, 인텔, 마이크로소프트의 창업자 또한 모두 유대인이다.

유대인이 경제적인 분야에서 앞서가는 이유는 그들의 문화에서 찾을 수 있다. 유대인은 남자는 13세, 여자는 12세에 성인식을 치른다. 자주적인 삶을 살기 위한 독립의식이며 경제적인 독립의식이다. 성인식을 치르면 참여하는 가족과 친척들은 우리나라처럼 축하의 돈을 준다. 일명 종잣돈이다.

그렇게 모은 돈이 상당하다. 그 돈은 예금해두었다가 청년이 돼 독립할 때 유용하게 활용한다. 사업 밑천으로 삼거나 재투자해 경제적인 독립을 일군다. 그 힘이 경제 분야에 강한 민족이 되도록 이끌었다. 종잣돈의 힘이다.

새로운 출발 지점에 있는 사람들은 종잣돈이 얼마나 중요한지 알고 있다. 결혼, 사업, 독립 등 모든 분야에서 종잣돈이 있으면 수월한 출발이 가능하다. 반면 종잣돈이 없으면 힘겨운 세월을 지내야 하고 자칫 일어설 수 없는 지경에 이르기도 한다.

나는 1988년 가을부터 이듬해 봄까지 종잣돈을 모으려고 알바를 했다. 그렇게 만든 70만 원이 종잣돈이 돼 난원을 창립할 수 있었다. 그때 산채로 시간과 돈을 낭비했다면 지금의 시간은 없다. 여러 번의 실패와 도전이 있었지만 내 인생 난초 사업의 첫 번째 종잣돈은 알바를 해서 벌었다. 군에 있을 때 휴가를 나오면 놀지 않고 중국집에서 하루도 쉬지 않고 알바를 했다. 그렇게 번 돈이 종잣돈이 돼 오늘에 이르렀다.

한국춘란으로 자산가가 되는 길에 들어서고 싶다면 종잣돈으로 첫 삽을 떠야 한다. 산채로 기회를 만든다는 것은 참 어려운 일이다. 한국춘란 모두가 산에서 나왔지만 자산가가 된 사람들은 산채인이 아닌 경우가 대부분이다. 산채해온 종자를 보는 안목 있는 사람, 그것을 죽이지 않고 잘 기르는 기술이 있는 사람들이다. 좋은 품종을 만났을 때 그것을 곧바로 자신의 것으로 만들려면 종잣돈이 있어야 한다. 즉 종잣돈이 있는 사람이 좋은 결과를 만든다. 종잣돈을 마련해 전략을 세우고 도전하는 길이 산채를 다니며 좋은 난초를 만나는 것보다 훨씬 즐겁고 재미가 있다. 그리고 성공도 빠르다.

종잣돈은 단순히 난초를 구입하는 비용에만 해당되지 않는다. 난초에 대한 전반적인 이해와 기술을 배우기 위한 교육비, 생산 설비와 자재 구입비 등도 예상해서 준비해야 한다. 이 외에도 자질구레한 곳에 돈이 들어가므로 종잣돈이 두둑할수록 기회는 빠르게 잡을 수 있다.

2007년, 산채한 원명을 차곡차곡 모아둔 돈으로 사들였다. 이 원명이 나를 자산가의 길로 들어서게 했다. 당시 원명의 가치를 알고 배양에 전념할 때 고객 한

분에게 1촉을 구입할 것을 권했다. 하지만 그는 1촉을 살 종잣돈이 없어 포기했다. 그 원명을 다른 사람이 사갔다. 그 사람은 그때 산 원명으로 지금까지 재미를 톡톡히 보고 있다.

난초를 하다 보면 누구에게나 기회는 온다. 준비된 종잣돈이 있으면 기회를 잡을 수 있지만 그렇지 않으면 평생 기대와 후회가 되돌이표처럼 반복되는 애란 생활을 할 수밖에 없다. 그러니 지금부터 난초에 대한 계획을 세우고 필요한 종잣돈을 모으는 습관을 들일 필요가 있다. 지금 모은 오천 원, 만 원이 훗날 자신의 인생을 바꿀 종잣돈이 될 수 있기 때문이다.

종잣돈은 꼭 많아야 능사가 아니다. 내가 35만 원짜리 산반화 한 분으로 재기의 발판을 만들었다는 건 난계에서 알 만한 사람들은 다 안다. 종잣돈이 적으면 기회의 폭과 빈도가 다소 낮아질 뿐이다. 종잣돈을 어렵게 조성했다면 귀를 막아라. 희한하게 똥파리가 들러붙는다. 똥파리만 이롭게 하는 일은 없어야 한다. 미리 설계해놓은 계획과 매뉴얼에서 한 치라도 벗어나면 허사가 될 수 있다.

컨설팅과 자문을 받을 때 지켜야 할 자세

한번은 모임 중에 동물병원 원장인 친구가 이런 말을 했다. "이 박사는 난초 치료와 품종 자문만 해도 먹고살겠어." 그날따라 모임을 진행할 수 없을 정도로 휴대폰이 울렸다. 나는 사진을 보고 그 자리에서 10여 건을 해결해주었다. 그 모습을 보고 부러워서 하는 소리였다. 나는 모든 과정을 무료로 해준다고 말했다. 그랬더니 "법률상담 로톡은 15분 상담에 5만 원을 받는다고, 이 친구야!"라고 했다.

동물병원에서도 원격 상담 시 자문료를 받는 움직임이 있다고 한다. 휴대폰으로 자문을 구해도 유료가 되는 시절이다. 그런데 난계는 전문가의 손길을 빌릴 때 은근슬쩍 무료로 하려는 경우가 많다. 나는 무료로 상담을 해줄 때와 유료일 때는 달리 대처한다. 한번은 1억 천만 원에 산 난초를 일본난이라고 감정을 해주고 500만 원의 감정료를 현금으로 받은 적이 있었다. 그 외에도 수많은 감정을 해주었다.

교육 중에 교육생이 "동물병원은 헤아릴 수 없이 많은데 왜 난초 연구자들은 없고 난초 병원도 생기질 않느냐?"고 질문을 했다. 난초 병원에서 비용을 들여 치료하거나 입원시키려는 사람들이 없어서라고 대답해주었다. 실제로 그렇다. 난초가 탈이 났을 때 자문하고자 하는 사람들은 많지만 정당하게 비용을 지불하겠다는 사람은 찾아볼 수 없다. 돈을 받겠다는 것이 아니다. 기술적인 자문과 처치에 대한 치료비는 정당하게 지불하는 성숙한 문화로 발전해나갔으면 하는 바람에서 하는 말이다.

10만 원에 산 강아지가 아파서 동물병원에 가면 5만 원은 기본이다. 두 번만 병원에 가도 강아지 값의 두세 배가 든다. 그래도 돈보다는 강아지가 더 우선이다. 이게 반려 생명체에 대한 기본이자 예의다. 복날 잡아먹는 식육용 개 농장은 가성비가 매우 중요하나 거실이나 베란다에서 기르는 애완견은 경우가 다르다.

반려견은 소득 창출이 쉽지 않지만 춘란은 전략품종으로 엄선한 경우는 다르다. 반려 생명체의 역할도 충분히 하고 소득도 만들어준다. 그런데도 난초 전문가에 대한 처우는 동물병원보다 못하다. 어떤 사람은 3만 원에 산 발바리 강아지를 치료하는 데 10만 원을 들인다. 그런데 500만 원의 황화소심 황금소 치료는 자문료가 아까워 대놓고 자문을 구하지 않는다. 난계에는 아껴야 할 것은 안 아끼고 아끼지 말아야 할 것은 아끼는 희한한 문화가 정착돼 있다. 보일러나 전기가 탈이 나서 기사를 부르면 출장료만 3~4만 원이다. 그런데 수천만 원이 걸린 난초의 감정소견에는 은근슬쩍 넘어간다.

전략품종을 컨설팅할 때도 컨설팅 비용을 지불할 생각이 없다. 전략품종 선택은 농사의 성패를 좌우하는 핵심 요소다. 재배기술만큼이나 중요한데 당연히 알려줘야 하는 것처럼 다가온다. 하지만 품종과 재배 관련 시장 흐름 등의 자문을 구할 때는 자문료를 정확히 지불해야 책임감 있는 답변이 나온다는 걸 알아야 한다. 책임감 있는 답변을 들어야 의미 있는 결과를 기대할 수 있다.

교육생들 중 많은 사람들이 아픈 과거를 떠올리며 합법적인 감정소를 차려보라고 말한다. 검토 중이다. 내가 만약 감정소를 차려 소신 발언을 하면 난계가 어떻게 될지는 불을 보듯 자명하다. 25년 전 중국춘란(짱꼴라) 감정소를 차려 운영했더니 세 곳의 난원이 문을 닫고 말았다. 내가 잘했다는 건 아니지만 그분들로 인해 난계를 떠난 사람의 고통도 그 난원들의 아픔 못지않게 크다는 것을 기억해야 한다.

현재(2020. 5) 바이러스 검사 시운전을 마쳤다. 이제 시행한다. 우리 스스로가 자정하려는 움직임이 있었다면 굳이 이렇게까지는 하고 싶지 않았다. 그러나 지금의 방식으로는 난초 인구가 늘어나지 않는다는 점을 고려해 시행하려 한다. 우리 모두가 정직한 난계를 만들려는 의지가 없으면 아무런 일도 일어나지 않는다.

Ⅰ 함평대회(상훈 대통령상) 발전에 기여한 공로가 인정돼 안병호 함평 군수로부터 표창장 수여받는 장면

난초를 팔기 전 갖추어야 할 자세

상도덕(商道德)이란 상업자들 사이에서 지켜야 할 도의를 이르는 말이다. 인삼 무역의 개척자 거상 임상옥은 "장사는 이문을 남기는 것이 아니고 사람을 남기는 것이다."라고 했다. 즉 최고의 덕목은 신용이라는 것이다.

이 말이 마음 깊이 다가와 관유정의 사훈도 신용을 덕목으로 만들었다. '신용은 지키는 것이 아니라 만들어지는 것이다!' 신용은 기술과 양심 그리고 사람을 얻으려는 소신과 원칙이 함께 어우러져야 형성된다. 1995년 난초 분점을 구미와 대구 4곳에 두었다. 당시 내 나이 29살이었다. 분점 사장님들에게 강조한 것은 난초를 정확히 알 수 있는 공부를 하고, 절대로 속이지 말라는 것이었다. 임상옥이 상도를 중시했다면 나는 난초 기술을 더 중요하게 여긴다. 인삼은 먹으면 없어지지만, 난초는 생명이 다하는 날까지 곁에서 새끼를 생산해 돈과 가치를 만들어내므로 기술이 뒷받침되지 않으면 신용도 지킬 수 없다. 임상옥은 경영학을 기반에 두었고 나는 농학에 기반을 두었다. 근본 방향은 다르지만 일맥상통한 것은 상도의(商道義), 즉 신용을 지키는 것에 있다.

현재 난초 시장은 불신이 팽배하다. 서로 믿지 못하는 것이다. 그 이유는 기술에 기반을 두지 않고 판매를 한 결과라고 생각한다. 난초는 먹어서 없어지는 것이 아니므로 기술이 있어야 신용을 쌓을 수 있다. 돈에 초점을 두면 상도의가 무너질 수밖에 없다. 나는 강의에서 제자들에게 우린 삼정지도(三正之道:정질, 정품, 정직의 길)를 살려내야 미래가 있다고 말한다. 자신이 생산한 난초나 판매하려는 난초는 자신의 얼굴이라는 것이다. 삼정지도를 거스르며 난을 생산하거나 판매하려거든 직업이나 놀이터를 바꾸어야 한다고 말한다.

빈 병을 엿으로 바꿔주는 엿장수도 이 정도는 아니라고 하소연하며 난계를 떠나는 분을 본 적이 있다. 그분은 값싼 난초를 즐겨 구매하다 큰 피해를 보았다. 파열음이 나는 이유는 사는 사람의 불찰이 더 컸다는 것을 알 수 있다. 나도 이런 경우가 있는데 대부분 내 눈에 콩깍지가 씌었을 때였다. 난초는 사는 사람이 주의하지 않으면 근본적으로 늘 위험이 도사린다. 같은 품종이 3배 값 차이로 한 장터에 나오는 특수한 곳이기에 그렇다.

나는 교육 때 자동차를 파는 딜러로 성공하려면 자동차 기술이 먼저일지, 손님 다루는 기술이 먼저일지 묻는다. 나아가 3~10억 하는 슈퍼카를 판매하는 딜러라면 어느 정도의 기술을 알고 있어야 할지도 물어본다. 대부분이 손님 다루는 기술보다 자동차를 훤히 꿰뚫어야 딜러로 성공할 수 있다고 말한다. 나는 자동차 세일즈를 해보지 않았지만, 상술보다는 자동차의 제원, 연비, 결함 등을 훤히 꿰뚫는 것이 성공확률이 높다고 생각한다. 자동차를 운전하고 다니다 보면 판매원에 대한 인맥보다 자동차 제원을 아는 것이 안전과 직결되기 때문이다.

난초를 사고팔 때도 상술보다는 기술이 더 요구된다. 재배 생리, 유전체계, 옵션을 통한 품종 변별 능력, 불량품(판매해서는 안 될 물건)을 훤히 꿰뚫어 보는 기술을 익힌 다음에 상술(장사의 기술)이 가미돼야 한다. 난초 기술이 갖추어지지 않았다면 장사(판매)를 가급적 자제해야 한다. 이건 아주 기본적인 상도이다.

하지만 난계는 누구나 팔 수 있는 구조다. 갓 입문한 초보자도 자기 난초를 팔려고 하면 얼마든지 팔 수 있다. 그렇다 보니 곳곳에서 파열음이 들린다. 판매자에 대한 불신이 하늘을 찌르고 있다. 아이러니하게도 기술 명장인 나도 겁이 나서 못 사는 지경이다. 나도 정신 차리지 않으면 당한다.

사정이 이러니 사는 사람이 주의할 수밖에는 달리 방법이 없다. 파는 사람이 난초를 워낙 모르니 사는 사람이 자기 돈을 지켜내기 위해서라도 난초를 잘 알아야 한다. 아래 표를 보면 난초를 어디서 구매해야 좋을지를 알 것이다. 판매 시 품질 수준을 가리지 않는 곳은 가격 절충이 비교적 쉽다. 그러나 관유정 같은 품질 규정을 준수하는 곳은 사정이 다르다. 물건이 좋은데 값이 싼 곳은 근본적으로 없다. 관유정의 경우 2019년 화분당 생산원가가 약 15만 원이 들어갔다. 품종을 들일 때 원가+생산원가를 덧붙여 값이 매겨지니 매입자가 원하는 대로 받고 판매는 사실상 불가능하다.

판매장	판매형태	판매가	품질수준	품종 질 수준	결함	판매 가격대
난 농장	OEM	공급가의 50~60%	상등품	하이옵션	없어야 함	정품 가격
	판매 (납품)	실거래 가능가의 70% 이하	중등품 이상	하이옵션	없어야 함	정품 가격
	위판	실거래 가능가의 80% 이하	중등품 이상	미들옵션	다소 있음	보통
판매전	위판	실거래 가능가의 80% 이하	free	free	상관없음	보통
SNS	밴드	free (구매자 중심으로 결정)	free	free	상관없음	아주 싸다
	카페	free (구매자 중심으로 결정)	free	free	상관없음	아주 싸다
	직거래 사이트	free (구매자 중심으로 결정)	free	free	상관없음	아주 싸다

※ 등품 기준은 입문자편 2장 '품질등급을 이해하지 못하면 다시 공부하라'의 품질 등급표 참고

| <표 5> 부업 농가들의 난초판매 유형

한번은 어쩌다 화형이 좋은 것으로 착각할 정도로 개화한 명명품 주금화를 팔았다. 그런데 그 주금화가 9월 하순에 화아분화가 일어나 칠삭둥이(화뢰 형성이 때늦게 되어 야간 기온이 낮아지면 길이 생장이 덜 되어 둥글게 핌) 꽃을 피웠다. 3년생 노 벌브(늙은 벌브에서 꽃이 붙으면 길이 생장이 덜 되어 둥글게 핌)에서 꽃이 핀 탓에 난초 기술이 없는 분들의 경우 마치 원판의 주금화처럼 보일 정도였다. 기본적인 기술만 있어도 숙기 미달에 따른 순판의 미발달, 립스틱(설점) 형성이 불완전해 원설로 피었다는 것을 알았을 텐데 기술이 없다 보니 큰 피해를 초래하고 말았다.

나는 평소에 핀 꽃의 사진을 보여주며 그 가치대로의 값인 촉당 100만 원에 팔았다. 절대로 원판 주금화로 팔아서는 안 된다는 당부를 하고 판매를 했다. 그런데 그 사람은 이렇게도 핀다고 하더라며 촉당 150만 원에 팔았고, 맨 마지막 사람은 억대에 판매했다. 몇 년 후 실체가 들통이 났는데 과대 해석을 한 사람 때문에 소중한 두 분이 난계를 떠나고야 말았다. 기술이 없어 발생한 참화였다.

단돈 만 원이라도 돈을 받고 판매를 하려면 금액이 많든 적든 본인이 끝까지 책임져야 한다. 책임질 수 없는 능력과 실력이라면 판매는 신중하게 고려해야 한다. 아무리 적은 금액일지라도 허언과 비 상도의로 인해 피해자가 발생하면 난계가 위축될 수 있다. 내일 몇 만 원을 붙여서 팔기 위해 SNS를 서핑하는 사람도 누구누구의 말에 기대면 안 된다. 판매하려면 모든 책임은 본인으로부터 출발한다는 걸 명심해야 한다.

사고가 나면 경력이 짧았다며 발뺌을 하지만, 난초를 모르면 판매하지 않아야 한다. 또 솔직하게 잘 모른다고 말하고 판매를 시도해야 한다. 모르는 건 죄가 되지 않는다. 그러나 모르면서 아는 것처럼 하다가 발생하는 피해는 사기죄에 해당함을 알아야 한다. 최소한 고양이인지 개인지 정도는 알아야 한다. 흰 염소와 검은 염소 정도는 알아야 한다. 흰 염소에 염색약을 발라도 딱 보면 알아야 한다. 이런 정도가 아니라면 난초는 직접 판매하지 말고 전문가인 난 농장이나 난 상인들에게 팔아야 한다. 자칫하면 누군가의 가슴에 비수를 꽂는 일이 발생할 수 있기 때문이다. 그 비수는 부메랑이 돼 언젠가는 자신에게 꽂힌다는 사실을 기억해야 한다.

나는 교육에서 아래 표의 8가지 정도는 책임질 수 있을 정도의 숙련기술을 쌓은 뒤에 판매해야 한다고 말한다. 그래야 피해자를 만들지 않는다. 그게 최소한의 양심이며 기본적인 상도의다. 다른 사람이 피땀 흘려 모은 돈을 벌려면 최소한 8가지 자질을 갖춘 후에 도전해도 늦지 않다.

난초를 팔기 전 갖추어야 할 자질	
1	스스로 생각했을 때 양심과 책임감이 있고 정의로운가?
2	타인에게 피해를 초래하지 않을 정도로 난초를 꿰뚫고 있는가?
3	판매 불가품을 훤히 꿰뚫고 있는가? (입문편 7장 매입 불가품 점검리스트를 고지한 후 그래도 원할 때만 판매)
4	주요 감염병에 걸린 것인지를 배워서 훤히 알고 있는가? (감염병 고지한 후 그래도 원할 때만 판매)
5	출품작으로 판매할 때 대회 실격품을 훤히 알고 있는가? (7장 예술 세계 자격 상실 10개 항목에 해당 시 고지 후 원할 때만 판매)
6	진짜 황화와 가짜 황화 판별이 되는가?
7	국적 변별이 되는가?
8	등품 규정을 잘 이해하고 있는가?

| <표 6> 난초를 팔기 전 갖추어야 할 자질

난을 판매하는 분들이 정직과 실력을 겸하면 좋겠지만 쉽지않다. 그러니 구하

는 분들이 중심을 잡아야 한다. 난을 구할 때는 무자격 난인들에게 싸다고 구입해 성공한 사람은 없다고 단언한다. 정말 전문가 중의 전문가가 아닌 경우 대부분 실패의 쓴잔을 마신다. 세상에는 공짜가 없다. 좋은 물건을 자신의 것으로 만들려면 그만한 대가를 온전히 지불해야 한다. 좋은 물건을 헐값에 구매하려는 마음은 내려놓고 안전한 곳에서 정당한 대가를 지불하겠다는 마음을 갖추어야 피해를 줄일 수 있다. 난계에 힘든 소리가 줄어들어야 해서 하는 말이다.

| 석사 연구시절 난실에서(2007)

홍장미

제2장

전략 수립
–
마스터플랜을
수립하라

성공전략이 없다면 취미로 돌아가라

손자병법에 '지피지기 백전불태(知彼知己 百戰不殆)'라는 말이 나온다. 적을 알고 나를 알면 위태롭지 않다는 뜻이다. 원문에는 이런 내용이 추가되어 있다. 나를 알고 적을 모르면 승과 패를 각각 주고받을 것이며, 적을 모르는 상황에서 나조차도 모르면 싸움에서 반드시 위태롭다. 무슨 일을 하든지 나와 상대를 정확히 파악하고 덤벼야 위태롭지 않음을 강조하는 말이다.

난초로 자산가의 길을 걷고 싶다면 이 말을 가슴에 새기고 출발해야 한다. 난초를 잘 알고 난초 시장도 꿰뚫어야 한다. 그리고 난초의 미래를 내다보는 안목이 필요하다. 즉 모든 것을 꿰뚫고 자신의 처지에 맞는 성공전략을 세운 후 덤벼야 한다.

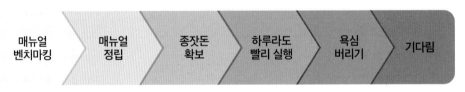

| 성공전략 프로세스

성공전략의 첫 번째는 매뉴얼을 벤치마킹하는 것이다. 기본 프레임이 있어야

자신의 처지나 희망을 덧입혀 성공 여부를 스스로가 결정할 수 있다. "누구누구 말대로 해서 망했다. 정말로 믿었는데 실망이다. 명장님이 하면 된다고 해서 했는데…"라고 남 탓을 하려거든 아예 시작조차 말아야 한다. 모든 건 스스로 결정해야 한다. 자신의 돈이 들어가기 때문이다. 이건 주식이 아니다. 매일같이 밥을 먹이고 재우고 행복하게 서비스를 해주니 난초가 고마워서 우리에게 보상해주는 일이다. 이렇듯 작은 열매를 취하는 예술가의 삶이다.

성공전략 설명은 은퇴자를 기준으로 해보겠다. 주부나 현역이라면 자신이 어느 시점에 돈을 만지고 싶은지를 따져서 계산하면 이해가 쉬울 것 같다. 은퇴를 한 후 도시농업의 일환으로 춘란을 선택하겠다면 은퇴 6년 전부터 전략적으로 접근해야 한다. 난초는 농업이기 때문에 그렇다.

난초 농업으로 수익을 올리는 과정은 이렇다. 영농설계를 하는 데 1년, 토지를 구하는 데 1년, 씨를 뿌리는 데 1년, 기르는 데 1년, 결실하는 데 1년, 수확하는 데 1년이 걸리는 다소 긴 과정을 거친다. 그래서 은퇴를 앞두고 있다면 6년 전부터 차근차근 준비를 해야 한다. 한번 잘 심은 사과나무는 관리만 잘하면 평생 딸 수 있다.

다음은 6년 과정을 간략화한 표이다. 본편은 입문자편과는 달리 소득 창출을 목적으로 취미 이상의 입장을 취하고 준비한 분들을 위한 책이다. 이대발 난 연구소에서 강의하는 6년 수익창출 프로세스 표를 보며 자신의 처지와 견주어 살펴보길 바란다.

연차	프로세스	세부 내용
1년 차	난계 분위기 파악 및 시장 탐색 6개월가량 영농 기술 배우기	실패하지 않는 법 터득!
2년 차	난실 마련 종잣돈 확보 전략품종 매입	영농설계를 철저히 하고 정확한 생산설계와 난실 환경 안정도 확보!

3년 차	품질관리 및 위기 대처 생산 원년 봄에 시작	가을이면 1촉이 2촉으로 생산: 철저히 세심하고 안전하게
4년 차	품질관리 및 위기 대처 생산 2년	가을이면 2촉이 3촉으로 생산: 철저히 세심하고 안전하게
5년 차	품질관리 및 위기 대처 생산 3년	가을이면 3촉이 4촉으로 생산: 철저히 세심하고 안전하게
6년 차	품질관리 및 위기 대처 생산 4년 가을 정산	가을이면 4촉이 5~6촉으로 원 투자금 100% 회수 및 재설계

| <표 1> 6년 수익창출 프로세스

    은퇴 후 부업으로 난초를 선택한 대부분의 사람들은 은퇴 이후부터 시작한 경우다. 그러다 보니 퇴직하고 6년이 돼서야 수익 창출이 이루어진다. 6년의 공백은 SNS의 잡기술과 잘못된 정보에 노출될 우려가 있다. 집중력이 흐트러져 돌이킬 수 없는 지경을 초래하는 경우가 빈번하므로 주의가 필요하다. 그래서 퇴직을 앞둔 6년 전부터 시작해야 한다는 결론이 나온다. 주부나 현역, 인생 2막을 준비하는 이들도 다르지 않다.

    성공전략 두 번째는 성공 매뉴얼을 정립하는 것이다. 난초로 지속적인 수익을 창출하는 길은 여러 갈래로 나뉘어 있지 않다. 한 가지 아니면 두 가지밖에 없다. 성공이 담보되려면 한두 가지 매뉴얼이면 충분하다. 성공 매뉴얼은 입문자편에 자세히 설명해두었으니 참고하면 된다. 조금 더 체계적인 매뉴얼이 필요하다면 골목식당의 컨설턴트 백종원 같은 프로 난초 컨설턴트에게 컨설팅을 받아 자신에게 가장 알맞은 성공 매뉴얼을 정립하고 시작하는 것이 좋다. 지역마다 절정의 고수들이 있을 것이다. 이들과 멘토와 멘티 관계를 맺어 한 걸음씩 전진해보라. 상황은 매우 나아질 것이다.

    성공전략 세 번째는 종잣돈이 있어야 한다는 것이다. 어떤 사업이든 종잣돈으로 시작해야 부담이 없다. 전략을 세우고 성공 매뉴얼이 준비돼 성공할 확률이 아무리 높아도 종잣돈 범위 내에서만 운용해야 한다. 난초는 다양한 변수들에 민감

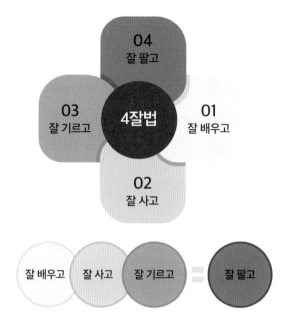

	명장의 팁 - 성공 10계명
1	정직하라
2	구 정보를 버려라
3	SNS를 끊고 기술을 배워라
4	OEM할 본사를 찾아라
5	컨설팅을 받아라
6	영농설계를 정확히 하라
7	멘토를 만들어라
8	자만하지 마라
9	내가 난이 되라
10	욕심을 버려라

| 성공 매뉴얼 4잘법과 성공 10계명

하게 반응하는 생물이라 어떤 미래가 펼쳐질지 담보하기 어려운 점이 있다. 따라서 빚을 내서 실패하면 회복이 불가능해질 수 있기에 종잣돈 내에서 운용의 묘를 발휘해야 한다.

네 번째는 하루라도 빨리 시작하는 것이 유리하다는 것이다. 한국춘란 영농은 꾸준한 수익이 발생하려면 4~6년의 기간이 흐른 후에야 수익이 창출되는 구조다. 그러니 춘란으로 재테크를 하고 자산을 늘리려는 마음이 결정되었다면 한 해라도 빨리 시작하는 것이 좋다. 우물쭈물 머뭇거리면 3~4년은 훌쩍 흘러가버린다. 오르지 못할 나무는 쳐다보지 않는 것이 수가 아니라 오른 만큼 이익이라는 것을 명심하자. 그러니 한 타이밍 빠르게 도전하면 그만큼 이익이다.

성공전략 다섯 번째는 욕심은 금물이라는 것이다. 무슨 일이든 욕심이 앞서면 눈을 가리고 귀를 막는다. 난초도 욕심을 내면 끝이다. 욕심은 현명한 판단을 하지 못하게 한다. 귀가 얇아도 큰일이 난다. 반드시 옵션을 따져보고 자신의 계획 속에서만 움직여야 한다. 보기에 좋고 그럴듯한 난초는 너무나 많다. 그 많은 난초에 모두 관심을 기울이면 패가망신밖에 길이 없다. 어떤 경우에도 과학적이고 통계적인 방법으로 임해야 한다.

　마음이 급해서도 안 되고 시장 변수에 너무 민감하게 반응해서도 곤란하다. 어떤 농산물이라도 파동이 있고 폭등도 있다. 또 병해도 있고 작황 감소도 일어난다. 이런 상황은 난초를 하는 모든 사람들이 똑같이 겪는다. 혹시 있을 불상사를 두려워하면 난초를 못한다. 눈앞에 보이는 현실에 우왕좌왕 부화뇌동하면 답이 없다. 확신과 자신감을 갖고 임하면 원하는 목표는 반드시 이루어질 것이라 믿어 의심치 않는다.

| 박사 도전을 결심하고서(2009)

자산가(부농)로 가는 전략적 투자 유형을 살펴라

투자의 귀재로 잘 알려진 워런 버핏이 있다. 버크셔 해서웨이의 CEO로 그가 손을 댄 주식은 언제나 대박을 터뜨렸다. 그가 주식에 투자하는 방식은 여느 사람들과 다르다. 시장이 불안하고 주식 가격이 바닥으로 내려갈 때 과감하게 투자한다. 일반사람들은 불안해서 주춤거릴 때 워런 버핏은 무지막지하게 사들인다. 그리고 곧바로 팔지 않는다. 기업의 가치를 보고 사들인 주식은 장기투자 형식으로 오랫동안 보유하다 기회가 왔을 때 팔아서 큰돈을 번다. 이것이 워런 버핏이 투자의 귀재가 될 수 있었던 비결이다.

난초로 자산가가 되는 길도 워런 버핏의 투자 방법과 비슷하다. 본편에 난초로 의미 있는 결과를 만드는 사이클로 6년 모델을 제시했다. 6년이 가장 이상적이고 안정적인 투자방법이다. 종잣돈에 따라 얻을 수 있는 수익은 다르지만 투자 유형은 6년형이 가장 좋다. 워런 버핏이 기업의 가치를 보고 투자한 것처럼 먼저 난초의 가치(옵션+촉수+전망)를 보고 투자해야 희망이 있다. OEM 방식으로 하면 실패할 확률은 줄어들고 안정감 있게 수익을 창출할 수 있다.

워런 버핏은 장기 투자 방식으로 기반을 다졌지만 이제는 기업을 인수하고 매각하는 방식도 함께 병행한다. 장기와 단기를 병행하며 수익을 창출하는 것이다.

이처럼 투자방식은 거의 모든 분야에서 장기, 중기, 단기로 세분화돼 있다. 고객의 형편과 여건에 따라 다양한 방법을 제시하며 안정감을 누릴 수 있도록 돕는다.

난초도 장기, 중기, 단기 투자로 수익을 창출할 수 있는 방법이 있다. 난초로 자산가가 되고 돈을 만지려면 자기 자산의 규모와 투자 유형을 살핀 후 시작하면 좋다. 난초로 제2의 인생을 설계하고 이를 재테크의 일환으로 여기는 사람에게는 꼭 필요한 덕목이라 풀어낸 것이다. 난초는 돈 이상의 가치가 분명히 더 크다. 하지만 돈과 떼려고 해도 뗄 수 없는 관계라 실어두니 오해는 하지 말았으면 한다.

난초도 주식이나 부동산처럼 투자의 기본 틀이 있다. 이를 영농설계라고 하는데 여기서 자본금 회수 기간 설정이 매우 중요하다. '이대발 난 연구소'에서 귀농과 귀촌, 가내농업과 도시농업을 계획하는 분들에게 도움을 주고자 개발한 것이니 참고하길 바란다.

패턴		운용 기간		출하 방식
단기		6개월	반년 봄→가을	가을 → 봄
				봄 → 가을
중기	중·단기	18개월	2년	봄→가을→봄→가을/가을→봄→가을→봄
	중기	30개월	3년	3번 출아를 해 30개월 후 출하
장기	중·장기	42개월	4년	4번 출아를 해 42개월 후 출하
	장기	54개월	5년	5번 출아를 해 54개월 후 출하
전략 기획형		50~100촉이 될 때까지	5~10년	예상 촉이 되었을 때 70~80% 출하(목돈 수익)

| <표 2> 난초 투자 기간에 따른 매뉴얼 유형

언젠가 대구에서 억대 연봉의 투자 전문 매니저가 관유정을 방문했다. 자신의

상품을 나에게 소개할 목적이었다. 그의 설명을 들은 후 난초의 메커니즘과 위 표의 단기 투자 방식을 소개했다. 그랬더니 투자 전문가는 그 자리에서 흔쾌히 원명을 샀다. 그 사람은 봄에 사서 가을에 팔아 6개월 만에 30%의 수익을 올렸다. 그분은 죽을 수 있는 위험과 폭락을 피할 수 있다면 100억 원어치도 사고 싶다고 했다.

단기는 목돈을 벌기 어려운 단점이 있다. 반면에 성공확률이 높다. 보통 20~30%의 수익을 창출한다. 기간이 6개월이란 점을 고려하면 연리 40~60%이다.

중기는 유행의 급변이나 작황이 좋지 않은 것 등의 에러가 없으면 종잣돈을 회수하고 종자를 남기는 수익을 창출할 수 있다. 종자는 되팔아 바로 수익을 만들거나 두고두고 키워서 수익을 만들어갈 수 있다.

그리고 장기는 자본 회수 기간이 긴 만큼 유행의 급변이나 작황에 있어서 단 한 번의 실수도 없어야 한다는 어려움이 있다. 그래서 품종 선택과 생산 전략 등이 중요하다고 수없이 강조했다. 어려움을 이겨내면 종잣돈을 전액 회수하고 연금과 같은 큰 열매를 맺을 수 있다.

전략 기획형은 주로 나만이 가진 하이옵션의 미래가 아주 밝은 품종을 확보한 특별한 경우에 시행한다. 관유정에서는 원판 황색 심대복륜화가 이에 해당한다. 10년 기간을 설정하고 100촉을 목표로 생산하고 있다. 예정된 때가 되면 국내는 인큐베이터 업체로 넘어가기 전에 70%를 팔고 20%는 대만으로 수출할 계획도 세워놨다. 이때가 되면 50~60억 정도의 수익을 예상하고 있다. 여러분도 때가 되면 기회가 올 수 있으니 항상 준비하고 노력해야 한다.

다시 한 번 정리하면 난초 재배 실력과 전략품종 설계 능력이 부족한 사람들은 단기가 도움이 된다. 기술과 안목이 준비되었다면 중·장기가 도움이 된다. 그리고 일생일란을 만나면 전략 기획형을 추천하고 싶다. 이 방법을 적용해 나는 원명을 80촉으로 늘려 10억을 거머쥐어 오늘에 이르렀다. 이것도 매력이 있는 방법이다.

투자 유형을 이해하고 실전에 투입하려면 더 많은 지면이 필요하다. 여기에서는 투자 유형을 간략하게 소개하는 데 목적을 두었다. 더 자세한 이야기는 향후 출간될 3편에서 다루도록 할 테니 이해를 바란다.

무엇보다 중요한 것은 전략상품이 자신에게 왔을 때 에러 없이 출하할 시기까지 잘 길러내는 기술이다. 이것이 보장되면 단기든, 중기든, 장기든 수익을 창출할 수 있게 된다. 〈표 3〉은 6년 만기 매월 200만 원 수령 연금형 플랜이다. 관유정에서 개발한 매뉴얼인데 참고하기 바란다.

6년 만기 평생 연금형 모델. 원금: 5,400만 원으로 한 표준 모델

참고: 450만 원짜리 품종으로 OEM 체결 시 60%에 출하 - 촉당 270만 원

감가율[1] 10% = **240만 원**(실력 정도에 따라 감가율 최대 30%)

구분	생산연수	설 명
도입	2020년 3월	450만 원짜리 전략품종 12종 도입(5,400만 원) *겹쳐져도 무방
생산	기간: 3년 2022년 11월	3년간 3번 출산: 12종 × 각 4촉 = 48촉 *단 한 촉도 에러가 없다는 가정
판매	2022년 11월 30개월 소요 본전 회수	3년째 48촉 중 23촉 출하 출하금액: 23촉 × 240만 원 = 5,520만 원 수익 남은 촉수: 25촉(240만×25촉=6,000만 원/월 200만 원 수익)
정산 2020.03~2022.11월 출하 30개월 소요		1. 전체를 출하해 일시로 찾아가면 총 6,000만 원=월 200만 원 2. 30개월간 200만 원의 연금 수령자가 됨(1,200평 과수원 수익/법인택시 수입) *한 촉도 에러를 내면 안 되므로 철저히 배워야 함!

---

1 스트레스 생리장애 및 질병으로 발생하는 자연 손실률

한국춘란 가이드북 전문가편

본전 정산 후 재투자 2023.03~2024.11월 3년생(처음 구입 촉) 출하 20개월 소요=총 55개월 햇수로 6년 후 2025년부터 수령	1. 30개월 영농한 후 본전을 찾아간다. 2. 본전 회수 후 6,000만 원으로 전략품종 업그레이드 체인지 3. 업그레이드는 3천만 원짜리 1촉, 천만 원짜리 3개로 한다. 4. 2번을 증식한다.(약 20개월 소요) 5. 항상 건실한 2촉은 남기고 매년 1촉씩은 가을에 출하한다. 6. 시작 후 50개월 차부터 3번 투자의 50%(가장 안전한 과표 요율로 설정) 3,120만 원의 수익이 생기며 월 250만 원이 들어온다.(1,500평 과수원 수익/개인택시 수입) *한 촉도 에러를 내면 안 되므로 철저히 배워야 함! *3년에 한 번 정도 시장성 높은 신품종으로 체인지

| <표 3> 월 200만 원 6년 만기 연금 플랜

    본 생산 모델은 관유정에서 15년 전부터 개발해 적용하고 있는 표준 모델로서 5,400만 원의 기적이라고 불리는 시나리오이자 매뉴얼이다. 절반으로 가볍게 하면 월 100만 원이다. 그러나 이를 자신의 것으로 만들려면 쉬운 일이 아니다. 한 촉도 에러를 내면 안 되고 한 품종도 시장 예측이 빗나가면 안 된다. 그러나 길은 있다. 시장 예측은 유명 농장에서 OEM 되는 품종에서 고르면 되고, 에러를 내지 않으려면 에러를 내지 않을 기술을 체계적으로 배워 컨설팅을 곁들이면 된다. 그리고 눈감고도 에러를 내지 않을 자신감이 생겼을 때 시행하면 된다.

    매월 400만 원의 연금형을 원하면 위의 플랜을 두 개로 돌리면 된다. 이때 난초는 24촉이면 된다. 1억에서 3년 뒤에 본전을 찾아가고 5년 차부터 100살 될 때까지 월 400만 원의 수익이 창출되는 것이다. 여기서 서술한 대로 결과를 만들어가는 것은 쉽지 않다. 그러나 안목을 넓히고 기술을 익히면 얼마든지 가능하다. 가이드(매뉴얼)북 한 권 없던 시절 어린 나도 해냈는데 여러분도 하면 된다고 생각한다.

옵션(품종전략)을 이해한 후 시작하라

성공전략은 난초로 의미 있는 결과를 만드는 전체 그림을 그리는 과정을 의미한다. 투자시기, 투자 후 수익창출, 성공 매뉴얼, 사업자금 운용방법, 마음가짐까지 전방위적인 점검 시스템이다. 성공전략이 완성되고 준비를 해나가는 과정에서 또 하나 필요한 전략이 있다. 바로 품종 선택이다.

한국춘란의 품종은 무궁무진하다. 큰 분류는 어느 정도 윤곽이 잡히지만 그 안에서도 여러 갈래로 나뉜다. 이전까지 발굴된 품종도 무척 많지만 아직 발굴되지 않은 미래의 신품종도 많다. 이렇게 다양한 품종 중에서 어떤 난초를 선택해 기르면 효과적일지 따져보지 않으면 어려움에 봉착하게 된다.

난초를 기르다 보면 이 품종도 마음에 들고 저 품종은 바로 히트를 칠 것 같은 생각이 수도 없이 뇌리를 교차한다. 이때 마음에 중심을 잡고 있는 품종전략이 없으면 예상치 못한 투자가 발생한다. 그래서 꼭 품종전략을 세운 후 시작해야 한다. 품종전략을 모르면 본편을 통해서 차근히 정립하면 된다.

품종전략에 들어가기에 앞서 가급적 OEM으로 체결 가능한 명문 생산업체에서 판매하는 OEM이 가능한 전략품종을 우선해야 안정성이 높아진다. OEM 품종은 가급적 알선이나 유통 위주의 업체보다는 대규모의 명문 생산 농장을 택하는 편이 더 안전하다. 하자 발생 시 교체가 한결 손쉬운 측면이 있으니 그렇다. 공급사의 안전도나 A/S와 재매입 등도 충분히 고려해야 안전하다.

품종전략을 세울 때 염두에 둬야 할 것은 다음과 같다.

첫째, 꽃을 들일 때는 실물을 직접 확인하고 들여야 한다. 많은 사람들이 사진만 보고 난초를 선택하는 경향이 있다. 아주 위험하다. 프로인 나도 실물을 보고 판단한다. 그리고 자연광 아래에서도 본다. 휴대폰보다는 컴퓨터가 낫고 컴퓨터보다는 실물이 더 확실하다.

보통 1촉씩 입수하는 경향이 있어 실물을 보지 못해 누군가의 소개나 여러 경로의 정보를 통해 결정하는 경우가 많다. 실물을 볼 수 없는 여러 가지 이유가 있겠지만 그래도 꼭 자기 눈으로 확인한 후 들여야 안전성이 높아진다. 애매한 부분이 있거나 느낌이 좋지 않으면 피하거나 전문가의 감정을 의뢰하면 도움이 된다. 사진은 완전히 믿을 수 없기 때문이다. 유전적 안정성과 특성 발현의 안정도는 실물을 보아야 확인이 가능하다. 실물을 보았어도 완전히 만개했을 때나 엽예의 경우 신아가 성촉이 되었을 시 소멸정도나 후발 정도를 가늠해 확인하는 것이 매우 중요하다. 사람도 청소년일 때는 거의가 멋지다. 무척 멋지고 아름다운 미모가 성인이 되면 달라지는 경우가 비일비재하다. 이렇듯 난초도 청소년일 때와 성인일 때 다른 경우가 너무 많다. 그러므로 꽃이 100% 만개(개화 5~10경)한 후를 기점으로 선택해야 한다. 봉심과 립스틱 색상, 부판의 처짐과 반전, 꽃의 머리 숙임과 색상과 무늬 감소까지도 꼼꼼히 체크해야 한다. 만약 급하게 결정해야 하는 상황이라면 반드시 전문가의 견해를 듣는 것이 좋다.

둘째, 확률이 매우 높은 한두 가지 품종을 선택하고 여기에 집중해야 한다. 다양한 난초 품종을 다 들여서 키우는 종합 백화점 형식은 좋지 않다. 백화점 형식은 관유정 같은 대규모의 농장에서나 가능한 영역이다. 관유정도 20여 품종 이상은 하지 않는다. 소득창출 일환으로 자산을 늘리려는 의도라면 백화점에 입점하는 로

렉스와 같은 브랜드 전략으로 나아가야 한다. 브랜드 가치가 정확한 한두 가지 품종이면 된다. 촉수가 적고 옵션과 인물이 좋으면 기존(10~15년 전)에 개발된 것이라도 괜찮다. 신품종보다 안정성 측면에서는 더 나을 수 있다. 자금의 여유가 있다면 중점 전략품종과 보조 전략품종으로 구분해 한두 가지를 더 추가해도 좋다.

셋째, 갓 시장에 진입한 뜨는 품종이 유리하다. 시장에 나와 있는 인기 품종 중어떤 것은 20년을 훌쩍 넘긴 것도 있고 갓 진입해 시장을 주도하는 품종도 있다. 좋은 품종들이 다양하지만 이왕이면 갓 시장에 진입한 품종을 들이는 것이 효과적이다. 오래된 품종은 많은 사람들이 소장하고 있어 출하할 때 어려움을 느낄 수있다. 특히 비양심 인큐베이터 업자들의 손에 놀아나는 시점이 되면 가격 하락이걷잡을 수 없게 돼 실패할 수 있다. 신고 포상 제도가 정착될 때까지는 늘 방심하면 안 된다.

갓 시장에 진입한 우수한 신품종은 구입하려는 사람들이 많아 프리미엄이 붙기도 한다. 난초는 고가의 특수 작물이라 좋은 종자로 인정받으면 금방 품귀현상이 일어난다. 그래서 상등품으로 생산해놓으면 출하하기도 쉽다. 다만 구입하는시점에 지나칠 정도의 과도한 프리미엄이 붙어 있으면 선택을 고려해야 한다. 프리미엄은 언젠가는 빠지기 때문이다. 그러나 OEM이라면 문제는 없다. 구입한 후4년이 지난 시점에서도 그 가치가 유지될 것 같으면 선택해도 되지만 그렇지 않으면 뒤로 물러서는 것이 좋다.

갓 시장에 진입했음에도 턱없이 값이 싸면 피해야 한다. 전문가에게 상담료를지불해서라도 국산인지, 자연산인지, 이력이 깨끗한지 등을 점검받아야 한다. 정상 품종에 대한 점검 리스트를 철두철미하게 따진 후 선택해도 늦지 않다. 물건이좋은데 싸게 출하할 리는 만무하다.

예전에도 그랬지만 근래(2020년 3월) 신품종이라 칭하는 고액 난초들이 말썽이다. 그래서 나는 매우 주의한다. 아무리 살펴도 명쾌한 답을 찾을 수가 없어 하나도 들이지 않았다. 이런 나의 모습을 보고 협력업체 대표 한 분이 이렇게 말했다.

"그렇게 따지고 들면 살 게 있을까요?"

맞는 말인 것 같지만 아니다. 난초가 아무리 기대를 갖고 기르는 특성의 상품일지라도 파는 사람의 말을 다 믿을 수 없는 게 현실이다. 추천자가 색약이나 색맹이라면 어떡할 것인가? 그리고 실력이 낮다면 어떡할 것인가? 또 외국에서 들여온 위장품이라면 어떡할 것인가? 그래서 나는 교육 때 사는 사람이 공부를 하지 않는다면 답은 없다고 한다. 사는 사람은 그 사실을 검증할 수 있는 눈이 있어야 한다. 자신의 돈은 자신이 지켜야 한다. 동료나 선배, 난계나 협회가 지켜주지 않는다. 판매자의 양심만으로는 사건사고의 벽을 넘어설 수 없다. 만약 자신이 없다면 전문가에게 감정료를 주고 함께 결정하라. 실제로 당해본 사람은 구체적이고 꼼꼼히 따져보지 않았음을 두고두고 후회한다. 이런 우를 범하지 말라는 말이다. 난초 판매상들은 공인중개사처럼 자격을 검증받은 분들이 아니니 유의해야 한다.

넷째, 종목별 랭킹을 살펴라. 선택하려는 품종이 그 종목에서 어느 정도의 랭킹에 들 수 있을지 판별하고 들여야 한다. 옵션이 상위랭킹(1~3위)에 들지 않으면 아무리 신품종이라도 특별한 몇몇 계열을 빼고는 큰 의미는 없다. 되도록 분야별 랭킹 1위를 선택해야 하는데 철저히 옵션을 바탕삼아 결정해야 한다. 분야별(7장 예술의 세계〈표 17-20〉) 서열은 누구에게 물어서 결정하는 게 아니다. 필수옵션(계:엽예·화예) 별 4가지(7장〈표 3〉꽃의 4가지 아름다움, 〈표 4〉잎의 4가지 아름다움)와 종별 4가지(7장 〈표 8〉8문 25강의 감상 포인트(표현 포인트) 우선순위 ※사진 참고- 입문편 4장 4-2 '한국춘란의 가계도를 살피다') 국수풍, 실물을 반드시 보고 100% 개화 시 꽃의 크기 색상, 잎과의 콤비네이션을 순서대로 따져보면 된다. 힘이 들면 전문가에게 기술 자문료를 주고 본인의 입실할 난실의 여건과 생산기술 수준을 고루 분석해 맞춤식으로 함께 결정하면 된다. 매우 중요한 부분이므로 돈을 들여야 한다. 전략품종을 선택할 때는 옵션평가가 아닌 주변의 말을 들으면 실패할 수 있다. 옵션이 뒷받침되지 않으면 거품은 순식간에 빠지기 마련이다. 그래서 기술과 안목을 익히는 것이 중요하다.

다섯째, 무조건 정직하게 기른 정질의 정품의 1~2년생의 상등품을 1촉으로 구해야 답이 있다. 엄청나게 강건하고 튼튼한 것을 구해야 한다는 것이다. 품종과 구입처를 결정했는데 그곳에 1~2년생 상등품의 정품이 없다면 나올 때까지 기다려야 한다. 마음이 급해 이곳저곳을 전전하다가 인큐베이터 생산물의 유혹에 걸려 실패한 사람을 그간 많이 보았다. 매우 주의해야 할 대목이다. 업체에서도 돈이 빤히 보이는데 최상등품을 팔까. 쉽지 않은 이야기다. 협업하면 더 득이 되니 지속적인 상호 이익을 위해 친분을 다져 아름다운 파트너를 맺어야 장기적으로 볼 때 서로에게 이득이 크다.

나는 교육 때 제자들에게 2등품의 두 배 값을 들여서라도 최상등품을 확보해야 한다고 말한다. 적당히 3년생이나 중등품을 들여서는 돈을 벌 수 없다. 예상 수입의 절반도 건지기 힘들다. 최상등품을 들일 생각이 없거나 능력이 안 되면 취미로 돌아가 내면가치 발굴에 힘쓰는 편이 행복한 애란생활이 될 수 있다. 돈을 버는 일은 어렵고 힘겨운 싸움이다.

자신이 선택한 품종이 최소한 만 4년 동안 시장성을 유지할 수 있는지도 살펴야 한다. 천신만고 끝에 구한 전략품종을 인큐베이터업체가 손을 대면 미래 예측이 쉽지 않다. 그런데 이 문제는 참 어렵다. 족집게 전문가라도 이것은 보장할 수 없다. 그래서 나는 교육에서 지역 명문사의 OEM을 선택하라고 주문한다. 이 책에서 수록한 옵션과 아름다움의 가치를 익히고 선택하면 된다. 시장 분위기보다 중요한 것은 정확한 옵션이다. 옵션이 훌륭하면 그 가치는 시간이 흘러도 인정받는다.

성공전략도 중요하지만 가장 중요한 것은 품종선택 전략이다. 아무리 농사 전략이 좋아도 종자가 좋지 않으면 허사다. 심어서 좋은 열매를 수확하지 못하는데 기술력이 있고 자금이 많은들 무슨 의미가 있겠는가? 난초로 생산성을 추구하려면 첫째도 품종, 둘째도 품종이다. 품종 결정이 농사의 전부라고 해도 과언이 아니다.

옵션을 계산할 수 없다면 취미로 돌아가라

　고가품종이라고 능사는 아니다. 옵션을 계산할 수 없다면 입문자로 돌아가는 것이 맞다. 품종명은 옵션을 함축한 상징적 표현일 뿐이다. 가령 태극선이라면 주금색 중투화이며 봉심이 단정하고 화근이 없으며 긴 수선판이라는 이야기다. 난초로 돈을 벌려고 도전하는 시점에서 많은 사람들이 이렇게 생각한다. 현재 인기가 있고 믿음이 가는 품종(난초)을 들이면 쉽게 승부를 볼 수 있다고 말이다. 또한 값이 비싼 난초를 선택해야 쉽게 돈을 벌 수 있다고 생각한다.

　주변에서 남 따라하다 실패한 분을 많이 보았다. 현재 인기가 있으니 가격은 폭락하지 않을 것이고 출하하려고 할 때는 언제든지 팔 수 있을 것이라고 생각한다. 계산은 쉽다. 땅 짚고 헤엄치기 같다는 생각이 들 정도다. 그러나 이런 계산은 정말 위험하다. 철저한 분석과 전략 없이 정황과 남의 말만 믿어서는 안 된다. 나는 강의에서 자주 이런 말을 해준다. "정직하고 기술 없는 사람보다는 정직하지 않아도 기술 있는 사람을 선택하라"고 말이다. 기술 있는 사람을 만나면 본인이 하기에 따라 최소한 본전은 건질 수 있다.

　비싸고 인기 있는 난초가 모두 좋은 것은 아니다. 한번은 이런 일을 경험했다. 내 눈에는 색화로 안 보이는데 색화라며 비싸게 팔린 품종이 있었다. 그 난을 명명한 분도 색화가 아니라고 말해주었다. 어쩌다 색화로 둔갑하게 되었다고 했다. 실수라는 것이다. 그런데 제삼자들은 명명자의 의견은 아랑곳 않고 색화라며 고가에 팔았다. 문제는 이런 일이 수시로 발생한다는 점이다.

난초 명장의 눈엔 똥개인데 파는 사람이 계속 세퍼드라고 한다. 나보고 난초 다시 배우라고 한다. 참 어이가 없다. 어떤 분은 고양이를 계속 개라고 한다. 난 잡지에도 소개한다. 이분도 나보고 난초 다시 배우라 한다. 어처구니가 없다. 이런 일에 휘말리면 큰돈이 날아가고 소중한 기회를 잃어버릴 수 있으니 주의해야 한다. 솔직히 꽁치를 가지고 고등어라는 사람들은 생선가게를 안 했으면 좋겠다.

비싸고 인기도 있고 옵션도 잘 갖춰져 있으면 괜찮다. 하지만 인기 있다고, 누구누구가 샀다고, 또 큰 상을 받았다고 선택하면 실패할 확률이 높다. 옵션수준이 뒷받침된 우수 품종이 아니면 한순간에 가격이 폭락할 수 있다.

가격이 비싸고 인기가 있는 품종 중에 옵션이 미미한 것들이 있다. 옵션은 난초가 갖추어야 할 아름다움의 기준을 의미한다. 난초는 여인의 자태를 의인화해 가치를 부여한다. 물론 한국적인 여인상이 잘 갖춰진 난초가 우수한 것은 당연하다. 가령 치마를 입고 앉았는데 아무렇지 않게 다리를 벌리고 있다면 조신하지 못하다고 과거 선조들이 여기듯이 난초도 봉심이 합배를 이루지 않고 있다면 단정하지 못하다고 판단해 가치가 떨어진다는 자연스런 이치를 말하는 것이다.

그런데도 고가품 중에는 봉심이 벌어진 것이 있다. 인기도 있고 소비도 잘된다. 그러나 나는 교육에서 주의하라고 말한다. 소문과 분위기에 편승하다가는 실패할 확률이 매우 높다. OEM이라면 상관은 없다. 그러나 자신이 난초를 들여서 기르는 동안 옵션에 결격사유가 생겨 가격이 폭락하면 투자비용을 회수할 수 없게 된다. 과거에는 난이 귀해 일부 용인된 부분이 있지만 앞으론 어렵없다.

한 가지 예로 이해를 돕고자 한다. 애완견 전람회에서 매년 챔피언 상을 받는 개가 있었다. 그런데 어느 해에 심사위원들이 바뀌었다. 애완견에 전문성 있는 고수가 해외에서 초빙돼 심사를 한 것이다. 그 심사위원은 매년 챔피언이 된 개를 실격 처리했다. 전람회는 발칵 뒤집어졌다. 그 이유가 무엇이냐며 사람들이 따지듯이 심사위원을 다그쳤다. 알고 보니 챔피언이었던 개의 어금니가 빠지고 없었다고 한다. 그동안 심사위원들은 입을 벌려 이빨을 확인하지 않았던 것이다.

위와 같은 일들이 난계에서 언제 벌어질지 모른다. 옵션을 꼼꼼히 따지지 않고 인기, 이름, 가격에만 혹해서 난초를 들이면 곤란을 겪게 된다. 내가 선택한 난초가 챔피언 개처럼 된다면 어떡하겠는가. 생각만 해도 아찔하다. 이때는 후회해도 소용없다. 그래서 고가 품종의 명암을 따져보고 살피고 이해해야 한다. 실제 세포가 괴사하는 유전형을 가진 난초임에도 없어서 못 팔던 품종이 있었다. 어처구니가 없는 일이다.

근래에는 가격보다 옵션으로 승부를 걸어야 한다는 의식이 강조되고 있다. 가격에 걸맞은 옵션과 사양이 뒷받침되어야 한다고 목소리를 높인다. 관계와 인정과 마케팅 능력으로 난초 레벨이 형성되는 것이 아니라 난초의 옵션과 사양으로 가격이 책정되는 풍토가 조성돼야 한다고 강조한다. 이런 요구가 빗발치면 곧 실현될 것이다. 옵션을 보는 법은 높은 수준의 미술성과 국산이라는 정체성과 의인화한 인문학적 해석을 덧입힌 결과이므로 경력자라면 이 부분에서 확실한 체계를 잡을 수 있어야 한다. 전문가 영역에서 자산을 늘리려면 모든 안정성이 담보된 품종 중 그래도 값이 나가는 것을 선택해야 성과가 좋고 수월하다. 난초에는 생산원가가 있다. 여름철에 죽은 것, 병이 와서 가치가 하락한 것도 생산원가에 포함된다. 한 해가 지나면 6촉 한 화분의 6촉 모두는 나이를 한 살씩 더 먹으니 나이 감가도 따져보아야 한다. 그래서 양보다는 질적으로 가야 한다. 선택과 집중을 해야 성공률이 높아지기에 그렇다. 그러면 난실의 크기가 작아도 아무런 상관이 없다. 필수 안전거리 확보도 좋아져 여러모로 득이 된다.

나의 고객 중 천종만 여섯 화분을 기르는 분이 있다. 기존 애호가들은 그를 이

단아로 본다. 돈 되는 것만 엄선해 기르는 것이 배가 아파서 하는 말이다. 그런데 손가락질하는 그분은 정작 난을 건성으로 기르고 산채 가기에 여념이 없다. 반면 천종만 기르는 분은 엄청 세심히 기른다. 하루에 두 번씩 난초에게 문안을 한다. 배가 아프면 욕보다는 방법을 바꾸어 따라해야 한다. 손가락질하던 그분도 요즘은 슬쩍 천종에 관심을 보인다.

하루 이틀 만에 자산가는 만들어지지 않는다. 짧게는 5년, 길게는 10년 이상 전략적으로 접근해야 자산가의 길을 걸을 수 있다. 고령화 시대인 만큼 60세에 시작해도 늦지 않다. 66~67세 때부터 연금이 나오니 말이다.

나는 산반화와 황화 원명을 밑거름삼아 지금의 자리에 서게 되었다. 산반화 햇살이 나와 인연을 맺고 수익을 창출한 기간은 7년이다. 원명은 2007년에 인연을 맺고 2015년에 빛을 발했으니 8년이 걸린 셈이다. 7~8년을 옵션과 사양을 보고 묵묵히 배양하고 생산한 결과가 자산가의 길로 접어들게 한 것이다.

앞으로 관유정의 미래를 책임질 전략품종도 선정해 생산에 집중하고 있다. 원판 황색 심복륜화, 황화소심, 환엽 극황색 중투, 원판 주금화, 목성, 단두소(단엽+두화+소심)이다. 이들 품종은 이미 옵션 확인이 끝났다. 언제 어느 때 내놓아도 난계에서 인정받을 만한 품종이다. 옵션에 반해 품고 싶어 하는 사람들을 위해 지금은 촉수를 늘리는 작업에 몰두하고 있다. 어느 정도(70~80촉) 촉수가 늘면 시장에 내놓을 것이다. 그때를 생각하면 기쁨의 미소가 끊이지 않는다.

돈을 만지려면 프로인 나도 이처럼 철저히 준비하며 때를 기다린다. 자산가도 이런 과정에서 만들어진다. 현재 가격보다 중요한 것이 있다. 워런 버핏처럼 그 난초의 가치를 보고 시간을 투자하고 생산해낼 수 있는 인내력이다. 그리고 죽이지 않고 상등품으로 길러내는 기술력이다. 이런 능력이 확보되면 현재 고가품과 인기품종에 연연하지 않아도 된다. 기술력과 안목이 있다면 시간은 언제나 내 편이다.

한 포기의 에러도 내지 않을 때 도전하라

성공전략을 세우고 좋은 품종도 들였다. 이제는 잘 기르는 일만 남았다. 죽이지 않고 건강한 난초를 기르면 원하는 목표를 이룰 수 있다. 이때도 전략이 필요하다. 바로 생산전략이다. 건강한 최고의 상등품을 만들고 유지하는 기술과 전략이 있어야 성공을 보장할 수 있다.

그럼 어떻게 하면 에러 없이 난초를 기를 수 있을까? 단 한 포기도 탈을 내지 않으려면 탈(에러)이 무엇인지부터 알아야 한다. 난을 기를 때 에러란 크게 네 가지 측면이 있다.

첫째, 애초부터 품종 설계가 잘못된 것

둘째, 품종을 들일 때 정상품이 아닌 것

셋째, 생산이 계획대로 되지 않은 것

넷째, 출하가 계산대로 되지 않은 것

위 네 가지 중 셋째 항에 해당되는 것이 바로 한 포기의 에러도 내지 말아야 한다는 것이다.

그럼 어떻게 하면 에러를 없애고 건강한 난초로 기를 수 있을까? 다음 '에러를 없애는 방법'을 보고 이해하면 좋겠다.

번호	에러를 없애는 방법	솔루션
1	성공 매뉴얼 확보 및 에러율을 감안해 생산 설계를 하라!	철저한 교육
2	DNA, 4가지 필수 바이러스 검사, 젊은 촉, 상등품을 구입하라!	정품 구입
3	생산 설비를 일정 수준 이상 유지하라!	안전한 설비
4	조금이라도 탈이 느껴질 때 늘 문의할 수 있는 상담처를 만들어라!	실력 있는 멘토
5	틈날 때마다 보수교육이나 재배관련 세미나를 통해 기술 수준을 높여라!	지속적 훈련

| <표 4> 에러를 없애는 방법

　　퇴직한 후 제2의 인생을 준비하는 사람들이 주로 도전하는 분야는 요식업이다. 창업을 하려는 사람들이 제일 많이 도전하는 분야도 요식업이다. 요식업으로 성공하기 위해 요리를 배우고 경영학을 덧입힌다. 마케팅과 서비스 방법도 배우고 목이 좋은 곳을 고르고 골라 창업한다. 그래도 많은 사람들이 간판을 내리기 일쑤다.

　　난초로 수익을 창출하는 길도 쉽지만은 않다. 그렇다고 어렵지도 않다. 입문편과 전문가편에서 제시하는 방법을 익히고 적용하면 누구나 수익을 창출할 수 있다. 다만 그 궤도에 오르기까지 공부하고 노력할 마음의 자세가 준비되었는가가 중요하다. 한 포기의 에러도 허락하지 않겠다는 자세가 있다면 얼마든지 성공의 길을 걸어갈 수 있다.

　　난초로 돈을 버는 건 축구선수가 프로로 선택받는 것과 같다. 초등학교 3년, 중학교 3년, 고등학교 3년 총 9년간 매일같이 훈련과 연습을 해도 기본을 열심히 하지 않았다면 프로 3부 리그에도 해당이 안 된다. 체육 교사도 안 된다. 9년간 밥숟

가락만 놓으면 운동을 한 축구 선수도 힘들다는 돈벌이가 난초인들 거저 되겠는지 생각해봐야 할 대목이다.

에러가 0%인 사람은 없다. 기술 명장인 나도 어렵다. 하지만 잘 예측하고 준비하면 얼마든지 극복할 수 있는 부분이다. 그래서 자연 에러율을 감안해 생산 설계를 해야 한다. 처음에는 10~20%의 에러율을 감안해 계획을 세우면 좋다. 첫 해에는 쉽지 않겠지만 해를 거듭할수록 에러가 감소되니 걱정할 필요는 없다. '에러를 없애는 방법'의 2번, 3번 항목은 필수다. 4번 항목도 기본 중의 기본이다. 무엇보다 1번 항목의 성공 플랜(매뉴얼) 확보가 최고의 관건임은 굳이 말하지 않아도 알 것이다. 빌딩을 지을 때 도면이기에 그렇다.

상품은 중작에 비해 비싸다. 하지만 에러를 내지 않고 자라주면 그 이상의 비용을 선물해줄 수 있다. 어떤 생산품도 재료가 좋아야 한다. 재료에서 결격사유가 생기면 그다음은 말할 필요도 없다. 난초는 물만 잘 준다고 되는 것이 아니다. 준비하고, 실행하고, 공부해야 할 것들이 꽤 많다. 다양한 요소들이 몸에 배도록 하려면 상당한 수고와 땀을 흘려야 한다.

자산가의 길은 전략품종을 엄선해 집중적으로 생산하는 영농법이다. 한두 품종의 많지 않은 촉수를 키우는 방식으로 선택과 집중이 절대적이다. 그래서 단 한 포기도 탈이 나면 농사를 망치게 된다. 그런데 일부 몰지각한 사람들이 겨울에도 야간에 온도를 올려 난초의 급성장을 부추긴다. 하지만 빨리 성장하면 탈이 나기 마련이다. 그리고 어느 구름에 비 내릴 줄 모른다는 생각으로 산채 중심으로 꿈을 키우는 분들에게는 달리 해줄 말이 없다. 영리를 염두에 둔다면 새로운 관점으로 접근해야 답이 있다.

생산설비가 갖춰지지 않으면 취미로 돌아가라

사람은 자신만의 보금자리가 있어야 안정적인 삶을 추구할 수 있다. 이때 어떤 환경에서 사느냐가 건강과 수명에 중대한 영향을 끼친다. 습기가 가득한 반지하에서 살면 기관지에 탈이 날 확률이 높고 햇빛이 들지 않는 음지도 건강에 좋지 않다. 난초도 사람과 다르지 않다. 어떤 환경에서 살고 있느냐에 따라 작황이 달라진다.

난실은 전략품종을 들여와 부가가치를 창출하는 일종의 제조업 공장과 같다. 각종 생산설비가 설치된 곳이다. 목수로 치면 연장과 같다. 연장이 나쁘면 제아무리 날고 기는 목수라 해도 무리가 따른다. 난실은 생산 기술만큼이나 중요하다. 기술이 아무리 좋아도 난실에 따라 작황이 달라진다. 많은 농가들이 난실의 중요성을 알고는 있다. 그러나 정작 자기 난초를 기르는 난실에 대해서는 꼼꼼하게 점검하지 않는다. 어떤 부분을 최우선으로 생각해 난실을 지어야 하는지 구체적으로 모른다는 것이다. 난실을 지을 때 가장 중요한 요소들은 다음과 같다.

〈표 5〉를 보며 자신의 난실은 몇 항목에 저촉되는지 살펴야 한다. 부족한 점이 보이면 하루빨리 개선해야 수익창출의 길로 가까이 다가설 수 있다.

난실을 구상하거나 요즘 유행하는 공동 난실에 들어갈 때는 이 사항을 철저히

번호	항목	조건
1	수질	가급적 수돗물이면 좋다.
2	환경	난초에게 해를 끼칠 수 있는 불결·불량한 환경은 피해야 한다.
3	지붕	햇빛의 질과 양이 적절하게 천장으로 공급되도록 설계해야 한다.
4	천창	한여름 열기를 효과적으로 배출할 수 있는 장치를 마련해야 한다.
5	측창	측면에서 공기가 쉽게 유입되도록 알맞은 장치를 설계해야 한다.
6	난방	한겨울 온도를 유지할 수 있는 장치를 마련해야 한다.
7	배수	배수가 제대로 이뤄지도록 바닥을 설계해야 한다.

| <표 5> 바람직한 생산설비의 조건

점검해야 한다. 자신의 힘으로 선택이 불가능할 때는 전문가의 의견도 적극적으로 들어야 한다. 그리고 베란다건 옥상이건 난실을 구상하면 환경설정을 잘해야 한다. 건물을 잘 짓는 건축 전문가가 아니라 난초를 잘 아는 전문가의 조언을 듣는 것이 중요하다. 지상의 정원형 난실, 옥상형 난실이든 연립형 임대 난실이든 위 조건을 꼼꼼하게 따져보아야 한다. 아파트 베란다 난실은 4장에서 다룰 것이다.

난초 몇 포기 키우려고 비싼 집을 짓고 옮겨야 하느냐고 볼멘소리를 할 수도 있다. 하지만 난초 한 포기가 집 한 채 값을 벌어주는 일이 종종 있으니 소홀히 여겨서는 곤란하다.

난실은 난초가 무병장수할 수 있도록 최적의 조건을 갖추어야 한다. 2~3년 머물다 가는 경유지라도 세심히 살피고 따져본 후 결정해야 한다. 난실 선택이 난초 작황을 결정하고 한 번의 선택으로 벌어들이는 돈의 액수도 달라지게 할 수 있다.

우리나라 난실은 주로 비닐하우스가 많다. 유리 온실은 건축 허가를 얻어야 하는 번거로움이 있어 비닐하우스를 선호한다. 요즘은 작황을 먼저 생각해 비닐하우스도 평당 100만 원 이상을 투자해 지은 곳도 많다. 유리온실이 평당 200만 원인 것을 감안하면 대단한 비용이다. 피복제야 무엇이든 난초는 등 따뜻하고 배부르게 해주면 된다.

난실은 난초를 위한 공간이 되어야 한다. 그러기 위해서는 난초가 원하는 다음의 최소한의 조건은 제공해주어야 한다.

1. 4계절 내내 배부르게 살기를 원한다.

2. 겨울엔 등 따뜻하고 여름엔 시원한 조건을 원한다.

3. 맛있는 물이 늘 풍족해 목마름이 없길 원한다.

4. 병충해가 발생하지 않는 호텔같이 청결한 집을 원한다.

관유정은 벤로형 전자동 유리온실이다. 2009년 지을 당시 한국에서 최고의 시설이란 평가를 받았다. 엄청난 돈이 들어갔는데 이유는 단 한 가지, 작황을 좋게 하여 난계에서 살아남으려는 일념 때문이었다. 최고의 설비가 있다 해도 활용을 잘할 때에야 빛이 난다.

| 관유정(한국 최초의 한국춘란 연구소인 이대발 난 연구소 전경)

한국춘란 가이드북 전문가편

| 최첨단 시설로 평가받는 관유정

관유정 내부

| 바람직한 생산설비의 조건을 모두 충족한 난실

적당히 대충 하려거든 취미로 돌아가라

지금까지 한국춘란으로 누구나 의미 있는 애란생활을 할 수 있도록 많은 지면을 할애해 노하우를 방출했다. 내가 살아온 삶의 여정 속에서 배우고 느낀 것도 풀어냈다. 학위를 따면서 익힌 기술도 모두 책에 풀어냈다. 그럼에도 안심이 안 된다. 누군가 실수하고 실패하며 눈물을 흘릴 것 같아 다시 한 번 춘란으로 성공할 수 있는 이야기를 해주려 한다.

난초를 가까이하는 사람 중 그냥 난초가 좋아서 다가가는 사람이 얼마나 될까? 난초가 자생하는 자연의 이치와 섭리를 깨우치고 난초와 교감하며 느끼는 행복감, 대회 성적, 소득의 3박자를 꿈꾸는 사람들이 대부분일 것이다. 모두가 이렇듯 1석 3조를 바란다. 나아가 난초로 평생 먹고살겠다는 꿈을 품고 도전을 시작한다.

지금도 많은 사람들이 산으로 향한다. 꿈의 난초를 만나기 위해서다. 일생일란을 만나기 위해 운전대를 잡고 먼 길을 마다하지 않는다. 산을 찾아 오를 때마다 꿈에 부풀지만 내려올 때는 다음을 기약하는 경우가 대부분이다. 꿈의 난초를 품는 것은 이처럼 멀고 험한 길이다. 따라서 전략을 세우고 나아가는 것이 산으로 꿈의 난초를 찾아나서는 것보다 확률이 높다.

그럼 어떻게 하면 자산가의 길로 들어서서 남은 인생을 행복하게 살아갈 수 있을까? 가장 중요한 것은 적당히 대충이 아니라 달인정신으로 무장해야 한다는 것이다. 지금까지 책에서 풀어놓은 것들을 완전히 자신의 것으로 만들고 나아가야 한다. 여기서 한 가지 더 추가해야 하는데 그것은 바로 난초를 대하는 자세다.

일본 도쿄에는 유명한 초밥집이 있다. 식당 이름은 '스키야바시 지로'다. 오노 지로(小野二郎)라는 주인 이름을 따서 붙인 이름이다. 전 세계에 이름이 알려질 정도로 명성이 자자하다. 세계적 레스토랑 평가서인 미슐랭 가이드에서도 인정한 최고등급 레스토랑이다. 가이드는 "그 초밥 때문에 그 나라를 방문해도 아깝지 않다"라는 말을 남겼다. 식당은 지하에 있다. 의자도 10개밖에 없다. 그런데도 그곳에서 스시를 맛보려고 한다. 실제 이곳에서 스시를 먹으려면 1년을 기다려야 한다.

평생 초밥을 만든 지로 명공(한국-대한민국명장)은 90세가 넘었음에도 여전히 마음을 다해 음식을 만든다. 초밥에 자신의 혼을 담아낸다고 역설한다. 그가 가장 중요하게 여기는 것은 재료의 신선도다. 참치를 공급하는 도매상은 10마리를 판매하면 그중 한 마리 정도가 최상급인데 지로 명공은 그 참치만 고집한다고 밝혔다. 재료의 중요성을 인식한 것이 오늘의 명가를 이룬 비법인 셈이다.

난초로 자산가의 길을 걸을 수 있는 비결을 나에게 묻는다면 나도 지로 명공과 같은 답을 해주고 싶다. 최고 품질의 난초를 구입하는 것이 첫째라고 말이다. 두 번째는 최고의 장인에게 배워야 한다는 것이다. 최고실력자에게 배워야 제대로 배우고 자산가도 될 수 있다. 지로 명공은 장남이 초밥 일을 배운 지 30년이 되었는데도 아직 초밥 만드는 일을 시키지 않는다. 50대 중반이 되었지만 여전히 숯불에 김을 굽는 일만 하고 있다. 둘째아들에게도 혹독하게 훈련을 시키며 기술을 전수한다. 기술을 배우려고 문하생이 된 사람들도 다르지 않다. 허드렛일만 10년을 해야 달걀 요리를 만들 기회가 주어진다. 어떤 수련생은 달걀 요리를 200번이나 퇴짜 맞았다고 한다. 그 정도로 까다롭게 수련을 시킨다. 그런 장인정신이 스키야바시 지로를 세계적인 레스토랑의 반열에 들게 한 비결이다.

난초로 자산가가 되고 싶은가. 그렇다면 지로 명공이 초밥을 만드는 것처럼 난초를 대해야 한다. 혼을 담아 자신의 모든 것을 바쳐 난초를 만나야 한다. 그렇게 갈고 닦은 기술과 능력이 갖추어질 때 비로소 돈도 뒤따른다. 이제는 과거처럼 어영부영 품종 인기도에 기대어서는 성공할 수 없다. 또 어떤 회사나 유명인의 지원에 기대어서는 어렵다. 철저하고도 완벽하게 임할 때만 돈과 명예가 자신의 것이 될 수 있다. 난초로 자산가가 되는 길은 쉽지 않다. 적당히 대충 하려거든 아예 시작을 하지 말아야 한다. 100% 답이 없기에 하는 말이다. 꿈의 난초를 만나는 것보다는 확률이 높지만 매월 정기적인 수익을 창출한다는 것은 어려운 일이다. 그래서 남달라야 한다. 적당히 대충이 아니라 확실하고 정확하게 배우고 도전해야 한다.

장인은 실수하면 안 된다. 자산가의 길로 들어섰다면 누구든 실수하면 회복하는 데 꽤 오랜 시간이 필요하다. 어떻게든 최고의 상품을 만들어내야 한다. 이제 곧 있으면 난초계에도 생산자 이력제가 도입될 것이다. 그리고 품질 등급제도 정착될 것이다. 이는 세계적인 추세이고 거스를 수 없는 대세다. 이때 생산품의 품질이 좋지 않으면 살아남기 어렵다. 정교한 기술과 실력으로 정품의 상등품을 생산해야 답이 있다. 그렇지 못하면 SNS에 직접 팔아야 한다. 또 한 번 강조하지만 백화점은 망해도 입점한 로렉스는 망하지 않는다. 철수할 뿐이다. 다른 백화점으로 옮겨가도 로렉스의 명성으로 다시 활기를 찾을 수 있다.

내 주변에 도시 농업에 뛰어들어 성공한 사람이 있다. 그는 전략품종 4종을 구입해 3년을 길렀다. 그해 가을 2촉씩을 모두 분촉해 판매를 하고 본전을 회수했다. 다음 해부터는 매년 가을 4촉을 출하하면서 수익을 올렸다. 예상 수익이 연 2천만 원 정도다. 그가 난초로 성공적인 길을 걸어가는 이유는 간단하다. 적당히 대충 하는 것이 아니라 체계적인 교육을 받고 그 기술력을 성실하게 지키며 난초를 길렀다. 명품을 만들어내겠다는 장인정신으로 무장해 도전한 것이 성공 비결이었다. 자산가의 길은 이렇게 만들어진다.

품질등급을 이해하지 못했다면 다시 공부하라

난초로 상처받은 사람들의 입장을 들어보면 모두가 그럴듯한 이유가 있다. 난초를 판매한 사람은 그 나름의 억울한 이유가 있고, 난초를 구매한 사람들도 속이 상할 만한 이유가 저마다 있다. 이런 잡음은 난초 문화가 우리나라에 정착하기 시작할 때부터 지금까지 이어지고 있다. 이런 일을 직접 경험하든 그렇지 않든 그냥 넘어갈 수는 없다. 반드시 문제를 해결해야 더 나은 문화로 발전할 수 있기 때문이다.

그럼 어떻게 하면 상처받은 사람들이 줄어들 수 있을까. 사고파는 모두가 만족하는 방법은 무엇일까? 방법은 단 하나라고 생각한다. 바로 '한국춘란 품질 표준 등급'을 마련하는 것이다. 등급제만 정착되면 모든 문제는 해결될 수 있다. 한우 농가는 등급제로 가격을 유지하고 농가 생계를 보장받고 있다.

나는 춘란 농가와 판매자의 문제를 인식하고 해결책을 만들어냈다. 바로 관유정 품질 등급표다. 모두가 이해하고 인식할 만한 기준을 제시해 가격을 매기고 판매를 했다. 한우 등급제와 비슷한 개념으로 이해하면 쉬울 것 같다. 소고기에 마블링이 얼마나 있느냐에 따라 등급이 나누어지듯이 난초도 잎과 뿌리의 상태, 저장양분율, 웃자람 정도, 액아 숫자와 판매품의 나이(자동차의 연식) 등에 따라 등급을 나눈 것이다.

1kg에 3~4만 원 정도 하는 한우에도 등급이 있다. 그런데 같은 하늘 아래, 같은 농업인데 난초에는 등급이 없다는 게 말이 된다고 생각하는가? 등급제가 없어 소비자들이 마음의 상처를 받고 잡음이 들리는 것이다.

등 품	상등품		중등품		하등품		판매불가
작황	1+ 최상등품	1 상등품	2 중상작	3 중작	중하작	하등품	작외
등급	1등급	2등급	3등급	4등급	5등급	6등급	등외
잎 장 수	6.5	5.5	4.5	4	3.5	3	2~
뿌리 수	7	6	5	4	3	2	1
액아 수	7	6	5	4	4개 이하	4개 이하	3개 이하
가격대 (1000만 원 기준)	1200만 원	1000만 원	800만 원	600만 원	400만 원	300만 원	-

※ 다 자란 성촉으로 기준을 매김. 무병, 무하자품일 때(참고용) - 대구가톨릭대학 평생교육원 한국춘란 전문가 과정 교육내용 발췌

| <표 6> 관유정 품질 등급표

구분		육질등급					
		1++등급	1+등급	1등급	2등급	3등급	등외(D)
육량 등급	A등급	1++A	1+A	1A	2A	3A	
	B등급	1++B	1+B	1B	2B	3B	
	C등급	1++C	1+C	1C	2C	3C	
	등외(D)						

| <표 7> 한우 도체 품질 등급표

관유정에서는 나름의 등급표를 만들어 10여 년 전부터 활용하고 있다. 〈표

한국춘란 가이드북 전문가편

7〉한우 도체 품질 등급표 기준을 모티브로 만들었는데 소개해본다. 1++/1등급, 1+/2등급, 1A/3등급, 2A/4등급, 3A/5등급, 등외/6등급과 거의 흡사하다. 소 관련 자들은 위 등급표가 없었다면 아마도 수입소와 육우에 무너졌을 것이 확실하다고 말한다. 그러면서 춘란에 아직도 등급 기준표가 없다는 것이 이해할 수 없다고 했다. 등급제가 정착되면 춘란 농가가 살아날 것이라며 안타까워했다.

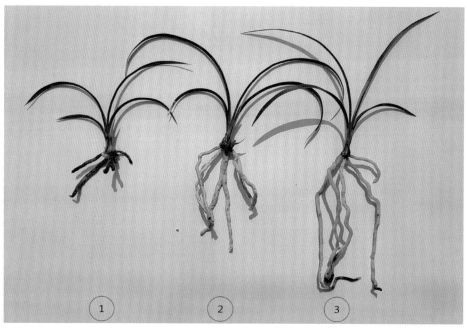

| 〈그림 1〉 관유정 품질 등급 규정 ①등급 외 ②5등급 ③4등급

사진 번호	등급	연식	설명
1	등급 외	3년생	뿌리가 감염된 불량 난초
2	5등급	3년생	③과 비교해 뿌리 총길이가 부족
3	4등급	1년생	잎 4장, 뿌리 수 4개

| 〈표 8〉 등급 기준 참고

춘란은 1+(한우)/2등급(춘란)을 기본으로 설정해 이를 100%로 한다. 1등급/1++
은 120%의 값으로, 3등급/1A은 80% 값으로 내려간다. 한우를 먹거나 살 때 3등
급 이하의 고기를 먹거나 사본 적이 있는가? 반면교사 삼아야 할 대목이다.

관유정에서는 품질 등급표에서 제시한 대로 원칙과 기준을 세워 판매했더니
잡음이 없다. 구매자가 납득하고 가격을 지불한다. 재매입도 이 기준에 의해 철저
히 시행한다. 그랬더니 불만이 없고 오히려 만족도가 높았다. 최소 4등급 이하는
매입해줄 수가 없다. 5등급부터는 번거롭지만 직접 온라인상으로 출하해야 한다.

여러분들이라면 소고기를 사먹을 때 2A등급(춘란 4등급)을 사먹겠는가 1+(춘란 2
등급)등급을 사먹겠는가? 소고기에 대입해 보면 어떻게 해야 할지 이해가 갈 것이
다. 나는 내 고객에게 2A등급을 팔고 싶지 않다. 체면문제다.

실제 생산 농가 컨설팅을 가보면 〈그림 1〉의 3번(4등급)도 아주 귀하다. 어떤 농
가는 아예 없는 곳도 있다. 그런데 우리 난계에서는 5등급도 아닌 6등급을 생산
할 준비도 안 된 분들에게 돈을 벌려고 매매한다. 이러니 돈이 되겠는가? 만약 한
우라면 수익은커녕 사료 값도 쉽지 않을 것이다. 한우 농가에서는 상상할 수 없는
일이고, 모두 망하는 길이다. A+를 생산해도 경영이 되느니 마느니 걱정을 하는
실정이다.

난초계가 이런 지경에 이를 때까지 나를 포함해 난계의 리더들은 무얼 했는지
성찰이 필요한 대목이 아닌가 싶다. 소농가들은 등급 기준을 속이면 처벌을 받는
다. 그런데도 틈만 나면 속인다고 불신이 가득하다고 한다. 어떤 상인은 속이다 걸
리면 1000만 원을 돌려준다는 글귀를 붙여놓고 판매를 한다고 한다. 그런 노력으
로 그나마 시장을 유지하고 있는 것 같다. 하지만 현재 우리 난계는 무방비 상태다.

한국춘란도 등급 판정 제도를 빨리 정착시켜 나가야 미래가 있다. 개인업체인
관유정도 하는데 난계라고 안 될 리 없다. 뜻을 모으면 얼마든지 가능하다. 〈그림
3〉의 도축검사증명서에는 한우라고 표기돼 있다. 우리 난계는 국적과 출생 이력

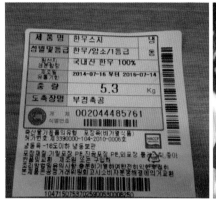

| <그림 2> 1등급 A1 / 난초 3등급

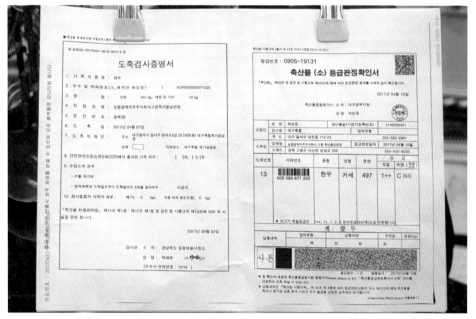

| <그림 3> 한우 등급판정 확인서

을 믿지 못하겠다는 분들이 많은 만큼 반드시 한국춘란(*Cymbidium goeringii*)이어야 하고 자연생이어야 한다. 그리고 DNA, 바이러스 검사 표를 자신이 파는 난초에 표기하자는 것이다. 그러면 조금이라도 안심할 수 있는 장이 마련될 수 있다. 또한

바이러스나 중병이 없어야 한다. 이것을 육안으로 판별할 수 있는 전문 인력을 한 우협회처럼 체계적인 교육을 통해 양성해야 한다.

정품인지 아닌지 알기 위해서도 규정이 필요하다. 관유정은 예전부터 정품리스트를 만들어 정착이 되었다. 정품이란 등급표의 등급을 말하는 것이 아니다. 판매를 해도 되는 건지 아닌지를 보는 것이다. 자동차로 보면 굴러가는지 아닌지를 보는 것이다. 정품 체크리스트에서 1~7번까지는 철저히 규정을 엄수한다. 이 부분이 담보된 후에야 〈표 6〉과 〈표 8〉을 이야기할 수 있기 때문이다.

번호	검토 내용	체크	조건
1	유전자 검사를 했는가?(고액의 경우)	○	절대필수사양
2	바이러스는 없는가?	○	절대필수사양
3	국산이며 자연생이 맞는가?	○	절대필수사양
4	급 세대 단축을 위해 인큐베이팅하지 않았는가?	○	필수사양
5	악성 감염병에 걸리지 않았는가?	○	필수사양
6	악성 감염주에서 분리하지 않았는가?	○	필수사양
7	동해나 약물장애가 없는가?	○	필수사양
8	뿌리 생장점과 T/R율이 100%인가?	○	선택사양
9	웃자람이 없는가?	○	선택사양
10	영양상태가 좋은가?	○	선택사양

| <표 9> 관유정 정품 체크리스트

1~3번 항목의 난초는 1%라도 저촉이 되면 생산도 판매도 주의해야 한다. 일명 불량품이다. 완전 고장난 상품이다. 자동차로 치면 엔진이 붙어 구동이 안 되는 정

도라고 보면 된다. 4~7번 항목도 저촉이 되면 곤란하다. 그렇다고 완전히 판매불가 상품은 아니지만 언제든지 큰 고장이 날 수 있는 상품이다.

이런 상품을 생산하려면 취미로 돌아가는 편이 낫다. 생산한 사람도 불행하고 구매자도 신중하지 않으면 마음에 상처가 클 것이 분명하다. 8~10번까지 항목에 저촉되는 것은 조금만 부주의해도 잔고장이 날 상품이다. 이런 상품은 대부분 온라인에서 집중적으로 판매되고 있는데 근절은 사실상 불가능한 상태다. 관유정에서도 차별 판매 코너에서만 출하하거나 외주 업체들이 값을 쳐주는 대로 받고 처분한다. 생산 설계를 하면 리스크 범위 안에서 결손 처리가 되니 문제는 없다.

정품을 순조롭게 생산하지 못하는 것은 등급의 소중함을 모르기에 했던 일이다. 하지만 지금부터라도 〈표 7〉 한우 도체 등급제를 생각하며 난초 생산에 적용하면 도움이 될 것이다. 기술이 없거나 생산설비 수준이 취약한 곳에서 생산된 상품은 품질 수준이 매우 낮아 공신력 있는 난초농장이나 난원에서 구매하지 않아 어쩔 수 없이 온라인으로 나오는 경우도 많다.

가전제품이나 공산품이라면 〈표 9〉 10가지 항목에 어느 것이라도 저촉이 되면 판매불가 제품이라고 보면 된다. 자산가의 길을 걷고 싶다면 모든 항목에서 만점을 맞도록 생산해야 답이 있다. 구입할 때도 만점짜리 난초를 들어야 탈이 없다. 이 이야기는 마르고 닳도록 이야기해도 지나치지 않다.

정품의 난초를 최선을 다해 배양해도 사람마다 작황이 다르다. 모든 사람이 최상등품의 난초로 기르면 좋겠지만 기술력에 따라, 생산설비 수준과 여건에 따라 다른 결과가 나온다. 그 결과에 따라 가격도 달라지는 게 맞다. 가격을 책정하는 기준이 상호간에 납득이 되면 잡음이 없다. 구입할 때도 판매할 때도 기준에 따라 가격을 책정하면 된다. 관유정은 이런 기준으로 가격을 책정해 판매한다.

우린 정직해져야 한다. 그동안 내 눈에 비쳐진 우리들의 모습은 정직하지도 실력이 갖춰지지도 않았다. 비단 나만 이렇게 보는 것일까? 동태를 녹여 생태라 하면 그 부메랑이 오롯이 자신에게로 돌아온다. 합리적이어야 미래가 있는 것이다. 값이 수백, 수천이다. 몰랐다고 해서 넘어갈 문제가 아니다. 모르는 분이 왜 판매를 하는가? 하지 말아야 한다. 똥개를 보고 푸들이라 하는 사람이 적지 않으니 빨리 감정소를 차려야겠다. 분쟁조정보다는 원천적으로 감정서를 붙이는 게 더 낫지 않겠는가?

그렇다고 어렵게 생각할 필요는 없다. 이 세상 모든 기술은 어느 정도 자리가 잡힐 때까지는 수련(인턴) 과정이 반드시 필요하다. 〈표 6〉의 사항은 사실 농산물에서 어떤 종목이든 기본원칙이라고 생각하면 된다. 그런데도 난계는 질서가 잡혀 있지 않다. 치안이 없는 것이다. 속이며 팔아도 법적인 제재를 받지 않는다. 모두가 약속한 법이 없으니 제재할 방법이 없는 것이다. 이런 비양심적인 사람들 때문에 선량한 사람들이 도매금으로 욕을 먹는다. 억울하게 손가락질 받고 사기꾼 소리를 듣고 싶지 않으면 품질 등급제를 간절히 원하고 시행해야 한다. 등급 규정집을 만들고 소비자보호원, 농산물 품질 관리원 산하에 들어가 법적으로 보호받도록 해야 한다. 이런 일들의 체계가 잡힐 때 난계에서 희망도 이야기할 수 있을 것이다.

상등품을 만들 자신이 없으면 취미로 돌아가라

상등품(〈표 6〉 관유정 품질 등급표 참고)을 만들 자신이 없으면 다시 원점에서부터 시작해야 한다. 상등품을 만드는 기술과 능력이 있어야 자산가의 길로 들어설 수 있다. 상등품을 만들어내지 못하면 자산가의 길은 저 멀리 보이는 신기루에 불과하다.

상등품은 품종의 수준을 뜻하는 말이 아니다. 난초의 건강상태를 말하는 것이다. 품질이라는 말이다. 난초는 1980년대부터 2020년까지 산채를 통해 인공재배장으로 들어온 것 중 확률적으로 대부분 상등품이 살아남아 상품이 되었다. 고가의 품종이라도 상등품은 전시회에서 폼을 내는 자리에 있지만, 그렇지 못한 난초는 온라인상을 떠돌아다니며 고생을 한다. 건강하지 못한 난초는 입문을 유도하는 촉진제로 쓰임받다 산화하고 만다.

아무리 명차이고 명품의 시계라도 고장이 잦으면 안 된다. 고장이 안 나려면 상등품이라야 한다. 품질 등급제가 곧 자리 잡으면 상등품 생산 농가만 돈을 벌 수 있게 된다. 상등품은 운으로 되는 게 아니다. 오로지 기술이다.

자산가의 길을 걷고 싶다면 품질 등급을 이해해야 한다. 품질 등급을 이해하지 못하면 다시 공부해야 한다. '관유정 품질 등급표'를 이해해야 상등품의 의미를 알고 좋은 품질의 난초로 기를 수 있다. 한우도 매매할 때 가격이 천차만별이다.

그래서 비싸지만 좋은 사료를 찾고 손수 만들어 먹이기도 한다. 최신 시절을 고집하는 이유도 품질을 좋게 하기 위해서다. 품질이 좋으면 당연히 좋은 등급을 받는다. 등급이 곧 수익과 직결되기에 한우 농가들은 앞다투어 더 나은 품질의 한우를 기르기 위해 매일같이 공부하고 자신만의 비법을 가미한 사료를 개발한다. 우량 수소의 정액을 구하고 관축사를 청결하게 해준다. 심지어 모기장까지 쳐주는 수고로움을 마다하지 않는 것이다. 우리 모두가 본을 받아야 할 대목이 아닌가 싶다.

작황	상등품		중등품		하등품		판매불가
	최상등품	상등품	중상작	중작	중하작	하등품	작외
급수	1등급	2등급	3등급	4등급	5등급	6등급	등외
가격대 (1000만 원 기준)	1200만 원	1000만 원	800만 원	600만 원	400만 원	300만 원	-

| <표 10> 관유정 품질 등급표

난초도 다르지 않다. 품질 등급에 따라 난초가 받는 대우가 달라지고 가는 길도 차별화된다. 품종은 귀동냥과 운으로 해결할 수 있다. 하지만 품질은 오롯이 본인의 생산 환경과 실력에 좌우된다는 점을 명심해야 한다. 난초 생산으로 돈을 벌려면 양란이든 동양란이든 춘란이든 상등품을 생산해내지 못하면 사실상 생산원가가 나오지 않는다.

상등품을 만들어내지 못하는 실력이라면 취미로 돌아가는 것이 현명하다. 관유정 품질 등급표의 4등급(중작)부터는 제조업에서 말하는 불량품이다. 불량률이 높은 곳은 답이 있을 수 없다. 최소한 품질 등급 기준표의 3등급 이상으로 생산해야 그나마 희망이 있다.

그런데 이보다 더 위험한 것이 있는데 판매불가 판정품이다. 대표적인 것이 바이러스 감염이다. 전략 품종만큼은 반드시 검사를 받는 편이 안전하다. 바이러스 외에도 악성균에 감염된 것들과 뿌리가 아주 나쁜 것들을 생산한다면 다시 원점에서부터 시작해야 한다. 실력도 없는데 종잣돈을 투자하면 누구도 그 문제를 해결해줄 수 없다.

주변에서 실패한 사례들을 보면 전략품종을 선정하는 데까지는 그런대로 문제가 없다. 진짜 문제는 도입 방법이 잘못된 경우가 많았다는 것이다. 좋은 품질의 시작은 역시 건강한 난초를 들이는 것이다. 그런데 아쉽게도 많은 농가들이 이를 알고도 실행하지 않는다. 온라인에 내놓으면 그럭저럭 판매가 되기 때문이다. 노후를 보장받고 안정된 수익을 창출하려면 취미로 놀이삼아 하는 방식에서 벗어나야 한다. 곧 품질 등급제가 시행되고 감정소가 생기면 주먹구구식 판매는 어려워진다. 대충 등급을 얼버무려 한두 등급을 슬쩍 올리는 행위도 불가능해진다. 그러나 불안해할 필요는 없다. 5개년 계획을 세워 차근차근 실시하면 되기 때문이다.

연차	내용
1년 차	기대품과 명명품을 구분하고 기대품의 하위 90%는 구조 조정한다. 구조 조정한 비용으로 전략품종 1촉으로 교체한다.
2년 차	명명품 종목별 5위권 밖은 구조 조정한다. 구조 조정한 비용으로 전략품종 1촉으로 교체한다.
3년 차	1~3년간 신촉이 나올 때 바이러스 육안 검사를 통해 구조 조정한다.
4년 차	상습 감염주는 치료보다는 구조 조정한다. 구조 조정한 비용으로 건강한 전략품종 1촉으로 교체한다.
5년 차	전체 살아남은 난초와 품종 중 하위 50%는 또다시 구조 조정한다. 구조 조정한 비용으로 건강한 전략품종 1촉으로 교체한다.

| <표 11> 구조조정 5계년 계획표

첫 단추가 잘 꿰어져야 다음이 수월해진다. 난초를 들여와 생산할 때 상등급의 품질을 유지시키지 못하면 자신 있게 출하할 수 없다. 좋은 품종의 난초를 헐값에 매매할 수밖에 없는 현실에 직면하고 만다. 상등품은 그냥 만들어지지 않는다. 다양한 요소들이 하모니를 이루어야 탄생시킬 수 있다. 그럼 어떤 요소들이 필요할까?

첫째, 좋은 품질의 난초 매입

둘째, 우수한 생산설비

셋째, 우수한 기술

위 세 가지가 최소한의 조건이다. 이 세 가지가 어우러져야 상등품을 생산 판매할 수 있다. 이제는 난초의 이름에 기대는 안일함에서 벗어나야 한다. 나는 교육 중에 "오죽 못났으면 난초의 이름에 기댈까?"라고 한다. 옵션 보는 법을 터득해야 한다는 말이다.

이제 국제 수준에 걸맞는 생산력을 갖추어야 할 때다. 세계 어느 곳의 바이어가 와도 자신 있게 자신의 난초를 보여줄 수 있을 정도가 돼야 희망이 있다. 맛있는 식당은 산골 오지에 있어도 사람들이 찾아간다. 난초도 최상등품으로 생산하면 그 농장은 문전성시를 이룰 것이 분명하다.

혼자가 아닌 멘토(전문가)와 함께 시작하라

TV 채널을 돌리면 맛집 소개와 먹방으로 침샘을 고이게 만드는 프로그램이 즐비하다. 남자 요리사들이 TV 프로그램에서 요리를 하는 것은 어제 오늘의 이야기가 아니다. 근래에는 매출이 좋지 않은 식당을 찾아다니며 문제점을 발견하고 해결방안을 제시하며 활기를 찾을 수 있도록 돕는 프로그램도 인기다. 죽어가는 골목식당을 살리자는 취지인데 참 많은 것을 느끼게 한다. 그 프로그램을 보고 있노라면 전문가의 손길이 닿으면 확실히 달라진다는 것을 알게 된다. 메뉴의 체계화, 요리 방법 전수, 식당 경영 노하우까지 알려주며 골목 상권이 살아나도록 돕는다. 신기하게도 전문가는 요리하는 방법과 손님을 대하는 방식을 대략 훑어만 봐도 답을 찾는다.

식당뿐만 아니라 가수들도 혼자서는 성공의 길을 걸어갈 수 없다. 각자의 개성을 파악하고 그에 걸맞는 앨범을 만드는 일에서는 전문가의 손길이 덧입혀져야 의미 있는 결과를 만들어낼 수 있다. 매지니먼트와 마케팅도 전문적인 사람이 담당해야 그나마 치열한 경쟁에서 우위를 점할 수 있다. 거의 모든 사업과 경영에는 이처럼 전문 컨설팅이 이루어진다. 식당도 회사도, 하다못해 커피숍도 컨설팅을 받고 차근차근 준비해서 시도한 쪽이 성공할 확률이 높다.

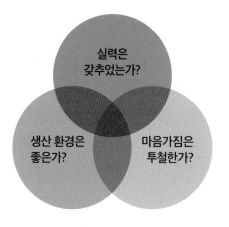

실력은
갖추었는가?

생산 환경은
좋은가?

마음가짐은
투철한가?

| 컨설팅의 3요소

난초로 자산가의 길을 걷고 싶다면 위의 이야기를 허투루 여겨서는 곤란하다. 여러분들이 수십 년의 경력이 있다 해도 그건 취미일 때의 경력이다. 취미는 생업이 아니다 보니 구조가 많이 느슨하다. 재미나 놀이로 하던 시절의 향수나 정서는 오히려 독이 될 수 있으니 난초로 돈을 벌려면 정신 바짝 차려야 한다. 남의 주머닛돈을 내 주머니로 옮기는 건 그리 쉬운 일이 아니다. 난초는 열정만 가지고 도전해서는 좋은 결과를 얻기 힘들다는 것이다. 그러나 교육을 받고 나아갈 방향성을 설정하고 도전하면 이야기는 다르다. 자신의 능력만 믿고 있다면 정말 고려해야 할 사항이 있다. 그것은 바로 전문가의 컨설팅을 받아보라는 것이다. 전문가가 죽어가는 식당을 어렵지 않게 살리는 것처럼 난초계도 전문가의 손길이 닿으면 뭔가 달라진다.

입문편에서 전업주부가 한국춘란으로 연간 1억을 번다는 이야기를 전했다. 그녀는 취미로 시작해서 전문적인 난초 배양가로 전환했다. 남편의 퇴직으로 안정적인 노후를 위해 난초를 선택한 것이다. 그녀가 난초로 성공적인 길을 걸을 수 있었던 주요 요인은 철저한 분석을 통한 종자 선택이었다. 당시 어떤 품종에 투자하면 좋을지를 치밀하게 준비한 것이다. 그녀가 현명한 선택을 내릴 수 있었던 것은 혼자만의 노력 덕분이 아니었다. 당연히 전문가의 도움이 있었다. 멘토의 조언과 도움으로 고수익을 올릴 수 있었다고 그녀는 고백한다.

사업이든 가수든 좋은 결과를 만들어내는 이면에는 전문가들의 전적인 도움이 있기 마련이다. 난초도 다르지 않다. 어떤 멘토를 만나느냐에 따라 성패가 좌우된다. 그런데도 많은 사람들이 자신의 능력만 믿고 도전하다 실패의 쓴잔을 마시고 만다.

난계에 입문한 후 어떻게 자산가의 길로 들어서게 되는지 그 과정을 살펴보면 이해가 갈 것이다. 난계에 입문하면 우선 1단계 콜렉터(collector-수집가)가 된다. 잎의 아름다움에 반해 이 난초 저 난초를 들어서 키운다. 꽃이 아름다운 난초도 포기할 수 없어 선택한다. 이건 이 맛에 저건 저 맛에 구색을 갖추며 하나둘 모으면서 감상을 즐긴다. 여기서 한 단계 성장하고 싶은 사람은 2단계로 발돋움한다.

2단계는 시합에 출품해 순위 경쟁에 참여해보는 것이다. 자신이 소장하고 있는 난초로 작품을 만들어 시합에 출전해보는 과정이다. 여기에서도 재미를 느끼는 사람은 한 단계 더 성장하기 위해 3단계로 진출한다.

3단계는 난초의 특성을 파악해 공식과 룰을 준수해가며 제대로 된 작품을 만드는 단계다. 난초를 제대로 알고 철저한 계획과 계산을 가미해 난초를 만드는 것이다. 대충 기르다 시합에 출전하는 난초와 차별화를 선언하는 단계다. 재배 생리, 전략품종 선발, 상등품으로 만드는 복잡한 일들이 50퍼센트 이상 몸에 익은 상태가 된다. 난초가 훤히 보이는 시점이기도 하다.

그런데 안타깝게도 많은 사람들이 1단계가 채 끝나기 전에 영리로 뛰어든다. 10년, 20년 경력자들도 3단계에 도달하지 못한 사람이 부지기수다. 전문적인 지식을 바탕으로 난초를 대하지 못하기 때문이다. 난초 생산의 종국적인 목적은 대회에서 기량을 겨룰 수준별 작가들에게 작품 소재를 공급하기 위함이다. 그러려면 자신이 작품 체계를 갖추어 도전해봐야 미래지향적인 전략품종의 스케일이 생기게 된다.

3단계에 들어서도 3단계가 요구하는 것이 100퍼센트 몸에 익은 사람이라야 진짜 전문가라고 할 수 있다. 3단계를 넘어서는 단계에 들어서야 비로소 전문가, 자산가가 될 수 있다는 말이다. 10~30년의 난초 경력을 갖고 있어도 아직 전문가가 되지 못하는 사람들이 많다. 그러나 체계적으로 배워서 임하는 나의 교육생들 중

일부는 3~4년 만에 성적을 내는 분들이 많다. 이는 전문가의 지속적인 멘토링의 결과다. 그들은 참 많이도 묻는다. 그래도 나는 제자인지라 힘들게 느껴지지 않는다.

돈을 벌려면 하루빨리 전문성을 확보해야 하고 좋은 멘토를 만나야 한다. 혼자서 전전긍긍하는 것보다 전문가의 도움을 받는 것이 훨씬 효과적이고 효율적이다. 혼자서 아무리 머리를 싸매고 고민해봐야 마음만 아프다. 골목식당 프로그램을 통해서도 느낄 수 있지 않은가?

나는 20년째 춘란 농가를 다니며 컨설팅을 하고 있는데 참 안타깝다. 난초에 대한 열정과 사랑에 비해 현실은 혹독하리만큼 참혹한 경우가 많았다. 이들은 무턱대고 자기 생각만으로 길을 간다. 또한 멘토로는 조금 아쉬운 분들을 롤모델로 삼는 경우가 95%를 넘는다. 컨설팅을 신청해 나와 만남이 이루어진 시기는 대부분 난초와 작별하고 싶은 마음이 들 때였다. 난초를 잘 기르고 싶지만 잘 죽고 원하는 결과를 만들 수 없어 속상한 마음에 그만두려고 한 것이었다. 그때 춘란 농가를 방문하면서 느낀 문제점은 크게 여섯 가지였다.

첫째, 병충해가 끊이지 않는다. 품종을 들일 때 이미 감염주가 대부분이었다.

둘째, 난실이 대부분 어두컴컴하다. 광합성의 원리를 몰라서 생긴 현상이다.

셋째, 난실 환경이 지저분하고 더러웠다. 병 발생의 원리와 환경조성 원리를 모른 것이 이유다.

넷째, 분갈이 기술 수준이 낮았다. 분갈이 원리가 뭔지 모르니 당연하다.

다섯째, 바이러스 체크 및 근절 방안을 알지 못했다. 많은 농가들이 바이러스가 무엇인지도 모른다.

여섯째, 올바른 관수법을 익히지 못했다. 관수의 이치를 파악하지 못한 것이 이유다.

컨설팅을 가보면 대부분 때(골든타임)를 놓친 경우였다. 여섯 항목 전체가 두루 저촉되는 경우도 태반이었다. 이러니 어떻게 답이 있으랴. 한 가정의 운명이 달린 곳도 많아 참 안타까웠다.

대부분 난실 내부는 조도가 낮아 영양 상태가 나빴고 웃자람도 심했다. 난실의 청결도 불결해 곰팡이류 질병에 만성이 돼 있었다. 뿌리는 잎과 비슷하게 상당수가 감염으로 생장점이 탄화해 있었다. 난실 바닥과 난대 아래에 감염된 조직의 찌꺼기가 있었다. 농약을 사용해야 하는데 소독약을 사용하는 곳도 많았다. 어떤 곳은 아예 자연재배다. 또 어떤 곳은 표백제를 사용하는 곳도 있었다.

사람이 아프면 병원에 가듯이 난초가 아프면 난초 의사를 찾아가야 한다. 전문가의 진찰을 받아야 한다는 말이다. 난초 의사는 전문가이자 컨설턴트이다. 전문가를 만나면 난초가 활력을 되찾고 경영도 좋아진다.

자신은 현재 어떤 단계에서 애란생활을 하고 있는가? 더 나은 단계로 도약하고 고수익을 올리고 싶다면 주변의 전문가, 즉 난초 컨설턴트를 찾아가라. 각 지역마다 숨은 고수들이 여러분을 반겨줄 것이다. 그들의 조언을 받으면 이전보다 나은 활력과 만족감을 얻을 것이다. 사람도 난초도 혼자가 아니라 함께할 때 멀리가고 행복할 수 있다.

신라

제3장

재배 생리
—
등 따시고
배부르게
해 주는
기술

광합성, 난초를 먹여 살리는 위대한 선물

사람은 죽는 날까지 밥을 먹어야 살 수 있다. 밥으로 영양분을 섭취해야 살아갈 에너지가 생긴다. 난초도 다르지 않다. 난초도 죽을 때까지 밥을 먹어야 하는데 그것이 바로 광합성이다. 광합성을 못하면 굶어죽는다. 난초에게 중요한 것은 첫째도 둘째도 광합성이다. 광합성은 포도당을 만들어내는 과정이다. 포도당이 사람이든 난초든 건강한 삶을 유지케 하는 중요한 요소다. 광합성이 잘되도록 해줘야 난초로 자산가가 될 수 있다는 것이다.

광합성은 그리 어려운 게 아니다. 그 원리는 술을 빚을 때의 원리와 비슷하다. 술은 밥과 누룩과 물이 들어가야 한다. 온도도 중요하다. 20도가 되어야 한다. 난초도 다르지 않다. 물은 당연하다. 밥에서의 쌀과 물 역할은 엽록체와 이산화탄소가 담당한다. 누룩은 햇빛이라고 보면 된다. 다음 표를 보면 이해가 쉬울 것이다.

술	쌀	물	누룩	발효 온도	술 찌꺼기	막걸리
난초	엽록체	이산화탄소	햇빛	광합성 온도	물과 산소	포도당

| <표 1> 광합성의 원리

신기하게도 맛있는 술을 빚을 때와 건강한 광합성의 조건은 비슷하다.

1. 쌀이 좋아야 한다. - 엽록체의 양과 질이 좋아야 한다.

2. 물이 맞아야 밥이 잘된다. - 이산화탄소가 잘 맞아야(충분해야) 한다.

3. 누룩이 적정량 들어가야 한다. - 햇빛이 적정하게 잎의 앞면에 쬐어야 한다.

4. 누룩이 번식을 잘해야 한다. - 온도가 잘 맞아 광합성이 최대한 잘 일어나야 한다.

5. 술 찌꺼기가 나온다. - 기공으로 산소와 물이 배출된다.

위 과정을 풀어서 설명하면 이렇다. 광합성은 관수할 때 뿌리를 통해 받아들인 물 중 엽록체가 12개의 물 분자와 기공으로 빨아들인 이산화탄소 6개를 햇빛을 활용해 술을 빚듯 포도당(C6 H12 O6)으로 만드는 과정이다.

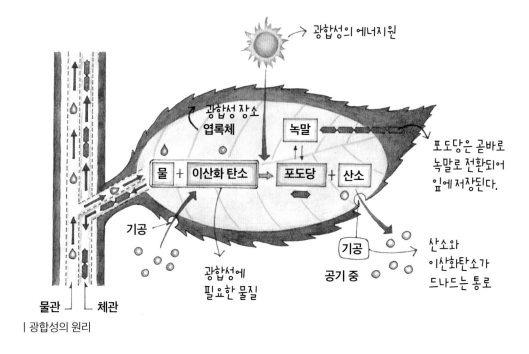

| 광합성의 원리

포도당을 많이 생산하려면 생산 환경이 중요하다. 생산 환경이 광합성의 첫 단

추를 꿰는 시작점이다. 그리고 잎의 형태 등 다양한 요소들이 조화를 이루어야 포도당을 많이 생산해낼 수 있다. 광합성 조건을 이해하기 쉽게 표로 정리했다.

난초	엽록체	이산화탄소	햇빛	광합성 온도	물과 산소	포도당
잎의 형태	밀도와 수	기공 개폐 유동성	잎 앞면으로 채광	22~26도	몸속으로 전달되는 실제 양	잘 만들어짐

| <표 2> 광합성의 기본 조건

야생에서 자생하는 난초는 광합성 조건이 좋은 곳에 많이 분포돼 있다. 광합성이 잘되는 곳에 서식해야 스스로 건강하게 자랄 수 있기에 그렇다. 광합성이 안 되는 곳은 도태되고 만다. 그런데 문제는 원예성이 있는 난초가 인공재배장으로 들어왔을 때다. 원예성이 있는 것은 돌연변이가 일어난 것이라 가뜩이나 자생력과 면역력 측면에서 보면 비정상적이라고 볼 수 있다.

특히 잎의 면적이 작은 단엽, 잎의 횡단면 각(골)이 깊은 입엽이나 직립으로 서 있는 종류와 엽록체 밀도가 부족한 중투와 사피반들은 구조적으로 광합성 조건이 나쁘다. 태극선 같은 초록색 잎의 일반종(standard)보다 신경을 더 써야 한다는 것이다. 고르고 골라서 들어온 전략품종이 잘 살아가려면 어떻게든 광합성이 원활하게 이루어지게 해줘야 한다.

광합성으로 만든 포도당 1개는 686cal이다. 이를 태워 304cal는 유효 에너지로 사용하고 382cal는 호흡 열로 방출된다. 난초 세포의 생명 유지를 위해 에너지원이 돼 세포가 죽지 않고 살아가도록 한다. 포도당은 생명을 유지시키는 마지막 물질이다. 난초는 세포로 이루어져 있고 세포가 모여 기관이 되고 기관이 모여 몸이 된다. 그래서 광합성을 통해 필요한 양 이상의 포도당이 만들어져야 한다.

햇빛을 잘 조절해도 뿌리가 부실하면 소용이 없다. 물을 흡수하는 양이 작아져

| <그림 1> 광합성 중인 난초(6000럭스 24℃)　　　　　광합성 중인 난실

자칫하면 수분을 보호하기 위해 기공을 닫아버린다. 다음 비(관수)가 내려 체내로 물 유입이 원활해지기 전까지 기공으로 달아나는 수분 증산 작용을 차단하는 것이다. 이때 기공을 통한 이산화탄소 고정(유동성)이 불량해져 광합성을 원활하게 보조하지 못한다. 생산자의 재배기술 부족으로 병에 걸리거나 생리장애로 인해 뿌리 면적 감소, 피부 경화, 감염, 갈변과 탄화 등이 생기면 마감프-K 등의 밑비료의 미네랄을 온전히 흡수하지 못해 아미노산과 단백질 합성에 차질이 생긴다. 그래서 뿌리가 중요하다고 강조하고 또 강조하는 것이다.

　광합성이 제대로 이루어지려면 그에 걸맞은 조건이 충족돼야 한다. 햇빛만 쬐어준다고 광합성이 이루어지는 것이 아니다. 〈그림 1〉처럼 잎의 앞면으로 햇볕을 쬐어야 하고 뿌리와 잎의 건강 상태가 함께 뒷받침돼야 효과적인 광합성이 이루어진다. 마치 각각의 악기들이 하모니를 이루어 아름다운 음악을 연주하는 과정과 같다. 어느 한 요소가 삐걱거려도 광합성은 제대로 이루어질 수 없다.

　다음 '광합성 조건' 표는 광합성이 이루어지기 위한 조건을 나타낸 것이다. 이것을 참고하면 광합성을 어떻게 이뤄내야 할지 알 수 있을 것이다.

구분	빛	온도	물	이산화탄소
조건	4000~6000럭스	22~26℃	충분한 양	충분함

| <표 3> 광합성 조건

광합성 조건 표에서 알 수 있듯이 제일 중요한 것은 잎에 엽록소 양이 많아야 한다는 것이다. 〈그림 2〉의 서산반(좌측)은 잎이 나올 때 엽록소 밀도가 낮아 백색이나 황색으로 나타난다. 이들은 엽록체 내 엽록소 형성 밀도 고장에 따라 정상적인 수준의 초록색을 나타내지 못한 것이다. 이들과 유사한 색상이나 무늬가 나타나는 종류들이 많은데 대부분 희귀품으로 여긴다. 관유정에서는 농사가 잘 안 되므로 피하는 편이다. 광합성 조건을 놓고 볼 때는 매우 불리한 조건이 되므로 기

| <그림 2> 엽록소 결함의 서, 서산반(좌) / 정상 엽록소의 난초(우)

르는 데 더욱 세심한 관리가 필요하다.

두 번째는 광합성 작용이 잘 일어날 수 있는 빛의 세기가 필요하다. 전압이 낮으면 거실 형광등이 희미하게 보이는 것과 같은 이치다. 난초의 엽록소가 광합성 활동을 아주 잘하기 위해 야생에서는 3500~4000럭스로 살아갈 수 있다. 하지만 인공재배장에서는 4000~6000럭스의 빛이 필요하다. 다만 특수한 품종들은 경우에 따라 빛의 세기를 더 높게 또는 더 낮게 해줘야 생육이 좋아지는 것도 있다.

강도 종류	단엽, 환엽, 미엽, 서호반, 호피반	일반 무지류와 복륜류	중투, 산반, 서산반류	전면산반, 사피반
하드 타입	7000럭스±1000	6000럭스±1000	4000~5000럭스	3000~4000럭스
소프트 타입	5000~6000럭스	4000~5000럭스	3000~4000럭스	3000럭스

| <표 4> 계열별 조도의 차등 관리(하드 타입-관유정의 예)

관유정은 가급적 무지(정상 크기의 일반엽)의 경우 평균 6000럭스를 표준으로 한다. 하늘에 구름이 잠시 있다가 또 잠시 없다가 하는 등의 영향에 따라 항상 일률적으로 맞출 순 없다. 그래서 때로는 4000럭스도 되었다가 때로는 8000럭스가 되기도 한다. 오전은 햇볕이 누워서 들어오니 조도가 1만 2000럭스가 되어도 큰 문제가 없어 그냥 두기도 한다. 그러나 한낮은 사정이 다르다. 1만 럭스만 넘겨도 난초의 잎 앞면이 정면으로 받게 되면 품종에 따라 엽록소가 파괴되는 심각한 광저해가 일어날 수 있으므로 각별히 주의해야 한다. 너무 낮은 조도인 1000~1500럭스가량은 광보상점[2] 이하라 이 또한 매우 주의할 필요가 있다.

한여름 낮 야외에는 12만 럭스 이상의 강한 광이 태양으로부터 난실에 도달한다. 이때 난초의 잎에 야생에서는 어두운 곳은 3000럭스, 밝은 곳은 4000럭스가

---

2 생산량과 소모량이 똑같을 때가 오전에 한 번, 오후에 한 번씩 일어나는데 이를 광보상점이라고 함

들어오는데, 키가 큰 소나무와 그 아래 작은 잡목을 거쳐 난초의 잎에 도달하는 것이다. 약 30분의 1로 줄어든 셈이다.

인공재배는 다음과 같이 크게 두 가지로 나눌 수 있다.

구분	장점	단점
하드 타입	뿌리가 매우 좋음 저장 양분치가 높아짐 웃자람이 없음 냉해가 없음 내병성이 높아짐 입엽·골엽의 광합성 조건에 유리함	잎이 짧아짐 난초가 거칠게 보임 꽃잎의 초록색이 탁해짐 생산 시설을 자주 개선해야 함 일부 엽예품의 무늬 색상이 탁해짐
소프트 타입	잎의 길이가 길어지고 윤기가 많아 소비자들이 선호함 꽃의 초록색이 진해짐 무늬화의 색상 경계가 좋아짐 엽예의 무늬 색상이 밝아짐 소심이나 두화·원판의 색상이 좋아짐	뿌리 상태가 조금 저조함 저장 양분율이 감소함 웃자람이 다소 발생함 입엽·골엽은 광합성 조건이 불리함 다소 후 발색 무늬종의 발색이 더딤

| <표 5> 하드 타입과 소프트 타입의 장단점

관유정은 잎의 길이와 폭은 낮아지나 난초를 매우 강건하게 생산하기 위해 하드 타입으로 먹이공급(광합성)을 시켜준다. 일반 부업농들의 경우는 소프트 타입을 선택해도 좋다. 교육 때는 하드 타입에 무게를 더 두는 편인데 이유로는 워낙 조도를 못 맞춰주니 아예 하드 타입으로 안내하는 것이다. 그러나 관유정은 5000 럭스에 맞추어 주는 품종도 있고 7000럭스에 맞추어 주는 품종도 일부 있다.

관유정은 한여름 12만 럭스의 빛을 난실이 60% 반사시켜 내부로 5만 럭스가 들어오고, 50% 차광제를 천장에 2겹, 난실 바로 위에 1겹, 총 3겹으로 차광을 해 6000럭스를 맞춘다. 1단을 지나면 2만 5000, 2단을 지나면 1만 2000, 3단을 지나면 6000럭스가 된다.

관유정은 품질을 강하게 유지시켜 잎이 조금 짧고 구릿빛이 돈다. 뿌리는 아주 좋아 저장 양분율도 높다. 그러나 일반 농가들은 조금 소프트(평균 5000럭스)하게 해도 별 문제는 없다. 소프트하게 기르면 잎이 조금 길어지고 넓어지는 느낌을 받는다. 엽색도 하드 타입에 비해 초록색이 조금 진해지고 반짝거린다.

관련 연구 논문에 따르면 광합성의 최대치는 20도일 때 2만 럭스가 최고치였다. 1000럭스 이하면 광보상점 이하가 되어 광합성 양이 아주 미미하다는 연구 결과가 있다. 3~5만 럭스가 지속되면 광저해, 즉 엽록체 파괴가 일어나므로 주의해야 한다.

광합성이 이루어지기 위한 조건 세 번째는 온도다. 온도 역시 중요하다. 광합성 시 광합성에 직접 관여하는 효소와 단백질의 운동성이 좋아야 포도당을 원활히 만들게 되는데 이때 온도의 영향이 결정적이다. 한여름 잎 주변 온도가 고온(30~35℃)일 때는 엽록체의 광합성 효소 작동이 느려져 포도당 생산량이 감소한다. 40도를 넘기면 단백질 변성을 초래해 아주 위험하므로 주의해야 한다. 겨울은 10도 이하의 저온일 때 광합성 활성도가 낮아진다. 겨울이라도 주간 온도가 너무 낮으면 당일 실시간 포도당 합성이 저조해 누적한 저장양분 감소가 심해져 이듬해 봄 신아가 약해지므로 매우 주의해야 한다. 광합성 적정 온도는 연구자와 논문에 따라 차이가 있으나 나는 22~26도일 때가 가장 왕성하다고 생각한다.

광합성의 네 번째 조건은 물이다. 물은 포도당을 만드는 중요한 재료이므로 부족함 없이 충분히 공급되어야 한다. 경험이 미숙한 생산자들은 수분 공급이 얼마나 중요한지를 잘 이해하지 못하고 있다. 난초는 수분 공급량에 따라 생육에 크게 영향을 받는다. 수분이 부족하면 성장이 더뎌 다소 단엽화되는 듯한 느낌을 받는다. 이는 수분 스트레스에 의한 장애 현상으로 반가워할 일이 아니다.

끝으로 이산화탄소는 난실 내 환기를 자주 하게 되면 충분히 전달된다. 그러나 난실 내 2단 재배 또는 과도한 밀식 재배를 하는 경우는 난대 중심부에서 이산화탄소 병목이 생길 수도 있다. 병목 현상이 초래되면 난초는 세력을 잃는다.

위와 같은 조건이 충족돼야 의미 있는 광합성 작용이 된다. 그런데도 음지 식물이라는 관념 때문에 난실을 어둡게 하고, 심지어는 2단, 3단 재배를 하는 곳도 있다. 이 점은 개선이 필요하다.

취미로 기르는 사람들에게는 재배라는 표현이 맞지만 영리를 목적으로 한다면 재배가 아니고 생산이란 말로 바뀐다. 생산은 판로가 있어야 하고 판로가 수월하려면 생산물의 품질이 좋아야 한다. 난초는 각자의 생산물이므로 건강 상태가 좋고 건실해야 수익률이 높아진다. 생산자들의 작황은 평소 광합성 조건 부여의 기술 수준과 이행 정도에 따라 결정된다.

여기까지 보면 자신이 어떤 방법으로 난초를 배양하는지 알 수 있을 것이다. 햇빛의 양, 엽록소가 충분한 난초 선택, 난실 온도, 물 공급 주기, 난초 배치와 환기를 꼼꼼히 점검하며 배양한다면 난초가 배를 곯는 일은 없을 것이다. 배가 곯은 난초로는 자산가가 될 수 없다.

| 난초 엽온을 낮추기 위해 한여름 난실에서(2008)

잎의 구조 속에 담긴 광합성의 비밀

사람은 잉태되는 순간부터 심장이 박동한다. 태중에 있을 때부터 생이 다할 때까지 끊임없이 심장박동이 일어나야 삶을 유지할 수 있다. 심장이 멈추는 순간 삶도 멈춘다. 난초도 다르지 않다. 한 촉의 잎이 형성되면 그 잎은 생명이 다하는 날까지 광합성 작용을 해야 한다. 일벌이 죽을 때까지 꿀을 나르듯 난초의 모든 기관들은 광합성을 하기 위해 필사적인 노력을 기울인다. 그중에서도 잎의 구조가 광합성에 끼치는 영향이 매우 크므로, 이는 자산가가 되려면 반드시 알아야 하는 부분이다.

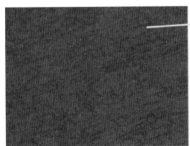

| 광합성을 수행하는 잎의 앞 단면도(기공 없음)

재배 생리는 난초를 알아가는 데 매우 중요한 지식이다. 그중 제일 중요한 게 바로 광합성이다. 잎의 엽록체 밀도나 수와는 조금 다른 의미다. 광합성은 잎의 앞면에서 일어나므로 잎의 구조를 정확히 이해해야 한다.

사람은 생산적인 일을 해야 재화를 획득해 살아갈 수 있듯이 난초도 햇빛을 만나 포도당을 벌어야 한다. 재화(돈)와 포도당은 그 의미가 같다. 벌어들인 것에 따라 생활수준과 건강의 척도가 달라지기 때문이다. 사람은 적게 벌어도 사회보장제도로 그럭저럭 생활을 유지할 수 있다. 하지만 난초는 보장제도가 없어 생존에 필요한 포도당을 스스로가 만들어내야 한다. 난초는 스스로 움직일 수 없으므로 반드시 생산자가 포도당이 만들어지는 원리를 이해하고 배양해야 한다.

그럼 잎의 구조가 포도당벌이를 어떻게 원활하게 할 수 있을지 살펴보자. 잎의 면적은 광합성 양에 직결된다. 잎의 면적이란 넓이, 길이, 장수, 두께를 말한다. 잎의 골, 각도도 광합성에 직접적인 영향을 준다.

| <그림 3> 잎의 형태가 광합성에 미치는 영향
좌, 수(누운)엽-광합성률 100% 중, 중수(반 누운)엽-70% 우, 입(서 있는)엽-40%

〈그림 3〉을 보면 누워 있는 잎일수록 햇빛을 더 많이 흡수한다. 수엽이 가장 많

　　　　　　　　　　　　　　　　　　　　　한국춘란 가이드북 전문가편

은 햇빛을 흡수하고 입엽은 부족할 수밖에 없는 구조를 가지고 있다. 그런데 많은 사람들이 입엽을 좋아한다. 꼿꼿하게 서 있는 잎에서 좋은 화형을 기대할 수 있다고 생각하기 때문이다. 잎 끝이 오그라져 있고 반듯하게 서 있는 잎에서 두화를 기대할 수 있어 좋아하는데 이런 잎은 두화가 필 확률이 낮을 뿐더러 광합성에 매우 취약하다. 다음 그림으로 생각하면 이해가 쉬울 것 같다.

〈그림 4〉의 누워 있는 패널은 햇빛을 받는 양이 많아 다량의 전기를 만들어낼 수 있다. 반면에 서 있는 패널은 누운 것과 면적은 같으나 햇빛을 받아내는 면적이 적어 전기를 만들어내는 데 불리하다. 관유정은 대부분 누운 잎을 선호한다. 광합성 양이 낮으면 난초가 튼튼하지 못하고 병에 잘 걸리기 때문이다.

| 〈그림 4〉 누워 있는 패널- 발전율 높음   서 있는 패널- 발전율 낮음

잎이 서 있느냐 누워 있느냐 못지않게 잎의 앞면이 어떤 각도에서 빛을 받느냐에 따라 광합성률이 달라진다. 잎이 펴져 있는지 골이 깊은지가 중요하다는 것이다. 〈그림 3〉의 입엽 형태의 골이 깊은 잎은 햇빛을 받아들이는 양이 적을 수밖에 없다. 골이 없는 평편한 잎은 입엽에 비해 광합성이 용이하다.

| <그림 5> 잎의 골진 형태별 광합성 효율도

	구분	광합성 효율	외관상 잎 폭의 특성	효율 예
①	평평 잎	광합성이 최고로 우수한 조건	폈을 때 잎 폭이 대체적으로 넓음	100%
②	일반 잎	광합성 보통 조건	폈을 때 잎 폭이 보통 넓음	80%
③	각진 잎	광합성 나쁜 조건	폈을 때 잎 폭이 보통	60%
④	골진 잎	광합성이 최고로 나쁜 조건	폈을 때 잎 폭이 좁음	40%

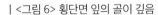

| <그림 6> 횡단면 잎의 골이 깊음   골이 없는 평평한 잎

잎의 구조를 보면 햇빛이 어느 각도에서 들어오느냐가 매우 중요하다는 사실을 발견했을 것이다. 해가 머리 위에서 들어오는 곳이 광합성에 유리하다. 아파트 베란다나 건물 내부의 난실은 햇볕이 난 잎의 측면으로 들어옴으로써 광합성에 불리하다. 그래서 난의 잎 형태가 광합성이 잘 되는 것으로 구하거나 여러 가지로 보완할 수 있는 방법을 찾아야 한다.

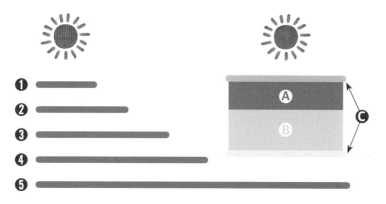

| 잎의 길이별 ①단엽 ②환엽 ③미엽 ④보통엽 ⑤장엽
잎의 단면 Ⓐ잎의 상부-책상조직 Ⓑ잎의 하부-해면조직 Ⓒ상 표피와 하 표피(기공)

광합성은 상부에서 일어나므로 햇빛이 상부Ⓐ로 들어야 한다. 그리고 잎은 길고 넓을수록 표면적이 증가함으로써 광합성 양이 높아진다. 잎은 두터울수록 상부의 면적도 증가하므로, 이 또한 얇은 잎에 비해 광합성 양이 높아지게 된다.

지금까지 살펴본 잎의 특성을 보면 자신이 어떤 잎의 난초를 들여야 할지 가늠이 될 것이다. 광합성에 용이하지 않은 난초는 보기에만 좋을 뿐이다. 디자인만 화려하고 실용성이 없는 자동차에 지나지 않는다. 제아무리 보기 좋은 난초를 들여도 밥을 제때 먹이지 못하면 건강하게 살아갈 수 없다. 난초로 수익을 창출하겠다는 기대도 멀어지고 만다. 결론적으로 잎은 눕고, 퍼져 있고, 초록색이며, 잎 장수가 많고, 넓으면 좋다. 이 모두를 갖추면 광합성이 잘되는데 태극선이란 품종이 여기에 해당한다. 아파트 베란다나 다소 일조량이 불량한 난실은 참고하면 도움이 될 것이다.

순 광합성 원리를 알아야 상등품을 생산한다

난초는 끊임없는 광합성(포도당벌이)을 통해 살아간다. 새 촉이 돋아 꽃을 피우고 자손을 퍼뜨리고 생명을 유지하려면 많은 양의 포도당이 반드시 필요하다. 포도당이 축적되고 차고 넘쳐야 생산자는 자산가로 거듭날 수 있다. 차고 넘쳐야 한다는 것의 의미는 매우 중요하다. 사람이 하루 벌어 하루 쓴다고 해도 하루 동안 번 돈이 고스란히 순수입이 되지 않는다. 교통비, 식비, 커피 값과 같은 기본 생활비를 제하고 남은 금액이 순수입이 된다.

난초도 사람처럼 하루를 살아가려면 필수 소모량이 있다. 이를 제하고 남은 것을 일일 순 광합성 양이라고 한다. 순 광합성 양(일일 순수입)을 매일 모아 1년이 되면 연간 총량이 된다. 순 광합성 양이 충분해야 난초는 세포벽을 튼튼하게 만들고 회백색의 깨끗한 뿌리를 생성한다. 이렇게 되면 자연스럽게 T/R율도 맞추게 된다. 세포벽이 튼튼해지면 웃자람이 없어 잔병이 와도 견딜 수 있다. 면역력이 생기는 것이라고 보면 된다.

상등품을 만드는 첫 번째 관문은 순 광합성 양의 수준을 얼마나 높일 것인가에 있다. 그래서 나는 현재 관유정을 비닐 온실이 아닌 유리 온실로 지었다. 대부분의 실력자들은 난초의 머리 위에서 햇빛이 들게 하려고 베란다보다는 마당과 옥상 난실을 선택한다. 한여름 매일 물을 주는 수고를 들이는 것도 다 순 광합성과 관련이 있다. 잎의 구조와 각도도 마찬가지다. 이 모든 과정이 순 광합성 양을 늘리기 위해서다. 관유정은 순 광합성 양을 늘리는 것을 최고의 관건으로 생각하고 농사를 짓는다.

난초가 하루 동안 필요로 하는 포도당을 알면 순 광합성의 중요성을 더욱 잘 인식할 수 있을 것이다. 그래서 난초가 하루에 필요로 하는 포도당을 표로 실어두었다. 어느 정도의 포도당이 소모되는지 알면 순 광합성 양을 얼마나 늘려나가야 하는지도 알 수 있을 것이다.

호흡 (세포 호흡)	세포 분열 (기관 형성)	과호흡	질병
일평생 필요로 함	신아와 꽃, 뿌리 형성 시	여름 고온 시 잎 온도 조절을 위해	감염 시

| <표 6> 난초의 하루 포도당 소모처

난초가 세포 호흡에 쓰는 포도당 양이 제일 많다. 난초의 잎, 벌브(줄기), 뿌리는 모두 세포로 이루어져 있다. 꽃과 포의도 마찬가지다. 수없이 많은 각 기관 세포는 지속적으로 포도당을 소비해야 살아남을 수 있다. 포도당이 없으면 세포는 죽는다. 사람도 혈액 내 당 수치가 낮아지면 뇌세포의 경우 저혈당 쇼크로 부분적인 뇌사가 오는 것과 같은 이치다.

두 번째가 기관형성이다. 난초는 새 싹과 새 뿌리를 내리고 화아분화와 화뢰 형성은 세포 분열에 의해서 일어난다. 이때도 많은 양의 포도당이 쓰인다. 자식을 출가시키기 위해 평소 돈을 축적해두었다가 필요할 때 목돈을 쓰는 것과 같은 이치다. 난초도 번식을 위해 꽃을 달고 새 촉을 돋게 할 때는 축적한 포도당을 활용한다. 축적해놓은 포도당이 없으면 신촉은 약해지고 꽃도 건강하게 피울 수 없다.

| 순 광합성 양이 충실할 때 뿌리 피부 색상-만 1년생

뿌리가 약해지고 발근율도 저조해진다.

세 번째가 과호흡이다. 여름 고온이 되면 난초는 호흡량이 많아져 많은 에너지를 소모한다. 이는 고랭지 생산 채소가 더 맛있고 산 중턱 사과가 산 아래 사과보다 경도나 당도가 더 좋아 저장성도 높고 값도 더 받는 것으로 이해하면 된다.

네 번째는 감염이 되어 난초가 병과 싸우는 과정에 쓰이는 것으로 요약할 수 있다. 사람도 병이 들면 치료비나 간병비가 든다. 또한 일을 못해 돈을 못 버는 것과 같은 이치다.

난초는 해가 있는 주간에 광합성을 하는데 연간 약 2300시간 정도를 한다고 한다. 주간에 만든 포도당은 녹말 형태로 엽록체에 저장했다가 저녁 무렵 설탕으로 분해해 체관을 통해 벌브로 이동시킨다. 야간이 되면 벌브는 포도당을 필요한 곳에 배분한다. 배분된 포도당은 신촉, 꽃, 뿌리 생성에 활용된다. 그리고 해뜨기 전 2~3시간 무렵 세포분열을 일으켜 잎과 뿌리를 키운다.

성장에 쓰고 남은 것은 녹말로 뿌리의 벨라민 기관에 대부분 저장하고 잎과 신체 전반에 조금씩 비축해둔다. 뿌리가 부실하거나 면적이 작으면 저장할 곳이 마땅하지 않아 벌브나 잎에 저장을 할 수밖에 없게 된다. 이럴 때 예전에 비해 잎이 두꺼워지기도 하는데 비정상적인 생육이므로 좋아할 일이 아니다. 사람으로 치면 복부 비만과 같다. 근육과 피하에 골고루 지방을 저장해야 하는데 복부에만 축적되는 현상이다. 그러면 내장지방이 축적돼 대사 장애가 초래된다. 난초도 사람처럼 신장 장애, 발근 저하 등 부작용이 따를 수 있으므로 주의해야 한다.

한여름이든 한겨울이든 난초는 자기 생명을 유지하기 위해 많은 포도당을 필요로 한다. 그러므로 반드시 소모량보다 생산량이 압도적으로 많아야 잘 살 수 있다. 우리는 난초가 포도당벌이를 잘하도록 시스템을 만들고 고쳐서 그들의 행복한 삶을 보조하고 그 산물로 가치와 행복 그리고 돈을 얻게 되는 것이다.

하루 중 생산량과 소모량이 똑같을 때가 오전에 한 번 오후에 한 번씩 일어나는데 이를 광보상점이라고 한다. 광보상점 이하의 조건이 지속되거나 길어지면 난초는 세력을 잃어간다. 야생 춘란을 연구한 논문을 보면 뿌리의 단면 벨라민층에 전분립이 거의 없었다. 그러나 관유정에서 생산한 것은 꽉 차 있었다. 야생에서는 하루 벌어 겨우 하루를 살아가는 것이고 관유정은 정반대라고 보면 된다. 관유정은 이런 이유에서 야생보다는 30~40%가량 더 밝게 기른다. 그래서인지 관유정 난초는 노촉이라도 잘 안 죽는다는 말이 나오는 것이다.

인큐베이팅 난초들은 연간 광합성 총량은 제한돼 있는데 번식을 두 번 시킨다. 이러니 문제가 생기는 것이다. 뿌리에 저장양분을 꽉 채우는 인큐베이팅 기술이 마련된다면 모를까 그렇지 않으면 답이 없다. 그래서 인큐베이팅 난초들이 말썽을 일으키는 것이다.

여기까지의 이야기를 종합해보면 난초는 생육에 필요한 에너지 외에 평소 저장된 포도당이 필요하다는 것을 알 수 있다. 이를 저장양분율이라고 하는데 사람으로 치면 모은 재산이 얼마나 있느냐를 말하는 것과 같다. 하루 벌어 하루 쓰고 나면 미래를 보장할 수 없듯이 긴급할 때 가져다 쓸 여유 에너지가 필요하다. 그러므로 자신의 난실 환경과 기술력을 총동원해 순 광합성 양을 늘리는 데 사활을 걸어야 한다. 순 광합성 양을 이해해 에너지를 비축해두는 것이 자산가로 가는 지름길이기 때문이다. 그래서 관유정은 1촉씩 매매할 때 뿌리의 길이와 수를 매우 중요하게 생각한다. 춘란은 뿌리에 저장양분을 축적하기에 그렇다.

뿌리 구조와 물 흡수의 상관관계

잎은 사람으로 치면 팔과 같다. 역할로 구분하면 아버지가 하는 일이다. 뿌리는 사람으로 치면 다리다. 역할로 구분하면 어머니라고 보면 된다. 아버지가 돈을 잘 벌어오도록 보필하고 살림하는 것이 뿌리다. 아버지는 돈을 벌고 어머니는 돈을 잘 벌 수 있게 아버지를 보필하고 살림을 한다. 어느 역할이 더 중요한지 물으면 대부분 아이들이 "엄마"라고 대답하듯이 난초도 어머니 역할이 중요하다. 굳이 나누어 우선순위를 정했을 때 이야기다. 그만큼 난초에게 뿌리 역할은 특별하다.

난초는 잎의 광합성 작용으로 포도당을 만들어 살아간다. 이때 뿌리는 잎과 보조를 맞춰 물과 비료분을 구하는 역할을 한다. 난초는 잎 한 장에 뿌리 한 가닥이 이상적이다. 뿌리는 비료 중 인산(P)이 주로 작용하여 세포분열을 조장해 만들어진다.

많은 사람들이 잎의 중요성에 비해 뿌리의 중요성은 소홀히 여기는 경향이 있다. 하지만 잎 못지않게 뿌리도 중요하다. 어머니 역할이라 그렇다. 줄기(벌브)는 가정이다. 쪼그라져 죽는 날까지 잎은 버려도 뿌리는 안고 간다. 광합성보다는 물 확보와 이미 가지고 있는 저장양분이 우선이란 말이다.

뿌리는 구조가 착생 형태로 되어 있어 물을 주면 벨라민 기관에 저장해 활용한다. 다육식물이 두툼한 잎에 저장한다면 난초는 반대로 두툼한 뿌리에 저장한다. 이런 특성을 살펴 어떻게 튼튼한 뿌리를 만들 것인지 살펴야 한다. 다육식물의 잎을 튼튼하게 해야 하는 이치인 것이다.

보통 전략품종을 들일 때 대부분 1촉을 들인다. 유통을 할 때도 1촉씩 판매하는 경우가 대부분이다. 1촉이 독립해 홀로 살아가려면 뿌리가 건강해야 한다. 2촉 이상이면 영양분을 주고받으며 상호작용을 하며 의지할 수 있다. 하지만 1촉이면 오직 자신의 힘으로 험한 세상에서 살아남아야 한다. 뿌리의 건강 상태가 곧 난초의 미래를 결정하는 것이다.

| <그림 7> 잘 자라난 뿌리 사진

〈그림 7〉처럼 정상적 길이에 도달해야 건강한 뿌리라고 볼 수 있다. 뿌리가 건강해야 자신의 역할을 충실히 수행할 수 있다. 뿌리의 벨라민 기관에는 저장양분이 비축돼 있어 한 가닥도 소홀히 여기면 안 된다.

뿌리가 건강하지 못하면 아무리 열심히 길러도 난초가 세력을 못 받는다. 1촉의 전략품종을 들여서 신촉의 세력이 담보되려면 반드시 뿌리를 통해 미네랄(비료분)을 흡수해야 한다. 그래야 세포분열을 위한 아미노산과 단백질 형성이 원활하게 이루어진다. 뿌리 내부에는 1년간 신촉을 만들고 자신도 버텨내야 하는 정도의 저장양분(전분립)이 충분해야 승산이 있다. 뿌리 면적이 부족하고 상태가 나쁘면 신촉의 세력이 좋아질 수 없다. 물과 농약도 뿌리 면적과 상태에 따라 흡수율이 결정되기에 늘 뿌리 건강에 신경 써야 한다.

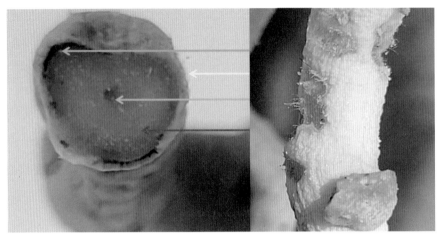

| <그림 8> 감염 초기 뿌리   정상 뿌리

〈그림 8〉 좌측 뿌리에 초록색 화살표가 있는 외피층 하막(이대발 난 연구소 명명)의 검은색은 감염 초기 증상이라는 것을 보여주는 증거다. 노란색 화살표가 가리키는 곳은 외피층이다. 파란색은 중심주이며 빨간색이 벨라민층이다. 뿌리 구조의 파란색 부위가 진짜 뿌리인 중심주다. 중심주는 물과 양분을 이동시키는 실질적 뿌리다. 중심주만 있어도 프로들은 난초를 길러낼 수 있다. 노란색은 뿌리의 외피층이다. 물과 비료분을 압력을 행사해 받아들이고 벨라민층(빨간색)으로 들어온 물과 양분을 빼앗기지 않는 역할을 한다. 〈그림 8〉의 우측 사진처럼 외피층 발달이 좋아야 뿌리를 잘 지켜내고 비료분과 수분을 많이 모을 수 있다. 피트모스[3] 등

3 수생 식물이나 습지 식물의 잔재가 연못 등에 퇴적되어 나온 흑갈색의 단립성 토양

의 대체 식재로 기르는 농가들은 외피층 발달이 빈약하다. 이들을 정상 난석으로 옮겨 심을 때 심각한 건조를 느껴 난이 놀라 강력한 스트레스를 받을까 우려해 관유정은 외부 품종이나 난을 들일 때 각별히 신경 쓰고 있다.

한국춘란은 보편적으로 〈그림 8〉의 우측처럼 건강하다면 뿌리 길이 15cm에 폭이 5mm 정도다. 한 가닥은 관수 시 0.1~0.2cc의 물을 담을 수 있다. 관유정에서는 봄 분갈이 시 작년생 뿌리는 더 이상 생장을 못하도록 뿌리 끝 4~5mm 정도를 잘라 2년차 발근을 저지시킨다. 불필요한 발근은 양분 소모만 야기시키기 때문이다. 그냥 두면 최대 70cm까지도 자라니 주의하고 있다.

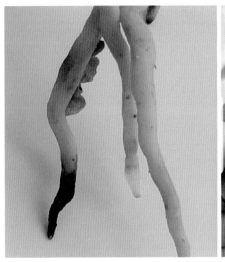 

| 〈그림 9〉 탄화한 검은색 뿌리와 정상 뿌리　　| 〈그림 10〉 잘 발달된 수평근

뿌리 끝 분열조직(생장점)이 탄화된 난들이 과거에 비해 부쩍 늘었다. 비료와 농약 농도 조절 실패, 수분 부족에 따른 스트레스, 감염이 주된 요인이라고 추정한다. 〈그림 9〉의 탄화한 뿌리 끝은 신근이 만들어져 분열한 것으로 그대로 기르면 된다. 그러나 문제가 생길 우려가 있으면 잘라주어야 한다.

난초가 건강하게 생육작용을 하려면 뿌리의 건강 못지않게 중요한 것이 수평근 발달을 어떻게 시킬 것인가이다. 10년 전 재배 생리를 연구할 때 우연히 세력을 더 잘 받는 것들을 조사하던 중 그것이 수평근의 역할이었음을 알았다. 수직근으로 자라난 것들과는 차이가 분명하게 났다. 이후 농가 교육 때 알려주고 있다. 〈그림 10〉에서처럼 수평으로 뻗어 있어야 물과 비료분을 제대로 흡수할 수 있기 때문이다. 뿌리가 수직으로 내려 있으면 흡수 효율이 떨어진다.

　　난초 뿌리를 수평으로 자라게 하려면 어떻게 해야 할까. 〈그림 10〉처럼 화분 상부 내경이 클수록 유리하다. 화분 내경이 커야 수평으로 뻗어갈 수 있기 때문이다. 화분을 작은 것으로 쓰면 수직 형태로 뿌리를 내려 효과적이지 않다. 이때는 분벽으로 붙여서 심는 것도 도움이 된다. 수직으로 내린 뿌리는 흡수율이 낮아서 공급을 더 정교하게 해주어야 한다.

　　대부분의 사람들은 난초 화분 안이 건조한 것을 좋아한다. 분내 통풍이나 건조가 난초 생육에 유리하게 작용한다는 이유에서다. 하지만 이 방법이 꼭 옳다고 볼 수는 없다. 난초는 수분을 많이 필요로 하는 작물인데 수분을 억제시키면 오히려 스트레스를 받는다. 그래서 나는 분내 저수율을 뿌리의 안전 범위 내에서 최대한 높이고 보수율도 높인다. 그리하여 발수율을 낮추는 방식으로 길러왔다. 이른바 습식법이다. 습식법은 본 연구소에서 개발한 전매특허로, 나의 교육생들을 중심으로 활발하게 전국으로 퍼져 자리 잡고 있다. 화분 안의 뿌리가 물과 비료를 효과적으로 흡수하려면 어떤 것이 좋은지를 연구해 얻은 결론이다.

　　사람이 건강하려면 모태에서부터 건강하게 태어나는 것이 중요하다. 난초도 건강하려면 먼저 뿌리가 튼튼해야 한다. 어떻게 하면 건강한 뿌리를 만들 수 있을지 지금까지의 내용을 참고해 반드시 건강한 뿌리를 만들어야 한다. 뿌리의 건강도가 난초로 자산가의 길을 걷는 데 성패를 좌우하기 때문이다.

물의 순환 원리, 자산가로 가는 비밀 열쇠

지구상에 살아가는 생명체는 물이 없으면 살 수 없다. 4대 문명의 발상지도 모두 강을 끼고 있다. 중국의 황하 유역 문명, 인더스강 유역 문명, 나일강 유역의 이집트 문명, 티그리스·유프라테스강 유역의 메소포타미아 문명은 모두 큰 강을 중심에 두고 있다.

사람도 난초도 물이 없으면 살 수 없다. 춘란도 사람처럼 몸의 70~80%가 수분이다. 물에 의해 몸이 지탱되고 물로 살아간다. 그런데 우리나라 춘란 농가들은 물을 너무 어려워한다. 하지만 이제는 물을 어려워할 필요도, 무서워할 필요도 없다. 물의 순환 원리를 알면 그 의미를 이해할 수 있을 것이다.

물의 순환 원리를 이해하려면 먼저 뿌리의 생김새를 이해해야 한다. 난초의 뿌리는 왜 두툼할까? 중심주만 있어도 되는데 왜 벨라민층으로 두껍게 감싸고 있을까? 물을 만났을 때 최대한 담았다가 사용하려는 의도 때문이다.

번호	물이 난초에 끼치는 영향
1	형체를 유지시킨다.
2	세포 팽압을 유지시켜 세포 간 커뮤니티를 활성화시킨다.

3	광합성의 주 재료가 된다.
4	증산을 통해 무기물을 지속적으로 흡수한다.
5	증산을 통해 노폐물을 배출시킨다.
6	농약과 비료를 함께 전달시킨다.
7	여름철 잎의 온도를 낮추어 광합성 활동이 조금 더 수월하도록 돕는다.
8	체내 양분을 이동시킨다.

| <표 7> 물이 난초에 끼치는 영향

물이 난초에 끼치는 영향에 대해 더 알아보자. 물은 세포의 팽창을 통해 세포 내 소기관들이 자기 역할을 잘할 수 있게 해준다. 또한 형태를 안정적으로 유지시켜 광합성을 수행할 수 있도록 한다. 다육식물의 잎과 반대로 난초는 뿌리에 물을 저장한다. 다육식물의 잎이 늘 수분을 머금어 항상 탄력 있고 탱탱한 것이 좋을지 쪼그라졌다가 탱탱해지는 것을 반복하는 것이 좋을지를 생각해봐야 한다. 그래서 관유정은 여름에는 매일같이 물을 주고 연 200회를 준다.

그리고 물은 광합성의 주 재료로 포도당을 만드는 역할을 한다. 포도당은 C6, H12, O6의 구조다. 물(H2O) 6개에 탄소(C) 6개를 결합시킨 형태다. 여름철 물 공급이 원만하지 못하다면 난초가 안심하고 포도당을 잘 만들 수 없다. 난초는 죽는 날까지 증산을 통해 노폐물을 체외로 배출해 몸속을 정화한다. 여름철에는 달구어진 수분을 배출해 잎의 온도를 낮추고 뿌리 발육도 돕는다.

물은 비타민, 무기염류(비료분)와 더불어 삼부영양소 중 하나다. 생수나 수돗물의 경우 다양한 종류의 천연성분이 포함되어 있다. 칼슘, 마그네슘, 철과 같은 미네랄 성분이 들어 있다. 물에 들어 있는 다양한 성분이 난초의 생리적 작용에 좋은 영향을 준다. 비료를 주지 않아도 어느 정도 살아가는 원리는 365일 몸속으로 들어오는 수돗물에 상당량의 영양분이 있다는 말이다. 이를 끊임없이 증산하며 걸러서 사용한다.

　많은 사람들이 난분 위에 고형비료인 마감프-K를 올려놓는다. 마감프-K가 아무리 효과가 좋아도 그 성분이 물에 녹아야 뿌리로 흡수될 수 있다. 물을 건성으로 주면 비료분이 정확하게 녹지 않는다. 녹은 비료분은 뿌리에 접촉이 돼야 한다. 그리고 반드시 뿌리 속으로 들어가야 한다. 그러려면 반드시 뿌리 위에 올라가야만 한다. 이때 마감프-K를 녹여 뿌리에 영양을 흘려보내는 역할도 물이 한다.

　난초가 질병에 걸리지 않도록 예방 차원에서 다양한 농약을 살포할 때도 물에 의해 그것이 잎과 벌브와 뿌리로 전달된다. 비료와 농약이 잎과 벌브와 뿌리에 제대로 전달되려면 충분히 흡수되도록 골고루 정확히 물과 함께 가야 한다.

　물의 순환을 통해서 난초는 숨을 쉬고 영양분을 흡수하며 광합성 작용을 한다. 물의 순환이 원활하지 않으면 난초는 하루도 살아가기 힘들다.

　만약 화분 내에 물이 부족하면 난초는 기공으로 수분 배출을 차단하면서 수분을 유지하려고 한다. 체내에 물이 과하게 부족하면 세포 내 원형질막이 위축되어 난초는 위조(탈수)에 걸린다. 이때 물 공급이 안 되면 생명에 위협을 받게 되므로 난초는 자구적으로 기공을 닫아버린다. 이렇게 되면 이산화탄소 흡수가 저해돼 광합성이 불량해진다. 탄수화물을 원활하게 생산하지 못하게 된다는 말이다. 사람으로 비유하면 밥을 먹지 못하게 되는 꼴이다. 이를 막는 것도 물이 하는 역할이다.

　관엽식물을 기를 때 끈적이는 투명한 액체가 잎 표면에 묻어 있는 것을 가끔 볼 수 있는데 이것은 포도당을 체외로 빼낸 것이다. 사람으로 치면 일종의 당뇨다. 이 또한 치수(治水)를 잘 하지 못한 결과다.

　물을 다스릴 줄 알아야 자산가로 한 걸음 다가설 수 있다. 물이 자산가로 가는 길을 열어주는 열쇠다. 물이 곧 난초이기에 그렇다. 물에는 여러 종류가 있다. 그 중에서도 수돗물이 최고다. 지하수나 지표수는 가급적 조심해야 한다. 나는 교육생들에게 수돗물이 아니면 아예 꿈도 꾸지 말라고 말한다. 수돗물이 그만큼 안전하다는 말이다.

물은 다음과 같은 조건을 충족해야 난초에게 나쁜 영향을 끼치지 않는다. 그 요건은 다음과 같다.

1. pH가 맞아야 한다.
2. 난을 위험하게 만드는 바이러스나 세균 및 곰팡이가 없어야 한다.
3. 난을 위험하게 만드는 유독 물질이 없어야 한다.
4. 특정 성분이 너무 많지 않아야 한다.

물은 위에서처럼 화학적, 병리학적, 생물학적 요구조건에 저촉되지 않아야 소중한 난초에게 영양분을 공급할 수 있다.

나는 30년간 수돗물을 사용한다. 샤워기 형태로 비를 맞히듯 흠뻑 준다. 사람이 마셔도 되는 정도의 안전도가 보장되기에 수돗물을 사용한다. 사람이 마셔도 괜찮으면 난초에 줘도 탈이 없다. 수소이온 농도가 중성(pH7)이라 비료 흡수도 잘 된다.

수돗물에는 염소 성분이 들어 있다. 염소는 가정용 표백제에도 포함되어 있는데 수영장과 정수장에서 물을 소독하는 데 사용한다. 염소가 들어 있다고 염려할 필요는 없다. 수돗물에 있는 염소는 직수 시 난분 내로 들어가 살균 작용을 해주어 여러모로 활용도가 높다.

T/R율의 이해와 뿌리 재활 기술

T/R율[4]은 난초를 건강하게 키우는 핵심요소다. 난초로 돈을 만지려면 반드시 뿌리가 좋아야 한다. 물론 잎도 광합성에 유리한 조건이 돼야 한다. 잎과 뿌리의 상관관계를 어떻게 이해하고 키우느냐에 따라 작황이 달라진다. T/R율을 이해해야 상품과 상등품의 난초로 만들어 자산가의 반열에 도달할 수 있다.

난분 속 난초들은 수분 요구량이 제각각이다. 뿌리의 면적과 흡수할 수 있는 능력 차가 있다. 잎이 광합성과 증산작용 시 발수시키는 양도 제각각이다. 이런 점을 분석해 각각의 분마다 요구되는 수분 욕구를 충분히 충족시켜줘야 좋은 품질의 난초를 생산해낼 수 있다.

잎과 뿌리의 상관관계 계산은 이렇게 할 수 있다. 만약 잎이 5장인데 뿌리가 2개라면 잎은 뿌리보다 3장 정도의 면적이 넓다. 뿌리 2개로 물을 구해 5장의 잎이 안전하게 일할 수 있도록 해줘야 한다는 이야기다. 5장의 잎이 증산을 통해 날려보내고 광합성을 통해 배출하는 수분의 비율까지 생각하면 뿌리 2개로는 역부족이다. 이렇게 되면 난초는 과도한 수분 스트레스를 받는다. 심각하다 여기면 잎을 누렇게 변하게 하여 탈리시켜버린다. 이때 잎을 떨어뜨리는데 수분 비율을 맞추

---

4   T는 Top(난초의 잎), R은 Root(뿌리)

려고 하는 슬픈 일이다.

난초는 잎이 한 장 나오면 뿌리 한 개가 만들어진다. 잎의 역할을 내조하는 일 부일처제이기 때문이다. 이 점은 매우 중요하므로 깊이 각인해야 한다.

| <그림 11> T/R율 100%　　　　　　| <그림 12> T/R율 50%

난초는 자나 깨나 물이 부족하지 않을까 걱정한다. 조금이라도 갈증을 느끼면 대사 작용에 적신호가 들어온다. 인간도 갈증이 나면 아무 일도 못하고 무기력해 지지 않는가? 이런 현상을 이해하고 있는 재배자라면 잎 5장에 뿌리가 2개라면 2 개가 5개 역할을 할 수 있도록 여러 조치를 취해줄 것이다. 그렇지 못하면 소중한 잎을 잃을 수도 있어 금전적 피해가 커진다. 자산가가 되려면 많은 난관을 지배할 수 있는 기술이 있어야 한다. 그중 하나가 T/R율을 맞추는 것이다. 재배 생리의 근간이 광합성인데 이 일을 잘할 수 있도록 보조하는 일이 바로 T/R율을 맞추는 일이다.

T/R이란 잎과 뿌리의 비율을 말한다. 다시 말해 1 대 1이 되어야 잘 자란다는

말이다. 1 대 1이란 잎 장수와 뿌리의 수가 정비율이 돼야 한다는 것이고, 잎의 평균 길이와 뿌리의 평균 길이가 정비율이 되어야 한다는 것이다. 이래야 잘 자란다.

실제 난초가 생강근(라이좀)에서 발아할 때 잎 1장이 나오면 뿌리 하나가 내린다. 잎은 난초가 살아가기 위해 만들어지는 것이고 그 잎의 역할을 충실히 내조하라고 뿌리가 만들어지는 것이다. 잎 2장에 뿌리 하나라면 2부1 처제인 셈이다. 한쪽이 얼마나 힘들겠는가? 반대로 뿌리는 5개인데 잎은 2장일 때 관유정의 경우, 뿌리에 저장하고 있는 포도당을 모두 활용하기 위해 대부분 솎아내지 않는다. 다만 과면적의 뿌리가 발병을 일으킬 수 있으므로 주의하고 화분을 작게 쓰거나 대립을 일부 적용해 분내가 다른 것들에 비해 훨씬 빨리 건조해지도록 유도한다.

T/R율을 맞추는 기술은 그리 어렵지 않다. 처음부터 T/R율이 잘 맞는 건강하고 튼실한 좋은 난초를 들이는 것이 중요하다. 그다음 연간 광합성 양을 충분히 해줘야 한다. 난실 내 감염주를 퇴출시켜 병에 걸리지 않도록 신경 쓰는 것도 필요하다. 분갈이를 저압식으로 연 1회 이상 실시하고 관행 방제를 잘 지켜야 한다. 분갈이 시 뿌리가 나빠졌는데 혼자 힘으로 해결하지 못하면 반드시 전문가에게 문의해 치료하는 것이 좋다. 난초를 배양하는 모든 과정에서 마르고 닳도록 이야기하는 것이 있다. 건강한 난초를 들이는 것이 첫째라는 말이다. 그런데 이렇게 강조해도 안 지키는 사람이 많다. 그러면 농사가 어려워지고 자산가의 길도 멀어진다.

그럼에도 T/R율이 무너진 난초를 정상 촉으로 만들려면 어떻게 해야 할까? 재활 기술을 활용해 조치하면 된다. 먼저 T/R율이 무너진 비율만큼 남은 뿌리가 수월하게 물을 가져갈 수 있게 해줘야 한다. 뿌리가 맞아도 뿌리 내 저장 양분치가 높아야 한다. 그렇지 못하면 반쪽의 T/R율이 된다. 인큐베이팅으로 생산한 난들은 뿌리 내 저장 양분이 없다. 단기간에 2모작을 수행하니 축적할 수가 없다. 인큐베이터에 따른 송사가 있을 때는 간단한 검경(檢鏡)⁵으로 손쉽게 결론을 낼 수 있

---

5   세균 따위를 현미경으로 검사함

다. 본 연구소에서 개발한 방법이다. 당뇨병에 걸린 사람이 아무리 당뇨가 없다고 해도 당화혈색소를 보면 손쉽게 알아낼 수 있는 원리를 적용해 개발한 방법이다. 그리고 무너진 요인이 반복되지 않도록 원인을 규명해 재발을 막아야 한다. 병이 발견된 난초는 퇴출도 고려해야 한다.

T/R율 재활 기술	
첫째	- 화분을 크게 써서 난석이 많이 들어가게 한다. 난석이 많으면 저수량(분내 난석의 수분 보유량)이 많아진다.
둘째	- T/R율이 많이 낮은 뿌리는 수태를 감아 늘 축축한 상태를 유지해준다. 그러면 잎이 필요로 하는 수분은 언제든지 가져갈 수 있다.
셋째	- 무너진 정도가 60% 미만이면 난석을 전부 소립으로 써야 한다. 그러면 분내 난석의 총 표면적 양이 극대화되고 분내 저수율을 최대화시켜 물을 많이 담을 수 있다.
넷째	- 관수 시 난초에다 바짝 대고 30초간 듬뿍 주어야 한다. 그러면 신속하게 뿌리 속에 빈 공간이 없도록 물이 가득 채워진다.
다섯째	- 화분 속에 들어온 물이 대류에 의해 증발되는 양을 억제시켜야 한다. 그러려면 난석 맨 위 상토를 최대한 가는 것으로 해야 한다. 극소립이나 적옥토 등을 사용하면 수분 유출을 최대한 막을 수 있다.

| <표 8> T/R율 재활 기술

다섯 가지 재활 기술의 핵심 포인트는 난분 안에 수분이 넘치도록 하는 것이다. 그래야 부족한 뿌리가 물이 필요할 시 실시간으로 보다 안전하고 수월하게 물을 가져갈 수 있다. 물이 제대로 공급되면 미네랄도 함께 체내로 들어가 생리 활성도가 좋아진다. 자연스레 다음 촉을 건강하게 만들어낸다. 난초 화분 안은 아무리 물을 많이 줘도 저수용량이 정해져 있어 걱정할 필요가 없다. 어떤 품종은 T/R율을 정상화하는 데 2~3년이 걸리기도 한다. 이 원리를 잘 이해해 난초를 심거나 분갈이를 할 때 저마다 상황에 맞게 대처를 하면 T/R율이 좋아진다.

비료 흡수 원리와 역할 이해

　누구나 난초를 건강하게 키우고 싶어한다. 난초 작황이 수익과 직결되므로 어떻게든 상등품으로 기르려고 갖은 방법을 동원한다. 어떤 사람들은 산에서 부엽을 채취해 끓이고 그 물을 난초에 먹인다. 깻묵을 이용하기도 하고, 지렁이 분변토를 고가에 구입해 난초 생육을 좋게 하려는 사람도 있다. 미생물을 활용하기도 하고 저마다의 방법으로 영양제와 비료를 만들어 사용한다. 모두 난초를 건강하게 키우려는 노력이다.

　난초가 산지에서 인공재배장으로 들어오면 영양분을 제대로 공급받지 못한다. 스스로 움직일 수 없고 뿌리가 원하는 만큼 자라날 수도 없으니 주인이 먹여주는 대로 살아갈 수밖에 없다. 그래서 비료의 성분과 시비 기술을 이해하고 익혀야 한다. 난초가 건강하게 자라도록 필요로 하는 영양소를 적재적소에 필요한 만큼 알맞게 제공해줘야 하기 때문이다.

　〈표 9〉는 난초가 생육하는 데 꼭 필요한 요소를 정리한 것이다. 이것을 잘 읽고 난초에 어떻게 영양분을 공급하면 좋을지 생각하고 배양기술을 덧입혀야 한다.

성분	생리 작용	결핍 시 증상
질소(N)	단백질 합성, 엽록체 생성, 세포분열	세포분열 및 성장 불량
인산(P)	세포 핵산 생성, 뿌리 발육, 신아 발달	뿌리 발육 부진, 품질저하
칼륨(K)	탄소동화작용 촉진, 기공 개폐 수분조절, 개화 촉진, 병해와 냉해의 저항성 증가	갈색으로 고사, 내병성 약화
칼슘(Ca)	엽록소 생성 주성분, 탄수화물 이동, 잎을 튼튼하게 함, 웃자람 억제	발육 불량, 웃자람
마그네슘(Mg)	엽록소 생성 주성분, 인산의 이동 및 공급	잎의 황변, 엽록소 생성 저하
황(S)	단백질 주성분	성장불량, 뿌리 발육 저하
철(Fe)	엽록소 생성, 웃자람 억제	엽록소 생성 불량, 웃자람
붕소(B)	세포막 형성, 당류이동, 질소, 칼륨, 칼슘 촉매[6]	생장점의 발육 정지
구리(Cu)	효소의 구성 성분, 단백질 및 전분의 합성	대사[7]기능 저하, 활력 감소
몰리브덴(Mo)	효소의 구성 성분	잎에 황색 반점이 생김
아연(Zn)	효소의 구성 성분, 단백질 및 전분의 합성	잎에 황색 반점이 생김
망간(Mn)	엽록소 생성, 산화 및 환원효소 활성화	잎에 백색 반점이 생김
염소(Cl)	광합성 관련 효소 작용	잎 끝이 노랗게 되어 마름

| <표 9> 난초가 필요로 하는 영양소

6 반응속도를 증가 또는 감소시키는 효과를 나타내고 반응이 종료된 다음에도 원래 상태로 존재할 수 있
   는 물질
7 생물이 체내에서 영양분을 섭취하여 신체유지에 활용하고 노폐물을 배설하는 생리작용

비료는 무기물(무기염류)을 공급해 난초가 생명 유지에 필요한 역할을 증진해 건강하게 자라도록 하기 위해 사용하는 것이다. 비료는 13~19종의 미네랄들이 들어 있는 것을 말한다. 종합 영양제인 셈이다. 사람은 밥을 제외한 반찬과 과일 등으로 영양분을 충당한다. 이것으로도 부족하다고 느끼면 영양제로 보충하며 건강을 유지한다. 난초도 똑같다. 반드시 〈표 9〉에서처럼 각종 비료 성분이 난초의 체내로 들어가야만 한다. 부족함이 생기면 난초의 작황은 감소한다.

무기염류는 비료-미네랄 또는 광물질(鑛物質)이라고 한다. 생물체를 구성하는 원소 중에서 탄소·수소·산소 등의 3원소를 제외한 생물체의 무기적 구성요소를 말한다. 이들은 난초의 체내에서 여러 가지 생리적 활동에 참여한다. 무기염류 중 난초 몸을 구성하는 원소인 질소(N), 인산(P), 칼륨(K), 칼슘(Ca)은 다량으로 필요하다. 마그네슘(Mg), 황(S)은 조금 낮은 양을 필요로 한다. 철(Fe), 붕소(B), 구리(Cu), 몰리브덴(Mo), 아연(Zn), 망간(Mn), 염소(Cl) 등의 원소는 미량으로도 충분하지만 없어서는 안 된다. 무기염류가 부족하면 난초는 각종 결핍에 시달린다.

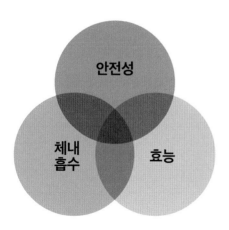

| 비료의 활용 3요소

비료에서 가장 중요한 것이 안정성이다. 아무리 좋은 효과와 효능이 있다고 해도 난초에 해가 되면 아무런 소용이 없다. 과거에는 많은 사람들이 자기만의 방식으로 다양한 비료를 만들어 사용했다. 야심차게 만들어서 난초에게 먹인 비료가 역효과를 낸다면 수고와 노력은 헛수고에 불과하다.

예로부터 참 많고 다양한 비료가 만들어졌지만 크게 성공을 거둔 것은 많지 않다. 왜 그럴까? 안정성이 담보되지 못했기 때문이다.

비료에서 두 번째로 중요한 것이 효능이다. 자신이 아무리 좋은 비료를 만든다 해도 난초가 필요로 하는 영양분이 들어 있지 않으면 소용이 없다. 비료 색깔이 까맣고 자연에 있는 작물을 활용해 만들었다고 해도 난초가 꼭 필요로 하는 영양소가 골고루 들어 있어야 한다. 아무리 좋은 천연재료를 활용해도 효능이 뒷받침되지 않은 비료는 의미가 없다.

비료에서 세 번째로 중요한 것이 흡수이다. 안정성이 담보되고 효능이 좋아도 난초 몸속으로 흡수되지 않는다면 비료라고 할 수 없다. 산삼을 먹었는데 체하거나 설사를 했다면 의미가 없다. 그런 의미에서 비료 선택은 너무 중요하다.

비료는 경작지에 뿌리는 영양 물질을 말한다. 밭과 논에 영양분을 주어 작황을 좋게 하려는 인위적인 노력의 일환이다. 이때 밑비료(퇴비와 거름)와 웃비료(요소, 화학비료 등)로 나뉘는데, 밑비료의 밑은 기본, 필수라는 의미로 이해하면 된다. 웃이란 말은 추가, 선택이란 뜻이다.

기본은 반드시 필요하다. 논과 밭에서의 퇴비를 생각해보라. 한 해 작황을 결정짓는 아주 중요한 요소이므로 충분해야 한다. 난초의 밑비료로 적합한 것은 마감프-K(N.6%, P.40%, K.6%, Mg.15%)이다. 많은 사람들이 마감프-K를 밑비료로 사용한다. 관유정도 마감프-K를 적극 활용한다. 난초를 제일 잘 키운 대만 불리에 지역의 농장도 대부분 마감프-K를 쓴다. 나는 과거 칼슘이 많이 들어 있고 유기질인 마쓰나가 고형비료(N5%, P10%, K4%, Ca14%, Mg1.5%)를 밑비료로 사용했는데 지금은 사용하지 않는다.

웃비료도 작황에 영향을 끼치기에 무시할 수 없다. 관유정은 하이포넥스 하이그레이드(N7%, P10%, K6%)를 사용한다. 조직배양으로 석사 연구 실험을 할 때 하이포넥스가 발아율이 좋았기 때문이다.

밑비료는 밑반찬이다. 마감프-K는 사탕처럼 딱딱해 관수할 때마다 조금씩 녹아 들어간다. 소량으로 조금씩 녹아 들어가는 질소 6퍼센트의 하이포넥스라고 보면 된다. 한번 난석 위에 올린 후 약 6개월 정도 사용한다.

| 마감프-K

| 하이포넥스

하이포넥스는 밑반찬이 아닌 제철 식재료로 만든 음식으로 생각하면 된다. 사탕이 아닌 꿀물인 셈이다. 난초의 생장 시점에 따라 꼭 필요로 하는 양양소를 더 공급하려는 의도다. 집중 성장기 때 신촉의 세력을 높이려고 할 때 단기간에 많은 양의 비료분을 공급하려고 하이포넥스를 활용한다.

지금까지 이야기한 비료 시비는 어디까지나 관유정에 대한 이야기다. 이 점을 참고해 건강한 난초로 배양하는 기술을 터득하도록 노력했으면 한다. 시비는 난초의 종류와 품종의 계열, 현재 난초가 받아들일 수 있는 성능에 따라 많이 달라지기에 딱 꼬집어 어떻게 하라고 방법을 제시하는 건 무리다. 이 점은 양해 바란다.

난초 계열 중 소멸을 보이는 산반이나 서·서반 등은 비료 속의 N성분이 이들의 최대 결점인 소멸을 가중시키거나 아예 무늬의 양을 감소시키는 경향들이 있다. 그러므로 특수한 품종들은 상품성을 유지함과 동시에 건강과 세력도 중요하니 계산을 잘해서 사용해야 한다. 자세한 사항은 지면 관계상 추후 편에서 다루기로 한다.

하이아토닉, 바이오레민, 메네델 등의 대표적 활력제(비료)들도 있다. 활력제들은 주로 철(Fe), 붕소(B), 구리(Cu), 몰리브덴(Mo), 아연(Zn), 망간(Mn), 염소(Cl) 등의 미량 요소의 결핍에 따른 부작용을 해소시키고자 사용하는 비료들이다.

하이아토닉은 붕소(세포막 형성, 당류이동) 0.06%, 구리(효소의 구성 성분, 단백질 및 전분의 합성) 0.05%, 아연 0.06%(효소의 구성 성분, 단백질 및 전분의 합성), 철(엽록소 생성)과 몰리브덴(효소의 구성 성분)이 각 0.1%이다.

바이오레민은 엽면시비용이다. 질소가 4.4%, 인산 0.12%, 칼륨 0.19%, 마그네슘 0.015%, 망간 1.001%, 철 0.0014%, 구리 0.0003%, 아연 0.0002%가 첨가된 것으로 하이아토닉에 비해 질소가 4.4% 들어 있어서 다른 활력제와는 차별된다. 메네델은 철분을 공급하기 위한 것이고 공급 목적은 엽록소 생성에 필요해서다.

이들 활력제들은 대체적으로 하이포넥스나 마감프-K에 워낙 소량이 첨가되어 결핍되기 쉬운 것들을 이들 활력제가 채워준다. 결핍되면 여러 가지 촉매 작용이나 효소 작용이 원활하지 못하게 되어 난초의 대사 작용이 순탄치 못해 활력을 잃어 무기력하게 된다. 이때 공급을 해주면 실제 결핍이 일어난 것들에 한해서는 활력이 순식간에 찾아온다. 그래서 붙여진 명칭이 활력제다. 이들은 모두 미량 요소를 첨가한 비료(미네랄)다.

우리 인간도 눈꺼풀 떨림이 올 때 마그네슘(시금치, 다시마, 바나나)을 보충하면 금세 없어진다. 그리고 빈혈이 올 때 철분을 보충하면 금세 어지러움이 감소하는 것과 이치가 같다. 사람은 성장하는 시기에 집중적으로 영양분을 섭취해줘야 쑥쑥 큰다. 성인이 돼서는 각 시기에 맞는 영양소를 공급해줘야 건강을 유지할 수 있다. 난초도 다르지 않다. 필요로 하는 영양소를 적재적소에 공급하는 능력을 키워야 작황이 좋아지고 덩달아 수익도 좋아진다.

| 마쓰나가 고형 유기질 비료

난실은 재배 생리의 핵심요소

    난실은 재배 생리의 핵심요소이다. 전략품종이나 마음에 드는 난초를 반려자 삼아 곁에 두려면 난초가 좋아하는 환경이 필요하다. 난초가 사계절 내내 등 따시고 배부르게 살 집이 필요하다는 말이다. 아무리 돈을 많이 들여 난실을 지었다고 해도 난초가 살아가는 데 불편함을 느낀다면 아무런 의미가 없다.

    난실은 야생의 축소판이다. 천연 난실인 야생에서는 아주 혹독한 곳에서도 따가운 햇볕으로 숨이 턱턱 막히는 환경에서도 끄떡없이 살아간다. 사계절을 보내도 죽지 않고 살아갈 만한 환경 속에 있었기 때문이다. 이 점을 이해해야 난실을 효과적으로 설계하고 지을 수 있다.

    애란 생활을 하는 사람이라면 누구나 최고 시설의 난실을 갖고 싶어 한다. 최고의 시설에서 난초를 잘 배양하고 싶어서일 것이다. 그런데 아무리 비싸고 최첨단의 난실일지라도 난초의 입장에서 볼 때 부족한 곳이 많다.

    평당 300만 원을 들인 자동 유리 온실이 평당 20만 원을 들인 비닐하우스보다 작황이 좋지 못한 경우도 보았다. 왜 이런 현상이 발생할까? 난초에게 어떻게 지어주면 좋을지 묻지 않았기 때문이다. 난초의 먹이가 무엇인지 정확하게 알지 못한 인재이다. 난실을 지을 때 제일 중요한 것은 난초 전문가에게 자문을 구하고 설계해야 한다. 인테리어업자와 건축업자에게 설계를 맡기면 실패할 수 있다. 그들은 난초가 무엇을 원하는지 모른다. 난초의 재배 생리와 유전적인 특성 등을 아우르는 전문가의 의견을 토대로 지어야 효과적이다. 전문가에게 의뢰한 후 설치업자들에게 이것저것을 요구해 시공해야 한다. 인공재배장으로 들어온 까다로운 전략품종들은 쉽게 탈이 나므로 난실에 각별히 신경 써야 부농이 될 수 있다.

다음은 난실을 짓는 과정 중 염두에 둬야 할 것을 정리한 것이다. 무엇을 준비하고 시공해야 할지 꼼꼼하게 따져본 후 시작하길 바란다.

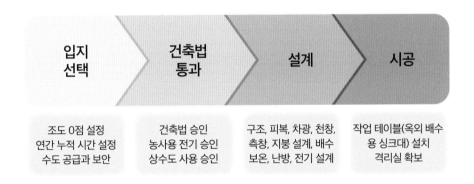

난실에서 가장 핵심적인 요소는 광합성이다. 광합성이 잘 되는 조건을 갖추도록 설계해야 한다. 그러려면 햇빛이 지붕, 즉 천창에서 들도록 지어야 한다. 천창을 샌드위치 패널로 덮으면 난실이 아니라 보관소 역할밖엔 안 된다. 상추나 방울토마토 재배가 아닌 난초 재배가 목적이라면 순 광합성치가 안정적으로 유지되도록 해야 한다. 또한, 한여름 달구어진 열기가 실시간 천창을 통해 옥외로 빠져나가도록 설계해야 한다. 난실의 측면이나 천창의 낮은 자리에 설치한 환풍기가 아니라 가장 꼭대기에서 빠져나가야 한다. 천창을 만들지 못한다면 지붕 위에 차양재를 사용해서 한여름 고온을 줄여야 한다. 또한, 광합성의 주재료인 신선도가 높은 수돗물이 공급되는 곳이라야 한다. 광합성에 필요한 햇빛과 안전한 수돗물이 없는 곳에는 난실을 지으면 안 된다.

나는 교육에서 수강생들에게 연 5000~6000럭스의 조도의 빛이 연 2000시간이 조금 부족하면(약 10~15%) 보조 수단으로 대응할 수 있다고 말해준다. 그러나 30% 이상 저해(부족)가 되면 난실의 입지로서는 적합하지 않다고 가르친다. 보조 수단으로 LED 램프를 권장하나 햇빛과는 차이가 있다. 포도당 수액을 맞으면 죽지는 않는다. 그러나 사람은 음식을 섭취해야 건강을 유지할 수 있다는 원리다.

옥상이나 정원에 난실을 지을 때는 반드시 관할 관공서에 건축법에 위배가 되지 않는지도 꼼꼼히 알아보아야 한다. 난실은 일정 소득만 발생하면 농업경영체 등록도 가능하다. 농사용 전력 사용에 대해서도 난실을 짓기 전에 알아보는 것도 도움이 된다.

구조물에는 뼈대인 기둥과 피복제가 있다. 피복제는 난실 내부로 들어오는 햇빛의 표준 0점을 소프트 타입(5000럭스)으로 할 것인지 하드 타입(6000럭스-관유정)으로 할 것인지가 정해져야 선택할 수 있다. 피복제 선택이 완료돼야 차양할 재료 선택도 가능해진다. 어찌 됐든 난초의 잎에 5000~6000럭스가 닿을 수 있도록 해주어야 한다. 여름 뿐 아니라 겨울, 봄, 가을도 마찬가지다.

가정용 난실의 뼈대로는 목재와 알루미늄 새시를 많이 사용하고 대규모의 농장들은 철제 파이프를 사용한다. 피복제로는 비닐과 유리, 썬 라이트, 넥산 등이 사용된다. 난실 차양 재료로는 알루미늄 재질과 검은색 농사용 차광막을 주로 사용한다. 이들은 50~75%까지 차광을 시켜준다. 관유정은 난실 내부 천장에 두 겹으로 상층 50%, 하층 50%를 사용한다. 난실 내부에 또다시 50% 존과 75% 존으로 나누어준다. 이렇게 하면 난초에 실제 닿는 50% 존의 조도는 약 6000럭스, 75% 존은 4500럭스가 된다. 빛에 민감한 종류는 4500럭스 아래에서 여름을 난다.

난방 설비도 꼼꼼하게 챙겨야 한다. 정전을 대비해 보조 발전기도 준비할 필요가 있다. 만약 난실에 문제가 생겨 일정 수준 이하로 온도가 내려가면 휴대폰으로

| 부지매입

| 입지 선정, 건축법 통과

| 기초공사

| 설계, 시공

| 차양커튼

| 설정 조도를 테스트해 맞추기

寛 裕 亭
건 물 명 : 이대발 난 연구소
면   적 : 621.31㎡
공사기간 : 2009. 8. 15 ~
           2009. 10. 15
설 계 자 : 플러스건축
시 공 자 : 엠에스건설㈜

| 초석

| 완공 난초 입실

연락이 오도록 하거나 경고음 발생장치를 설치해 피해를 줄여야 한다. 한겨울에
는 가급적 분주하게 관리해야 한다.

난실은 무엇보다 청결이 중요하다. 난분 내 감염된 포자나 세균, 분생자 등이
관수 시 난실 바닥에 떨어져 자리를 잡는다. 이때 난실 바닥에 오염된 침출수가
누적되지 않게 관수 시 즉각 난실 밖으로 배출되도록 해주면 좋다.

난실은 난초를 보관하는 하역장이 아니라 건강하게 자라도록 돕는 곳이다. 시
들시들한 난초는 생동감 있게, 세력이 약한 난초는 최상등품으로 거듭나는 공간
이다.

난실은 어부의 배와 같다. 참치를 잡으려면 참치 배가 있어야 한다. 아무 배나
타고 나가서는 어렵다. 자신이 생산하고자 하는 품종과 목적에 조금이라도 더 부
합되게 생각하고 움직일 때만이 성공한 농부로 거듭날 수 있다.

대홍보

제 4 장

생산기술
–
상등품으로
만드는
방법과 기술

난초를 살피는 예찰의 기술

난초는 영악한 생명체다. 난대에 가만히 있는 것 같지만 그 깊이는 우리의 생각으로 가늠하기 힘들 정도다. 그런 영초들 중 최고 수준의 옵션을 갖춘 품종을 전략적으로 선택하는 것이 지금의 현실이다. 그런데 이 품종들은 아주 까다롭다. 취미로 기르는 보편적인 1~2예품들과는 차원이 다르므로 접근 방식 자체를 달리해야 한다. 이들을 상등품으로 만들려면 일반상식 수준의 기술로는 어렵다. 일반상식을 넘어서는 고급기술이 있어야 영악한 생명체와 아름다운 하모니를 만들어 갈 수 있다.

보통 사람들은 자신이 난초를 거느리며 산다고 생각하는데 그건 아니다. 돈이면 가치 있는 난초를 구입할 수 있고, 자신이 주는 양분과 시비로 난초가 살아간다고 생각한다. 겉으로 보면 주인이 난초를 고르고 기르는 것처럼 보인다. 하지만 깊이 들여다보면 꼭 그렇지도 않다. 최고 수준의 옵션을 갖춘 품종은 어쩌면 난초가 우리를 거느리고 있는 것인지도 모른다. 주인이 제공해주는 서비스가 마음에 안 들면 거부할 때가 많기에 하는 말이다.

난초는 주인이 제공해주는 것이 마음에 들지 않으면 잎과 뿌리로 표현하며 제발 자신을 제대로 알고 대우해달라고 하소연한다. 그 하소연마저 무시당하면 난초는 주인에게 이별을 선언한다. 난초로 자산가가 되려면 주인과 종의 관계에서 벗어나야 한다. 난초를 거느리는 존재가 아니라 반려자로 여겨야 한다. 그래서 나온 말이 반려식물이다. 서로 사랑하며 함께 살아가는 존재로 여겨야 좋은 결실을 맺을 수 있다는 것이다.

그럼 서로 사랑하며 난초(신체건강)와 우리(정신건강)가 함께 건강하게 살아가려면 어떻게 해야 할까? 가장 중요한 것은 사랑의 대상을 세심히 살피는 것이다. 그냥 보는 것이 아니라 잘 성장하도록 돕는 것이 진짜 사랑이다. 사랑의 개념을 잘 정리한 의사이자 작가가 있다. 바로 스캇 펙(M. Scott Peck)이다. 그는 사랑의 정의를 이렇게 정리한다. 자기 자신이나 타인의 성장을 도울 목적으로 자신을 확대시켜 나가려는 의지라고 말이다. 즉 사랑은 자신뿐만 아니라 상대의 성장을 도울 수 있어야 한다. 난초를 사랑한다면 난초가 건강하게 잘 자라도록 도울 수 있어야 한다는 말과 같다.

난초가 건강하게 잘 자라도록 도우려면 먼저 난과 소통(사랑)하는 법을 배우고 세심하게 관찰해야 한다. 현재 무엇이 필요하고 앞으로는 무엇을 준비해줘야 할지 알 수 있어야 잘 도울 수 있다. 막연하게 '이런 것 같은데, 앞으로는 이런 것이 필요하겠지'가 아니라 정확하게 예찰하고 판단해 도움을 줘야 한다. 진짜 사랑은 거저 주는 것이 아니라 분별해 주는 것이기 때문이다. 분별하려면 먼저 정확한 예찰이 필요하다. 정확하게 볼 수 있어야 그에 걸맞은 대우를 하고 처우를 개선해줄 수 있다.

그렇다면 정확하게 예찰하려면 어떻게 하면 좋을까? 의사들이 환자들을 돌보는 것처럼 하면 좋다. 진짜 명의는 환자를 가족처럼 생각하며 살핀다. 그와 같은 생각으로 아침저녁으로 회진 돌듯이 세심하게 살펴야 한다.

내가 난실에 출근할 때면 어김없이 출근하는 분이 계신다. 그분은 병원 원장님이다. 그는 나를 난초 의사라고 부른다. 두 사람은 매일같이 모닝커피 한 잔과 함

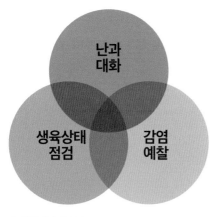

| 예찰의 3대 요소

께 잠시 이야기를 나누다 각자 난실로 향한다. 나는 난실에서 회진을 돌듯이 주요 난초 순으로 세심히 살핀다. 인사도 나누고 생육 상태를 점검하고 어디 아픈 곳은 없는지 예찰한다. 때로는 난초에게 고마움도 표현한다. "너희들 때문에 나와 가족이 밥을 먹고 살아가니 참 고맙다." 이렇게 회진을 한 후 일과를 시작한다.

직원들이 낮에 물을 줄 때도 세심하게 예찰을 하며 관수한다. 한 화분에 30초 동안 물을 주며 살피고 대화를 나눈다. 직원들도 난초를 가족처럼 사랑으로 대한다. 그래서인지 잘 자란다. 난초는 주인의 진심을 안다. 모든 게 진심이면 하늘도 감동하는 법인데 난초는 오죽하겠는가? 그래서 나는 진심으로 난초를 대한다. 화분을 들어서 내 눈높이에 맞추는 것이 아니라 내가 고개를 숙이고 무릎을 굽혀서 눈을 맞춘다.

관유정에서 천종 다음을 이어갈 중점 전략품종인 원판 심대복륜화(圓瓣 深大覆輪花)는 포지션이 제일 중요한 만큼 신중을 기해서 예찰한다. 1촉에 7천만 원이나 하는 고가 상품이니 세심히 관찰하고 예찰해야 연구소를 운영해나갈 수 있기 때문이다. 난초는 이렇듯 고마운 존재들이다. 내가 난초를 단순한 농작물로 생각해서는 안 되는 이유 중 하나다. 이농심행 무불성사(以農心行 無不成事)라는 말이 있다. 농심으로 행하면 이루지 못할 것이 없다는 뜻이다. 농심의 3대 요소는 근면, 성실, 기다림이다.

입문편과 전문가편 두 권의 책은 가치가 있는 품종을 사서 어떻게 돈을 벌 수 있을지를 가르치는 책이 아니다. 난초가 고마워서 스스로 돈을 벌어주게 만드는

| 회진 중인 저자(오전 8~9시)

방법을 실은 것이다. 난초는 생명체이므로 생각이 있고 사랑과 관심도 느낀다. 서로가 교감이 가능한 고등 생명체다. 그러므로 대화가 가능하도록 세심한 관심이 필요하다.

한 TV 프로그램에서 소를 판매하는 주인이 울먹이는 장면을 보았다. 그런데 팔려가는 소의 눈에도 눈물이 고여 있었다. 얼마나 정이 들었으면 서로가 눈물을 흘릴까라는 생각이 들었다. 난초를 기르는 사람이라면 눈여겨봐야 할 대목이다. 난초도 소 못지않게 많은 돈을 벌어준다. 소리 내지 못한다고 소홀히 여기면 답이 없다.

최선을 다해 예찰하며 길러도 아픈 것이 나오기 마련이다. 전문가의 손을 빌려도 해결할 수 없을 때는 눈물을 머금고라도 방출을 해야 한다. 난실에 웃음꽃이 피어도 시원찮을 마당에 신음하는 소리가 들린다면 다른 난초들에게 긍정적인 영향을 줄 수 없기 때문이다.

취미의 길을 걷는다면 형식이 따로 없어도 된다. 그러나 난으로 부를 창출하려면 반드시 매일 회진하는 습관을 들여야 한다. 회진할 때 중요한 것은 반드시 새싹을 세심히 살펴야 한다는 것이다. 특히 4, 5월이 되면 난초는 모두가 임산부이다. 의사가 임신부를 살필 때 겉만 보겠는가? 아니다. 뱃속의 아기부터 살핀다. 이렇듯 난초의 신아를 보며 잘 자라고 있는지 살피고 산모의 안색과 건강도 살펴야한다. 이것이 예찰의 최고 기술이다.

| 대한민국 제535호(농업분야 1호) 명장패

효과적인 물 공급 기술

물 공급은 매우 중요한 기술이다. 광합성이 잘 되게 하고 난초가 잘 자라게 하는 아주 중요한 부분이 물이다. 한번은 경상남도 난 연합회 특별초청을 받아 강연을 한 적이 있다. 주제는 물 주는 기술이었다. 2시간 동안 물을 왜 줘야 하는지, 어떻게 주는 것이 효과적인지를 이야기했다. 평균 15년의 경력자 100여 분이 참여했는데 기립박수를 받았다. 그들이 미처 생각하지 못했던 것들과 물의 원리를 명확히 풀어주었기에 박수를 받았을 것이라 생각한다. 물 주는 것이 별것 아닌 것 같지만 결코 쉬운 것이 아니라는 증거이기도 하다.

물은 3장의 순환 원리에서 자세히 이야기했다. 여기서는 현장에서 물을 효과적으로 공급하는 기술에 대해 풀어갈 것이다. 물을 줄 때 분 아래로 물이 주르륵 흐르면 관수를 다한 것처럼 여기는 분들이 많다. 또 상토에 물기가 축축하면 관수를 다한 것처럼 여기는

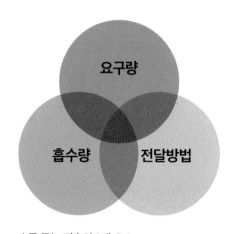

| 물 주는 기술의 3대 요소

분들도 있다. 상토(上土)는 여름철 분내 대류현상에 의해 분내 수분이 공기 중으로 달아나는 발수율을 낮추기 위해 멀칭 형식으로 입자가 매우 가는 굵기의 난석을 분의 맨 상단에 덮어주는 난석이다. 보기 좋으라고 올려놓는 게 아니다.

관수는 사람이 자의적으로 결론 내려서는 곤란하다. 효자는 부모가 만든다는 말이 있다. 자식이 아무리 도를 다해도 부모가 만족하지 못하면 부족함이 많다는 말이다. 난초도 마찬가지다. 난초가 이제 됐으니 그만해도 된다는 말이 있을 때까지 물을 줘야 한다. 난초가 충분하다는 신호가 없다면 매일 매일 물을 계속 줘야 한다는 말이다.

어떤 분은 난실에 300분을 기르는데 관수시간이 20분도 채 안 된다. 20분을 300분으로 나누면 난초 한 화분당 3~4초의 시간이 걸린다. 그분 옆 난실은 나의 교육생인데 역시나 300분을 기르는데 150분이 소요된다. 난 한 화분당 30초다. 옆 난실의 10배에 해당한다. 당연히 작황은 하늘과 땅 차이다.

관수는 사랑하는 반려자나 부모님 젖을 갓 뗀 아이에게 밥을 먹이듯이 해야 한다. 이런 습관을 가지지 않으면 실패할 확률이 높다. 나는 어쩌다 시간이 나서 중점 전략 기획품들에 직접 물을 줄 때면 한 화분씩 신아에 눈을 맞추고 대화를 나누며 30초간 물을 준다.

초여름 생장기에 물을 줄 때는 마감프-K가 수돗물에 충분히 녹아야 뿌리로 전달된다. 4초간 물을 주면 비료분이 얼마나 녹아서 난초의 몸속으로 얼마나 흡수가 될까? 녹으려고 준비할 때 관수가 끝나고 말 것이다.

난초를 살피는 예찰 기술에서도 말했듯이 난초는 거느리는 존재가 아니라 반려자로 여겨야 한다. 물은 아주 공손히 난초의 입장에서 반드시 난초의 몸속으로 들어가도록 해야 한다. 물은 뿌리면 안 된다. 뿌리 속으로 넣어주어야 한다. 물은 준다고 모두 난초 몸속으로 들어가지 않는다. 분속으로 들여보낸 물의 양과 난초가 받아먹는 양은 물을 주는 방법에 따라 차이가 크다. 분내 환경, 난초 신체적 환경, 관수자의 마음 환경이 삼위일체가 되지 않으면 공염불인 경우도 많다.

나는 교육생들을 지도할 때 자주 묻는 말이 있다. "여름 가뭄에 상추밭 상추는 얼마나 비를 기다렸을까요? 그런데 비가 왔는데 5분 정도만 내리고 그쳤다면 그 상추는 얼마만큼의 빗물을 받아먹었을까요?" 한여름 난초 화분 안 사정이 한여름철 비를 기다리는 상추와 같다. 그래서 물을 아주 정성껏 신촉의 안색을 살피며 난초가 충분하다고 사인을 줄 때까지 주어야 한다. 배려하는 마음으로 말이다.

| <그림 1> 올바른 방법 - 분내로 30초간 | <그림 2> 관행 관수법 - 분 밖으로 유실이 많음

다음은 수질이다. 아무리 기술이 좋고 전달방법이 우수해도 수질이 좋지 않으면 허사다. 난초에 해가 되는 물을 잘 준들 무슨 소용이 있겠는가? 그래서 제일 먼저 점검해야 할 것은 내 난실의 수질이 난초에 긍정적인 영향을 주는가이다.

난초 생산 농가 중 지하수나 지표수를 사용하는 곳이 있는데 수질이 좋지 않다면 각별히 주의할 필요가 있다. 자칫 난 전체에 좋지 않은 영향을 줄 수 있기 때문이다. 나는 30년간 수돗물을 사용한다. 샤워기 형태로 〈그림 1〉처럼 뿌리 속으로 흠뻑 넣어준다. 사람이 마셔도 되는 정도이고 염소가 살균작용을 해주니 더 좋다. pH가 중성이라 무기물(미네랄)의 흡수도 좋고 여름에 시원하니 한낮에 난의 체온을 맞추기에도 안성맞춤이다.

두 번째로 점검해야 할 것은 난초가 요구하는 물의 양이다. 요구량은 여름을 기준으로 하는 게 좋다. 여름에 광합성 작용이 많이 일어나기에 그렇다. 난초는 각 포기마다 주어진 잎 장수만큼 기공으로 증산작용을 한다. 하루 동안 증산작용과 광합성으로 사용한 양을 합한 양의 물이 난초 몸속에 채워져야 한다. 자동차에 운행한 만큼 기름을 보충해주듯이 해야 한다. 이런 원리로 생각해보면 난초가 하루 동안 소모하는 양이 어느 정도일지 이해가 될 것이다. 나아가 관수할 때 뿌리가 물을 얼마나 담을 수 있는지도 파악해야 한다. 뿌리가 좋지 않다면 T/R율 교정법을 적용해 심고 관수량을 늘리면 된다.

세 번째 점검사항은 전달 방법이다. 수질에 이상이 없고 요구하는 양을 알았으면 그 양만큼 정확히 전달돼야 한다. 가장 좋은 방법은 〈그림 1〉처럼 30초 동안 흠뻑 주는 것이다. 4호 화분에 심어진 춘란에 분무기를 30초 이상 바싹 대고 물을 주면 30분 경과 후 소주 반잔 정도의 물이 화분 속에 남게 된다. 이마저도 공기 중으로 대부분 날아간다. 그래서 과습으로 인한 피해를 걱정할 필요가 없다. 오히려 물이 부족해서 생기는 스트레스를 염려하는 것이 현명하다.

관수 주기도 중요하다. 어느 정도의 기간을 두고 관수하느냐에 따라 수분 공급 효율이 달라지기 때문이다. 관유정은 여름에는 1~2일, 봄·가을엔 2~3일, 겨울엔 3~4일에 한 번씩 물을 흠뻑 준다. 연간 200회 관수를 한다. 관유정은 저압식으로 심어 습식(분내를 항상 축축하게 유지시키는 방식)으로 기르는지라 물이 많이 필요하다. 그렇다고 이 글을 읽는 사람들이 모두 관유정처럼 할 필요는 없다. 각자 난실 여건과 식재의 종류와 심는 방법과 방식에 따라 달라질 수 있으므로 참고하는 정도로 활용하면 된다.

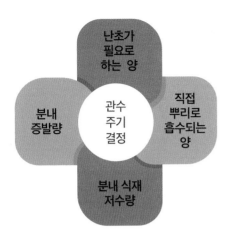

| 관수 시기를 결정하는 요소

그럼 관수 주기를 결정하는 요소에는 어떤 것들이 있는지 알아보자.

첫째는 각각의 난이 요구하는 물의 양이다. 이를 아는 것에서 출발해야 한다. 얼마만큼의 물이 필요한지 알아야 관수 주기를 결정할 수 있다. 단엽복륜 신라의 잎이 12장이면 어느 정도의 물이 필요할지, 중투 아가씨, 황화소심 보름달은 얼마나 물이 필요할지 계산이 서야 한다. 산채품도 얼마만큼의 물을 줘야 할지 가늠이 돼야 한다. 그래서 난초는 이것저것 100분, 200분, 500분씩 길러서는 대부분 돈을 못 번다. 0점 잡다가 마친다.

둘째는 관수 시 뿌리로 흡수되는 양이다. 뿌리가 부족하면 다른 난분과 달리 더 많은 물을 줘야 한다. 이 부분은 T/R율을 생각하면 이해가 쉬울 것 같다.

만약 A의 황금소가 잎 15장에 뿌리는 15cm 15가닥이라고 하자. B의 황금소는 잎 15장에 뿌리는 7cm 15가닥이다. 이처럼 같은 품종이어도 조건이 다를 수 있다. A와 B는 잎을 통한 증산 발수량(수분 사용량)이 잎 면적과 장수가 비슷해 종합 발수량 즉 사용량은 비슷하다. 그러나 뿌리 길이는 A는 15cm×15=225가 되고, B는 7cm×15=105가 된다. 절반도 안 된다. 잎으로 증산량은 같으나 물을 가져오는 뿌리 면적은 50% 수준이다. 그러니 당연히 A보다 B는 물 공급을 두 배로 해주어야 잎의 역할을 순조롭게 보조할 수 있게 된다는 말이다. 그럼에도 관리자가 A와 B에 동일하게 물을 준다면 난초는 어떻게 반응할까? 뿌리의 기본적인 면적이 50% 이하이니 한번 줄 때 많은 양으로도 의미는 없다. 이런 경우라면 횟수가 더 중요하다. 100%대의 2배나 자주 급수하든지 뿌리가 늘 물기에 젖어 있도록 고려해야 한다. 이 점을 반드시 이해해야 한다. 이 부분에 적절한 방법이 없다면 취미로 돌아가는 편이 바람직하다.

셋째로, 자신이 선호하는 식재 하나하나 입자가 물을 흡수할 수 있는 양을 이해해야 한다. 분내 전체 식재량까지도 이해가 되어야 한다. 그 하나하나의 입자에 물을 100% 채우려면 어떤 방식으로 공급해야 할지도 고민해봐야 할 대목이다.

난실을 다녀보면 참 많은 종류의 다양한 식재를 사용하고 있는 것을 보게 된다. 화산석, 적옥토, 퍼얼라이트, 피트모스, 바크, 숯, 기능성 배양토, 마사토, 땅콩 껍질, 톱밥, 소나무 잎, 왕겨 등 30여 가지가 넘는다. 그런데 저마다 물을 흡수 보관하는 요율이 다르다. 난분의 크기와 재질, 식재에 따라 저수량과 보수량이 달라진다는 것이다. 저수량이 높은 식재는 물 주는 기간이 한여름 2~5일이 될 수 있다. 관유정처럼 화산석으로 헐겁게 심는 경우는 대략 1~2일 정도 걸린다.

한번 물을 충분히 줄 때 물을 담을 수 있는 용량이 저수량이라면, 보수량은 물을 대류로 뺏기지 않고 지니려는 힘을 말한다. 둘은 비슷한 것 같지만 다르다. 거기에 각 식재마다 굵기가 다르고 난분의 크기에 따라 한 번 더 달라진다. 다지듯 심어졌는지 헐렁하게 심었는지에 따라 또 달라진다. 창가에 두었는지 중심부인지에 따라서도 다르다. 경우의 수는 무궁무진하다. 그러나 크게 세 가지로 구분되니 이를 활용하면 된다.

관유정의 경우는 세 가지 타입으로 구분해 심는다.

1. 잎 10장에 뿌리 10가닥은 플라스틱 사군자 4호분. 소립 80% 소·소 20% 사용.
2. 잎 10장에 뿌리 5가닥은 플라스틱 사군자 4호분. 소립 20% 소·소 80% 사용.
3. 잎 5장에 뿌리 10가닥은 플라스틱 사군자 4호분. 중립 20% 소립 80% 소·소 0%.

이렇게 사용해 전체 분수의 평균을 맞추어 일률적인 관수를 가능하게 하였다.

넷째는 분내 증발량이다. 증발량은 난실 내부온도와 화분 재질 등의 영향을 받

동시에 관수하여 각 난초의 각각 수분 요구를 충족시킬 수 있게 심는 방법	
1	잎과 뿌리의 밸런스를 감안해 분내 수분 저장 양을 다, 보통, 소 결정해 심는다.
2	뿌리가 부족하면 분내 수분 보관양을 크게 달아나는 양을 최소화 시켜 심는다.
3	뿌리가 많으면 분내 수분 보관양을 작게 달아나는 양을 크게 심는다.
4	분내 종합 함수율을 계산해 분의 크기, 식재의 종류 등을 충분히 고려해 심는다.

| <표 1> 동시에 관수하여 각 난초의 수분 요구를 충족시킬 수 있는 심기

는다. 이 또한 세밀히 살피고 분석해봐야 한다. 화산석으로 심는 경우 심어진 밀도와 굵기에 따라 달라진다. 선풍기 등으로 강제 분내 통풍을 실시하면 더 빨리 마르게 된다.

이상 네 가지 요소에 따라 물 주는 시기를 결정하면 된다.

과거에는 술잔에 물을 받아놓고 마르는 정도를 계산해 유성펜으로 표시하며 물을 줬다. 화분을 들어본 후 무게로 감을 잡아 관수 시기를 결정한 사람들도 있었다. 상토의 마른 정도를 보고 결정하는 방법도 활용되었으나 대부분 실효성이 낮았다.

| <그림 3>

| <그림 4>

| <그림 5>

마지막으로 수압도 중요하다. 물을 주는 세기가 난초 성장에 영향을 끼친다. 물을 줄 때는 수압을 조금 높게 하면 좋다. 물의 압력으로 난초 벌브와 뿌리 주변을 청결하게 씻어줄 수 있기 때문이다. 수압을 높이면 불결한 것들을 청소하는 효과도 누릴 수 있다.

〈그림 3〉은 물의 수압을 세게 하여 난분 10cm 위에서 관수하는 방식이다. 관유정이 관수하는 방식이다. 수압을 세게 해주면 〈그림 4〉처럼 벌브 주변과 뿌리 피부가 깨끗해진다. 병균에 감염을 일으킬 수 있는 요인들을 사전에 청소해주는 효과를 볼 수 있다. 〈그림 5〉는 잎과 뿌리가 흔들릴까봐 불안해 보슬비가 내리듯 살살 물을 준 난초의 뿌리다. 난석 분진을 씻어내지 못해 난초 뿌리에 분진이 덕지덕지 붙어 있다. 난초가 얼마나 싫어할지 눈으로 봐도 알 수 있는 대목이다. 그러므로 되도록 수압을 조금 세게 해서 물을 주는 게 좋다. 2018년 5월 경남 지역 초청 강연 때 120분을 모셔 놓고 '올바른 관수의 이해 및 적용'이란 주제로 강연을 했던 기억이 난다. 모두가 고경력자들이었다. 그날도 여지없이 기립 박수를 받았다. 경력 15년을 넘긴 분들이 물주기의 정확한 원리와 이해가 부족했음을 알려 주는 단적인 예다. 교감을 통해서 물을 안정적으로 충분히 난초의 몸속으로 공급해야 한다. 이것 하나가 제대로 안 된다면 취미로 돌아가 화원에서 카네이션을 사듯 촉당 몇 만 원짜리 홍화를 가벼운 마음으로 길러야 행복한 원예생활이 될 것이다. 소 한 마리 값보다 비싼 난초는 수두룩하다. 그런 난초로 고수익을 올리려고 할 때 한 포기 한 포기는 모두 자식을 돌보듯이 길러야 한다. 이때 물을 공급하는 기술은 무엇보다 중요하므로 꼭 효과적인 기술을 이해하고 덧입혀 적용해야 한다. 그래야 건강한 난초를 생산할 수 있다.

피가 되고 살이 되는 비료 공급 기술

　물 주는 것과 더불어 난인들의 고민거리는 바로 시비(施肥)다. 난초를 살찌게 하기 위해 주는 거름을 말하는데 시비가 말썽을 일으키는 주범이 될 때가 많다. 시비를 효과적으로 잘 해주면 난초를 살찌우는 효과적인 도구가 되지만 잘못 활용하면 아니한 것만 못하기도 하다. 너무 과하면 과비의 장애가 초래되고 부족하면 세력저하가 생긴다. 그래서 시비의 기술도 잘 익혀야 한다. 그렇지 않으면 소중한 전략상품들이 제 역할을 하지 못할 수도 있다.

　난 농가들은 과거로부터 과비에 따른 장애가 초래될까봐 시비를 두려워한다. 난초가 건강하게 자라는 원리를 파악하지 못한 것이 첫째 이유다. 두 번째는 조도가 약한 환경과 광합성 조건이 원활하지 못해 과비의 역효과를 경험했기 때문이다.

　하지만 건강한 난초로 기르려면 시비를 두려워해서는 안 된다. 아니 두려워할 필요가 없다. T/R율과 순 광합성 조건이 맞으면 과비가 난초를 해치는 직접적인 요인은 되지 않는다. 관유정에서는 시비량을 조금 많이 하는 편이다. 잎의 장수를 늘리기 위함이다. 관유정은 연간 순 광합성 적산량이 넉넉하므로 시비량이 조금 많아도 그에 따른 과비의 역효과는 거의 없다.

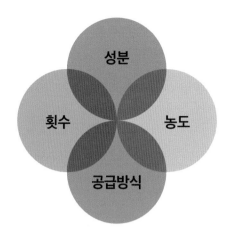

| 비료 공급의 4대 요소

다음 비료 공급의 4대 요소를 이해하면 시비를 효과적으로 시행할 수 있게 된다. 비료의 성분은 유기질이든 무기질이든 문제될 건 없다. 어떤 것을 사용해도 괜찮지만 부작용이 없어야 한다. 부작용을 최소화할 수 있는 것을 선택하는 것이 현명하다. 또한 보증 성분이 정확해야 한다. 비율도 어느 정도는 맞아야 하고 뿌리로 흡수가 잘 일어나야 한다. 그리고 가격도 적정해야 한다. 생산원가를 초월하는 비료라면 사용하지 않은 것만 못하다. 무엇보다 안정성이 검증된 것을 사용할 것을 권한다. 위험요소가 뒤따르면 최대한 자제하는 것이 맞다.

난계는 비료 피해를 우려해 권고 희석배율보다 묽게 준다. 이것은 시비를 적극적으로 활용하지 못한 것이라고 말할 수 있다. 조도가 약한 난실이면 문제가 되겠지만 그렇지 않으면 과비로 인한 피해는 아주 미미하다. 연간 누적 순 광합성 양이 높으면 권고량을 준수해도 무방하다.

공급방식도 알아두면 좋다. 많은 난인들이 엽면 살포를 하는 편이다. 하지만 엽면 살포는 효과가 크지 않다. 농약을 치는 방식으로 난초의 분내 뿌리로 20~30초간 흠뻑 전달시켜줘야 효과가 크다. 〈그림 6〉은 관유정이 시비를 하는 장면이니 참고하기 바란다.

뿌리가 나쁜 경우는 조금 더 세밀한 접근이 필요하다. 흡수 면적이 부족하므로 공급 횟수를 늘려 영양분을 섭취할 수 있도록 해줘야 한다. 이때 건성으로 시비를 하면 미네랄 흡수가 매우 부진해 세력 받는데 3년이 걸린다는 말이 나온 것이다. 더 세밀하고 정교하게 시비를 해줘야 건강한 난초로 변할 수 있다. 관유정에서는

| <그림 6> 시비하는 방법(관유정)

하이포넥스와 마감프-K만 사용한다. 하이포넥스가 가장 안전하고 효과가 정확하다고 생각해 활용한다. 늦가을 90% 이상 생장을 마친 포기들 중 잎이 연약해 보이거나 기부가 좁고 연한 포기들만 따로 칼슘 비료를 보충해주는 정도다.

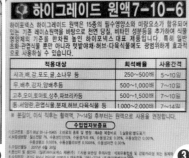
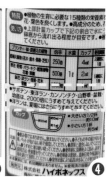

| <그림 7>

❶ 주요성분인 질소, 인산, 칼륨의 비율 7:10:6

❷ 함유된 전체 성분

❸, **❹** 권장 희석 배율

마감프-K는 세계적으로 많은 국가가 사용하는 하이포넥스의 고형화된 비료다. 질소 6%, 인산 60%, 칼륨 6%, 엽록체 형성에 최고로 중요한 마그네슘이 15% 들어 있다. 관유정에서는 이를 밑비료로 사용한다. 입자는 대립을 선호한다. 비료의 효능은 1년이라고 하지만 여름철 매일같이 관수를 하면 6개월이면 효능이 다할 것으로 본다. 봄 분갈이를 할 4월 중순에 올려두면 10월 중순까지 지속되는 것이다.

봄에 분갈이를 하는 경우라면 4촉 기준으로 1cm 폭의 20cm 한 잎 장당 대립 2~3개를 올려두면 좋다. 만약 뿌리가 나쁘거나 부족하다면 관유정에서는 수를 늘려서 흡수량이 증가하도록 배려해주거나 벌브에 바짝 붙여 짧은 뿌리로도 흡수가 최대한 되게 준다. 가을 분갈이 때는 사용량을 봄에 비해 20~30%대로 줄여준다. 겨울 동안 세포분열이 급감하기 때문이다.

만약 1년에 한 번 분갈이를 가을에 한다면 봄 분갈이로 전환하라고 교육생들에게 말한다. 성장기에는 비료분을 많이 요구하기에 그렇다. 이때는 신아의 뿌리가 나올 방향을 피해 올려두면 더 좋다.

비료의 선택과 더불어 중요한 것이 공급 횟수다. 횟수에 따라 시비의 효과가 달라지기 때문이다. 〈표 2〉는 관유정에서 연간 하이포넥스로 시비하는 횟수와 비율을 정리한 것이다. 세포분열이 왕성한 집중 성장기와 1, 2차 성장기로 나누어 횟수를 달리한다.

월	성장 시기	웃비료 -하이포넥스 하이그레이드 1500~2000배	밑비료
1월			마감프-K
2월			마감프-K
3월		월 1회 충분히 분내 30초 살포	마감프-K
4월	1차 성장기	월 1회 충분히 분내 30초 살포	마감프-K
5월		월 1회 충분히 분내 30초 살포	마감프-K

6월	집중 성장기	월 2회 충분히 분내 30초 살포	마감프-K
7월		월 2회 충분히 분내 30초 살포	마감프-K
8월		월 1회 충분히 분내 30초 살포	마감프-K
9월	2차 성장기	월 1회 충분히 분내 30초 살포	마감프-K
10월		선택적 칼슘 비료 공급	마감프-K
11월			마감프-K
12월			마감프-K

| <표 2> 연중 시비 횟수(관유정의 예: 조금 어두운 난실은 50~70% 정도 적용을 권함)

시중에 활력제라는 이름으로 메네델, 하이아토닉, 바이오레민, HB101이 많이 사용된다. 여기에는 효소로 작용하는 미량요소가 첨가되었거나 기관 형성과 세포 분열을 조장하는 생장 조절 물질이 함유돼 있다. 이들을 너무 과다 사용해 부작용으로 고통을 호소하는 농가들이 있다. 처음에는 결핍을 채워주니 짜릿했는데 이게 과하게 들어가니 부작용을 일으킨 것이다. 잎이 두꺼워지고 잎의 신장이 저해되기도 한다. 뿌리가 단단해지는 등의 문제가 발생될 수 있으므로 주의해야 한다. 그래서 관유정에서는 거의 사용하지 않고, 물과 햇빛, 이산화탄소, 하이포넥스(마감프-K)만으로 기른다.

근래 호르몬제를 사용하는 경력자들이 종종 있다고 한다. 어떤 농가는 BA(발아 촉진), 루튼(발근 촉진), B9(생장 억제)을 사용하기도 한다. 잘 사용하면 효과를 볼 수 있지만 자칫 잘못하면 농사를 망칠 수 있으므로 주의해야 한다.

베란다 난실 활용 기술

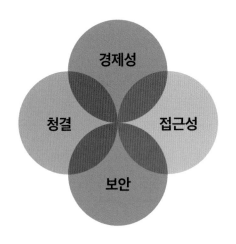

| 베란다 난실의 장점

난초로 자산가를 꿈꾸기 시작하면 환상적인 난실에서 재배하는 것을 상상한다. 마음속 꿈은 전문 난실이 생기면 곧 이루어질 것 같은 착각에 빠지기도 한다. 난초가 좋아하는 환경에 들어서면 상상은 곧 현실이 될 수 있다고 여긴다. 그러나 꼭 전문 난실에 들어가야만 작황이 좋아지고 그로 인해 돈도 잘 벌 수 있는 것은 아니다. 베란다에서도 얼마든지 잘 기를 수 있다. 베란다 난실은 산지 중심의 문화에서 서울과 수도권으로 주 무대를 확장시켰다. 불특정 다수가 난초를 접할 수 있는 기회를 마련해준 것이다. 실제 많은 사람들이 베란다에서 난초를 기르면서 자산가의 길을 걷고 있다. 애써 전문 난실로 들어가지 않더라도 난초로 바라는 꿈을 현실화시킬 수 있는 것이다.

베란다 난실에는 여러 장점이 있다. 잠에서 깨어 베란다로 들어가면 초록의 난초들이 반겨준다. 정신을 말갛게 해주고 심신의 피로도 풀어준다. 무엇보다 하루를 상쾌하게 열어주는 마중물 역할을 한다. 세포분열이 새벽녘에 일어나므로 아침 난실은 생동감의 장이 된다. 여름에는 밤새 부쩍 자란 것을 눈으로 확인할 수 있어 뿌듯함도 안겨준다. 이런 모습을 보면 돈이 불어난다는 즐거움도 크지만 난초와 교감하며 느끼는 행복감이 삶을 더 풍성하게 해준다.

| <그림 8> 베란다 난실에서 잘 크고 있는 난초들

베란다 난실의 장점을 나열해보면 다음과 같다.

1. 제대로 배워 신경만 쓰면 감염의 우려가 거의 없다.

2. 겨울철 동해에 안전하다.

3. 실시간으로 난초와 교감할 수 있어 원예치료에 도움이 크다.

4. 난실 임대료가 나가지 않아 좋다.

5. 온 가족이 함께 감상하고 즐길 수 있어서 좋다.

6. 도난에 안전하다.

7. 환경조절을 자신이 원하는 대로 할 수 있어 좋다.

8. 난실 환경이 청결해서 좋다.

베란다 난실은 공동재배장과는 또 다른 풍미가 있다. 조금만 신경 쓰면 병해충 없는 쾌적한 환경이 되기 때문이다. 공동재배장이나 지상 난실은 병충해에 취약하다. 하지만 베란다 난실은 감염 난초만 들이지 않으면 실제 병은 거의 발생하지 않는다. 전략품종만 엄선해 20~30여 분을 기르면 건강하게 애란생활을 즐길 수 있다. 층수가 높아도 상관없다. 볕만 잘 들면 된다. 반면에 단점도 있다. 베란다 난실의 단점은 아래와 같이 정리할 수 있다.

번호	문제점
1	햇볕이 천장으로 들지 않고 측면에서 들어와 광합성 조건이 불리하다.
2	연간 누적 순 광합성 양이 부족해 보조광원을 사용해야 한다.
3	농약을 살포해야 하므로 가족들이 싫어한다.
4	한여름과 겨울철 냉난방비가 들어간다.
5	잎이 햇빛 쪽으로 굽어 작품하기가 불리하다.
6	잎이 입엽으로 서 있는 것들은 피해야 하므로 선택성이 낮아진다.

| <표 3> 베란다 난실의 문제점

베란다 난실에는 장점도 있지만 불리한 점도 있다. 그러나 단점들은 보완에 조금만 신경 쓰면 얼마든지 해결이 가능하다. 그 해결책은 다음과 같다.
　　1. 난초를 바닥에 내리고 광합성 조건이 좋은 잎의 형태를 들이면 된다.
　　2. LED 램프를 설치하는 수고를 하면 된다.
　　3. 농약을 치는 날은 거실 문을 닫고 환기를 철저히 하면 된다.

4. 냉난방비가 나오기는 하나 지상 난실이나 임대료보다는 적은 비용으로 해결할 수 있다.

5. 화분을 돌려주며 수형을 잡아주면 되고 가급적 화예품으로 작품을 하면 된다.

6. 잎이 누운 것을 들이는 것은 관유정도 마찬가지다.

한 가지를 덧붙이면 신설 아파트는 환경 호르몬과 시멘트 독이 위험하므로 3~5년 경과된 베란다를 선택하면 좋다. 층수는 높아도 상관이 없다.

베란다 벽이 수분을 빼앗아 건조가 우려되면 투명 방수처리를 하면 된다. 방수 처리한 표시가 전혀 없어 미관상 나쁘지도 않다. 이것도 부족하면 두터운 스펀지에 물을 먹여두면 습도가 많이 올라간다.

| <그림 9> 한여름 더운 공기를 빼내는 환풍기

| <그림 10> 신축성이 좋고 가벼운 베란다 차광제(왕망사 매쉬-원단 블랙)

지상 난실과 비교해볼 때 베란다 난실도 무시할 수 없는 장점이 존재한다. 성공한 부농의 길을 걷고 싶은 열정이 있다면 단점을 극복하는 것은 어려운 일이 아니다. 이미 수많은 사람들이 아파트 베란다에서도 큰 수익을 올리고 있다. 성공사

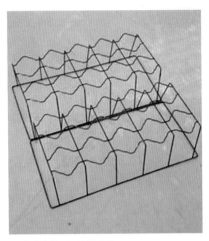
| 베란다용 간편 난걸이

레도 많다.

그런데 아파트 베란다에서는 절대로 2단 난대를 사용하면 안 된다. 반드시 1단으로 하고 난대보다는 10개가 걸리는 난걸이를 바닥에다 그대로 두어 최대한 낮추는 것이 좋다. 2단 난대로 기르는 분들은 주의해야 할 대목이다. 잎의 앞면에서 광합성이 수행되기에 1단으로 바닥에 내려놓아야 한다. 외부로 향하는 창문틀의 높이가 높다면 보조 광원 등의 합리적인 보완이 필요하다.

베란다에서 실패하는 경우는 기본적인 공부가 되지 않아서다. 체계적으로 공부하고 이해하면 아파트 베란다도 1억 유리온실 역할을 충분히 해낼 수 있다. 야외의 험지를 가려면 지프차가 유리하고 고속도로는 세단이 유리하듯 장점을 극대화시키고 단점을 최소화시켜 나가면 훌륭한 난실의 역할을 얼마든지 해낼 수 있다.

겨울 광합성 활용 기술

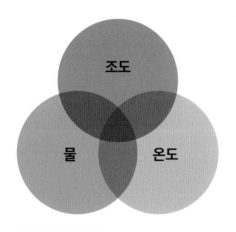

| 겨울 광합성 조건

난초에게 광합성이 밥이라는 것을 알았다. 순 광합성이 얼마나 중요한지도 알게 되었다. 그러면 어떻게 광합성이 이루어지게 하는지 방법도 알았을 것이다. 어찌됐든 난초는 광합성이 충분히 이루어져야 건강하게 잘 살아갈 수 있다.

가을은 여름보다 온도가 낮아 광합성 조건이 더 좋다. 그야말로 난초가 살찌는 시기다. 겨울을 준비하기 위해서는 가을 광합성이 무척 중요하다. 그렇다고 겨울에 광합성이 필요 없는 것은 아니다. 겨울 광합성도 난초에게 보약 같은 존재다. 보약을 잘 먹으면 한 해를 넉넉하게 이겨낼 수 있듯이 겨울 광합성은 한 해를 거뜬하게 나도록 이끄는 진짜 보약이다.

4계절 중 포도당 소모량이 제일 적은 계절이 겨울이다. 난초는 봄이 되면 막대한 에너지를 소모해가며 새싹(신아, 자식)을 생산한다. 새싹을 튼튼하게 생산하려면 저장 양분치가 높아야 한다. 저장 양분치는 겨울 광합성으로 보완하는 것이 제일 이상적이다. 겨울에 열심히 벌어 봄에 출가시키는 방식을 만들라는 말이다.

늦은 봄과 초가을은 주간 온도가 높지 않아 광합성이 아주 잘된다. 여름에는 온도가 높아 다소 불리하지만 낮의 길이가 길어 그나마 일간 순 광합성 양이 상당히 높다. 야간 온도는 20도가 돼야 세포분열이 왕성하게 일어난다. 신아가 나와서 자라고 길어지고 넓어지고 두터워지는 것은 모두 세포분열에 의해서다.

세포분열이 일어나려면 주간에 충분한 광합성 작용이 일어나야 한다. 주간에 벌어들인 양분을 배분해 살고, 남은 것은 뿌리로 이동시켜 전분덩어리 상태로 벨라민층에 저장한다. 이렇게 저장한 양분을 활용해 난초는 밤새 세포호흡을 한다. 사람이 잠을 잘 때 먹은 밥의 탄수화물을 분해해 포도당을 만들어 아침까지 세포를 먹여 살리는 이치와 같다.

한겨울에도 다르지 않다. 한겨울에도 충분한 광합성이 이루어져야 건강한 난초로 성장한다. 그런데도 많은 사람들이 겨울 광합성을 가볍게 생각하거나 잘못 이해하고 있다. 겨울잠을 잔다고 생각해 난실의 온도를 너무 낮춰 광합성을 시키지 않는다. 그러나 난초는 곰이나 뱀, 개구리처럼 겨울잠을 자지 않는다. 꼭 야생 산과 대입해볼 필요는 없다. 베트남 남쪽에도 산에 한란이 자란다. 제주도보다 더 남단임에도 잘 자란다.

이렇게 이야기하면 의아하게 생각할 사람이 많을 것 같은데 이는 과학적으로 증명된 내용이다. 다만 야생에서는 달리 방법이 없어 움츠릴 수밖에 없다. 야생도 제주도의 한라산 남쪽 저지대의 양지바른 곳과 설악산에 사는 춘란은 입장이 다르다. 여러분들이 만약 난초라면 어디서 살려고(겨울을 나려고) 할까? 여기에 답이 있다. 난초가 사람과 입장이 다를까? 이 점은 생각해봐야 할 대목이다.

난초는 겨울에도 광합성을 유지시켜줘야 한다. 겨울은 난초의 일생에서 4분의 1에 해당하는 시기다. 한겨울이라도 광보상점을 훨씬 상회하는 조건을 조성해줘야 한다. 더 적극적으로 광합성 작용을 일으켜 보약이 되도록 해야 한다.

예로부터 겨울 빛은 보약이라고 했다. 보약은 몸의 전체기능을 조절하고 저항 능력을 키워주며 기력을 보충해주는 약이다. 겨울에 보약을 잘 먹이면 보충해둔 저장분으로 건강한 신아를 올린다. 또한 한여름도 거뜬하게 보낼 수 있다. 이런 이치를 아는 사람들은 겨울에 광합성을 충분히 시켜준다. 그래서 겨울 빛을 잘 활용하는 사람이 상급 수준의 실력자가 될 수 있다고 말한다.

작품 교육을 받는 제자들에게 겨울 광합성의 소중함을 알리기 위해 다음과 같은 이야기를 해준다. 야구선수는 겨울에 동계훈련만 하는 게 아니다. 매일같이 보약을 먹고 몸보신을 한다. 보약을 먹고 몸을 잘 만든 선수가 다음 해에 좋은 성적을 거둔다. 축구선수 박지성도 아버지가 어린 시절 개구리를 보약으로 만들어 꾸준히 먹였다고 했다. 그것이 지치지 않는 강철체력을 만들 수 있는 원동력이 되었다. 체격이 월등한 유럽 프리미어리그에서도 살아남을 수 있었던 이유가 보약에 있었던 것이다.

난초의 보약은 빛과 온도와 물이다. 10시부터 6시간을 우려내야 보약 한 그릇이 만들어진다. 그것을 3개월 90일간 하루도 거르지 않고 꾸준히 먹여줘야 다음해를 건강하게 날 수 있다.

관유정에서는 겨울 빛을 평균 6000럭스로 맞추려고 노력한다. 햇빛이 들어오는 것을 재보면 6000럭스가 돼도 잎에 닿는 각도를 계산하면 4000럭스 정도가 된다. 빛이 꺾이는 각도에 따라 영향을 덜 받는 것이다. 이런 점도 고려해 빛을 조절해야 광합성이 의미 있게 진행된다. 관련 연구 논문을 보면 야생에서도 한겨울에는 약 3500~4000럭스는 유지된다고 한다.

광합성에서는 빛의 밝기와 더불어 온도도 중요하다. 온도가 20도일 때 광합성 최대치는 2만 럭스라는 연구 결과가 있다. 그래서 관유정에서는 겨울 낮 온도를 20~22도로 맞추려고 한다. 주간에 온도가 너무 낮으면 광합성은 실패다. 3장의 광합성 내용을 다시 확인하면 이해가 갈 것이다.

신중을 기해 겨울 보약을 먹이려고 해도 겨울에는 여러 가지 제약 조건이 많다. 낮은 짧고 각종 보온재 사용으로 햇빛 투과량도 적다. 햇빛의 각도도 나쁘고 눈이 내리는 날이 많아지면 더욱 광합성을 하지 못하게 된다. 그래도 최대한 신경 써서 겨울 보약을 먹여야 한다. 겨울 광합성이 한 해 농사를 결정짓기 때문이다.

상황이 이런데도 많은 난 농가들은 보온을 위해 두 겹 세 겹으로 덮개를 씌운다. 당연히 조도가 낮아 광합성 양이 매우 낮아진다. 조도가 그나마 조금이라도 나오는 난실은 꽃대 관리 때문에 온도를 인위적으로 낮추어 광합성을 못하게 만든다. 게다가 2단으로 기르는 난실은 근본적으로 답이 없다.

어떤 곳은 LED 램프를 강하게 사용해 광합성을 유발시키려 노력한다. 가상하다. 그러나 온도는 8도이다. 이런 현실을 감안해 자신의 난실을 점검하고 방법을 찾아야 한다. 앞으로 춘란으로 성공의 길을 걷고자 한다면 겨울에 보약을 제대로 먹여두지 않으면 한 해 농사는 헛수고가 될 수 있다는 사실을 명심하자.

통풍이 생산에 미치는 영향

　많은 사람들이 난초가 잘 자라기 위해서는 통풍이 잘 돼야 한다고 말한다. 통풍이 원활하지 못하면 난초가 죽는다고 생각해 저마다 고민하며 해결책을 마련하고 키운다. 난초 경력이 수십 년이 된 사람들의 난실에는 여지없이 선풍기가 있다. 정해진 시간에 통풍을 시키려고 타이머 장치도 설치한다. 난초를 죽이지 않고 건강하게 키우려는 지극정성의 노력이다.

　그런데 통풍의 영향으로 난초가 죽는 경우는 거의 없다고 보면 된다. 난초의 죽음에 통풍은 직접적인 영향을 주지 않는다. 이 말이 다소 충격적일 수 있지만 난초의 죽음은 대체로 다음과 같은 현상으로 생긴다.

　첫째, 평균수명이 다해 사망.

　둘째, 각종 질병에 걸려 사망.

　셋째, 동해로 세포가 회복불능의 상태로 망가져 사망.

　넷째, 과한 수분 부족으로 말라서 사망.

　다섯째, 영양실조로 사망.

　여섯째, 각종 생리장애로 사망.

사망 원인을 분석해볼 때 통풍과 관련된 사항은 찾아볼 수 없다. 통풍은 사망과 직접적인 인과관계가 성립되지 않는다. 그런데도 난초의 사망 원인이 통풍과 밀접한 관계가 있다고 생각하는 사람들이 의외로 많다.

그럼 어떤 이유로 통풍이 난초 사망과 인과관계가 있다고 생각하게 되었을까? 우리나라에서는 한국춘란이 재배될 때부터 난초의 죽음을 많이 목격하고 경험했다. 산채 위주의 문화가 장기간 지속되다 보니 인공재배장에서 적응이 어려워 탈이 났다. 거금을 들인 난초가 하루아침에 명운을 달리하니 그 문제를 해결하기 위해 많은 사람들이 해결책을 찾았다. 자연에서 자생하는 난초 환경을 분석하며 인공재배장에서 어떻게 길러야 할지 방법을 모색했다. 산에서 난초가 자라는 곳은 대부분 바람이 솔솔 부는 곳이다. 그래서인지 통풍이 난초에 직접적인 영향을 끼친다고 여기며 중요하게 생각했다.

하지만 이것은 하나의 설에 불과할 뿐이다. 내가 보기에 통풍과 난초의 죽음은 직접적인 인과관계가 없다. 다만 난실 내부의 환경이 불결하고 관행방제가 전혀 되지 않는 경우라면 예외일 수 있다. 난초에 있어서 통기는 분내 대류와 난실 내부 천창을 통한 대류로 모든 게 끝이다. 측창을 통한 환기도 바람이 세면 난초는 기공을 닫아버리므로 오히려 주의해야 한다.

통풍이 난초의 사망 이유가 된다고 생각하는 사람들의 난실에는 선풍기가 있다. 하지만 통풍이 난초의 죽음에 전혀 영향이 없다고 생각하면 선풍기를 두지 않는다. 관유정에도 선풍기는 단 한 대도 없다. 난실 폭이 25m인데 측면에는 해충 침입을 막기 위해 아연 망사가 설치되어 있어 옆에서도 바람이 들어오지 않는 편이다. 그래도 아주 잘 자란다.

질병으로 난초가 죽는 경우는 대부분 후사리움균 때문이다. 후사리움균이 뿌리에 감염되었을 때 난실 외부로 강제 통풍이 일어나면 균의 분생자와 포자를 난실 외부로 유출시키는 데 도움이 될 수 있다. 그러나 난실 내부에서 타의든 자의든 바람을 일으키면 불결한 난실에서는 분생자와 포자를 전략품종에 코로나 바이러스처럼 확산시킬 수 있으므로 주의해야 한다.

후사리움균은 뿌리에만 있는 게 아니고 잎 끝과 잎 뒷면에도 존재한다. 깨알 같은 갈색 반점으로 시작해 고동색으로 난 잎을 고사시키는 것도 있다. 이때 선풍기로 통풍을 일으키면 어떻게 될까? 난 잎의 균들이 통풍에 의해 다른 난초로 전이된다. 자칫하면 통풍이 난초에게 이득보다 해를 더 끼친다는 말이다. 난실 내부의 더러워진 공기를 난실 외부로 빼내는 것은 통풍과는 다르다. 그것은 환기라 한다.

한여름 난초의 더위를 식히기 위한 목적으로 강제로 통풍을 해주지만 이것도 다른 방법으로 얼마든지 해결이 가능하다. 한여름에 시원한 선풍기 바람을 쐬어주면 체온이 떨어지는 것은 맞다. 하지만 균이 왕성하게 활동하는 시기에 바람을 일으키면 오히려 득보다 실이 많다. 바람을 타고 균들이 난실을 떠다니게 된다는 것이다. 물을 분사하듯 뿌려서 급수를 하면 날아다니던 분생자가 물방울에 들러붙어 신아에 흘러들어가 난초를 죽게 만들 수 있다.

여름철 체온 조절도 선풍기보다는 살수를 통해 식히는 것이 더 좋다. 잎과 뿌리의 온도도 다르지 않다. 통풍이 작물 생육에 절대적이라면 테라리움⁸처럼 몇 년씩 밀폐된 곳에서 기르면 다 죽어야 한다. 그러나 현실은 죽지 않고 잘 자란다. 통풍은 장마철 습도가 높을 때나 이산화탄소 병목이 우려될 때 난실 밖의 시원하고 쾌적한 공기를 난실 내부로 유입시켜 환기를 시켜주는 정도면 된다.

난초 화분 안은 바닥에서 상층부로 공기의 흐름이 생긴다. 이걸 대류라 한다. 통풍이 좌→우 방향이라면 대류는 하→상행이다. 난초는 대류만 잘 일어나도 아주 잘 자란다. 대류를 일으키려면 헐겁게 저압식으로 심으면 해결된다.

통풍 없이 6개월간 수중재배를 해도 난초는 잘 자랐다. 산지의 딱딱한 황토흙

---

8 습도를 지닌 투명한 용기 속에 식물을 재배하는 것을 말함

속에서도 난초는 건강하게 살아간다. 통풍이 일어나지 않는 환경 속에서도 난초는 얼마든지 건강한 삶을 영위할 수 있다. 중요한 것은 통풍이 아니라 대류다. 이 점을 잘 기억하고 기른다면 건강한 난초를 생산할 수 있다.

뿌리 탄화를 감소시키는 기술

근래 들어서 생리장애 현상 중 발생빈도가 가장 높아지고 있는 질환이 뿌리 탄화이다. 초여름이면 하루에도 서너 통씩 전국에서 전화가 오는 내용이 바로 탄화에 관한 것이다. 탄화라는 말은 숯덩이처럼 검게 되었다는 뜻이다. 멀쩡하던 뿌리가 어쩌다 그렇게 되었는지 알아보도록 하겠다.

탄화는 아쉽게도 어떤 요인에 의해서 발생하는지 아직 정확히 밝혀내지 못하고 있다. 여러 설들이 전해지고 있는데, 여기서는 내 나름의 생각으로 풀어내려 한다. 탄화는 특이하게도 봄에 자라나는 1~2개월 된 신근의 끝(그림 13)에서 주로 발생한다. 피부가 발달하지 않은 상태의 분열조직인지라 물리적인 환경이나 화학적인 요인이 나쁘면 역삼투압에 노출되어 파괴되는 것을 말한다. 이들은 크게 두 가지 유형으로 구분되는데 첫째가 건성이고 둘째가 농성이다. 건성은 관행 방제만 잘해도 피할 수 있다. 난실이 청결하고 영양상태만 좋으면 〈그림 11〉에서처럼 신근이 재분열을 해 검게 굳은 피부를 뚫고 자라난다.

하지만 농성(그림 12)은 상황이 다르다. 농성은 또다시 2개로 나누어진다. 탄화에서 감염으로 진행하는 경우와 탄화 없이 모촉의 검은 뿌리 썩음 병균이 수직 감염으로 전이되어 나타나는 경우이다. 수직 감염은 각별히 주의하지 않으면 난초

| <그림 11> 건성의 탄화에서 안전하게 재분열됨

를 잃을 수 있다. 반드시 감염된 부위를 스케일링해야 하며 정확히 살피고 처치해야 하는 필수 사항이다. 탄화한 곳에 과습이나 몇몇 이유에 의해 농화로 진행되는 경우는 수술로서 간단히 치료가 된다.

탄화는 가을에 발생하는 2차 분열 때에도 봄보다는 빈도가 낮지만 더러 나타난다. 이때는 곧 겨울로 접어들어 큰 문제를 일으키지 않으나 봄에 일어나는 탄화는 주의해야 한다.

그럼 피부가 채 발달하지 않은 분열조직이 어떻게 역삼투압에 걸리는지를 살펴보자. 봄에 분갈이를 하면 마감프-K를 올린다. 이때는 비료분이 온전한 새것의 상태다. 이 비료분이 4월 중~하순 물을 줄 때 서서히 녹아서 스며들게 설계되어 있는데, 새것 상태일 때 비료분이 가장 많이 녹아내린다. 이때 <그림 13>처럼 싱싱한 신근 끝 분열 조직에는 많은 양의 양·수분을 모아 부모의 도움을 최소화시키려고 근모가 엄청나게 발달된다. 이때 다량의 비료분이 유입되면서 문제를 일으킨다고 본 연구소에서는 생각한다.

사실 탄화는 정확히 규명된 게 없다. 내가 나름의 연구를 통해 내린 결론이므로 틀릴 수도 있으니 참고만 바란다. <표 4>는 탄화된 뿌리의 원인과 치료 방법이다. 이것을 참고해 깨끗한 피부를 만드는 데 활용하기 바란다.

구분	현황 및 조치
발생 부위	봄에 만들어지는 신근의 분열 조직
발생 시기	5월 전후
발생 원인	물리적인 환경이나 화학적인 환경요인에 따른 장애
증상	건성이 있고 농성이 있는데 건성은 위험도가 낮고 농성은 위험도가 높음
주요 원인	마감프-K, 과다 영양 부족, 수분 스트레스, 감염
예방	봄 분갈이 시 마감프-K를 신촉이 자라는 뒤쪽으로 배치, 철저한 스케일링, 광합성 조건 개선, 물 공급 방법을 개선해 수분 스트레스 최소화
치료	수술 및 약물 치료
피해	2차 감염으로 이어지면 난초가 죽을 수도 있음

| <표 4> 탄화된 뿌리의 원인과 발생 배경

| <그림 12> 탄화한 뿌리

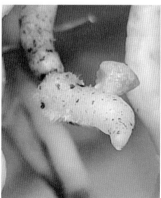
| <그림 13> 정상 신근

| <그림 14> 건강 뿌리의 피부

〈그림 14〉와 같이 외피층이 견고하게 형성되기 전 신근은 건드리면 피부가 파이거나 찢겨질 정도로 보호 능력이 없다. 그래서 관유정에서는 마감프-K를 신근

이 자라날 자리를 피해서 사용한다. 앞으로 훌륭한 연구자들이 나타나 탄화의 실체를 규명해 깨끗한 뿌리를 만드는 데 일조할 날이 오기를 기대한다.

| <그림 15> 봄 분갈이 시 신근 뒤쪽으로 | <그림 16> 봄 분갈이 시 신근 앞쪽에 마
마감프-K 시비-안전   감프-K 시비-위험

관유정에서는 탄화한 뿌리 문제를 해결하기 위해 마감프-K 위치를 조정한다. 봄 분갈이 때는 뒤쪽에 마감프-K를 시비하고, 가을 2차 분갈이 때는 봄의 약 30% 쯤을 신근을 중심으로 올려 준다. 나는 이것이 효과가 있다는 것을 확인했다. 뿌리 탄화는 건강한 난초로 성장하는 데 방해요소가 되므로 그 문제를 해결하는 데 힘을 기울여야 한다. 그런 노력들이 모여서 건강한 뿌리를 만들어낼 수 있다.

꽃눈을 형성시키는 화아분화 기술

한국춘란의 진정한 아름다움은 꽃에 있다. 잎이 아름다워도 결국 꽃으로 귀결된다. 꽃을 아름답게 피워야 자산가로 성공할 수 있다. 잎만 아름다워서는 자산가의 길을 걷기에 어려움이 많다. 반드시 꽃을 잘 피우고 관리하는 기술을 익혀야한다.

인공재배장에서 춘란 꽃을 피우려면 화아분화((花芽分化)의 방법과 기술을 이해할 수 있어야 한다. 화아분화는 '춘란의 꽃눈이 생겨 만들어진다'라는 말이다.

자연환경에서는 세력이 일정 수준에 도달하면 춘란이 스스로 꽃눈을 형성하고, 적절한 시기에 꽃을 피우며 번식해나간다. 인공재배에서도 마찬가지다. 대부분은 6장 앞의 세력과 잎 폭과 길이가 안정되면 난초는 살 만하다 여긴다. 다음 해에도 신아의 크기나 세력 조건이 비슷해지면 스스로 꽃눈을 형성한다. 겨울철 광합성이 충분해야 다음 해 화아분화도 더 잘 일어난다.

그러나 세력이 낮으면 저장양분수치(貯藏養分數値)가 낮아져 하루하루 살기에급급하다. 먹고살기에 바쁘면 화아분화를 하지 않는다. 꽃을 달아봐야 어미도 불행해지고 대부분은 자연유산의 길을 걷게 된다.

화아분화는 1년에 2회 발생한다. 6~7월경과 8월 중·하순경이다. 2년생 촉에서는 주로 하반기인 8~9월경 2차기에 생성되고, 3년생 촉에서는 6~7월경인 전반기에 주로 일어난다. 전반기 때는 주로 늙은 촉에서, 후반기 때는 주로 2년생인 젊은 촉에서 형성된다. 이렇게 분화가 시작되면 약 3~4주 후면 화뢰형성을 마친다.

과거부터 시작해서 지금까지 단수를 통해 화아분화를 시키는 사람들이 있다. 하지만 이것은 잘못된 이해다. 난초는 C/N율 변화에 의해 꽃눈이 붙는다. 탄소와 질소의 체내 양분비율에 영향을 받는 것이다. 탄수화물 생성량이 높아지면 반대로 질소화합물 양의 체내 비율이 감소된다. 이때가 6~7월경과 8월 중순~하순경이다. 일조량이 많아 최고로 순 광합성 양이 높아지는 때다. 이때가 가장 배가 부른 시기라 먹고 살만하다고 여겨 스스로 화아분화가 일어나는 것이다.

화아분화가 잘 안 된다고 하소연하는 사람들의 난실은 대부분 조도가 낮다. 난초가 건강하기보다 웃자란 것이 많다. 잎의 부피만 늘어난 것이다. 그래서 겨울철 광합성을 이끌어내지 못하는 경우가 대부분이다. 그리고 너무 입엽이거나 잎 장수가 6장 미만인 경우다.

관유정은 순 광합성 양이 높다. 그래서인지 1촉에서도 화아분화가 곧잘 되는 품종들이 있다. 하지만 1촉에서 꽃을 달면 난초에게 좋지 않아 화아분화를 억제시키는 편이다. 근래는 1촉씩 분주해 배양하는 저촉다산법(2009년 관유정 개발)으로 생산하는 경우가 많다. 생산성을 높이기 위한 방법이다. 그런데 1촉에서 가끔 꽃눈이 형성될 때가 있다. 그렇게 되면 한 해 농사를 망칠 수 있으므로 절대로 피해야 한다. 이때 화아분화가 일어나지 않게 하려면 가을에 분주해두면 된다. 늦가을에 신아가 형성되면 꽃눈은 만들어지지 않고 신아가 형성된다. 불가피하게 3월경 1촉을 분주했다면 어두운 곳(2000럭스)으로 옮긴 후 마감프-K 100알 정도를 벌브 주위에 올려 질소(N) 공급을 늘려주면 많은 도움이 된다.

반대로 세력이 충분함에도 화아분화가 잘 일어나지 않는 품종들은 먼저 질소 (N) 공급을 끊어야 한다. 난석을 50%쯤 부어내고 샤워기로 약 5분가량 샤워를 시

켜 잔류 질소를 세척해준다. 그다음 햇볕 조
사량을 늘린다. 7000~9000럭스의 밝기에서
재배하면 화아분화가 촉진된다.

    화아분화가 잘되려면 뿌리가 좋아야 하
고 뿌리 내 저장양분도 높아야 유리하다. 관
유정은 세력이 낮은 포기는 가급적 화아분
화를 시키지 않는다. 꽃이 붙어도 대부분 자
연유산이 되기 때문이다. 드물게 개화를 해
도 화경이 가늘고 꽃이 볼품없어 작품성이
떨어진다. 그렇게 꽃이 피고 지면 소중한 액
아만 소진하게 된다. 또 저장양분을 소모해

| <그림 17> 1촉에서 꽃이 핀 상태
(세력 부족으로 꽃 모양이 나쁨)

난초의 세력을 저하시킨다. 난초에게 전혀 도움이 되지 않는다. 화아분화는 사람
의 출산 계획처럼 철저히 계산된 상태에서 진행돼야 효과적이다.

    일단 화아분화가 되면 난초는 조금 시원하게 관리를 해주어야 유산율이 감소
한다. 꽃이 달리면 세포호흡에 따른 호흡열이 발생하기 때문이다. 꽃에서 열이 발
생하는데 꽃을 꽉 조이는 과도한 수태처리를 하면 꽃대에서 발산하는 호흡열 때
문에 포의가 마르고 녹아내리고 만다. 아까운 꽃이 세상에 나오지도 못하고 재배
자의 기술 부족으로 생을 마감하고 마는 것이다.

    난초로 자산가가 되려면 화아분화의 원리를 훤히 꿰뚫어야 한다. 화아분화로
부터 시작한 꽃 재배기술이 곧 수익과 직결되기 때문이다. 아무리 기대품종, 전략
품종을 들여 키워도 꽃을 피우지 못하면 자산가의 길은 영원히 꿈으로 남게 된다.
꼭 자산가의 길을 걷고 싶다면 화아분화의 방법과 기술을 제대로 익혀 재현에 성
공해야 한다.

신문

제5장

품질 관리

—

분갈이와
스케일링
기술

품질 관리가 자산가로 가는 핵심 포인트다

모든 생산품의 생명력은 품질에 의해 좌우된다. 품질이 어느 정도인지에 따라 가치가 달라진다. 그래서 품질 관리에 사활을 건다. 품질 관리는 생산 활동을 과학적이고 통계적인 방법과 기술에 의해서 경영하는 것이다. 농산물이든 공산품이든 품질 관리가 되지 않으면 살아남기가 어렵다.

난초도 다르지 않다. 자신이 생산하는 품질에 따라 난초 가치가 달라진다. 가격도 천차만별로 매겨지므로 품질 관리에 사활을 걸고 매진해야 한다. 관유정도 품질 관리를 가장 중요하게 생각한다. 품질 관리만큼은 대한민국 어디와 견주어도 자신 있다. 이런 자신감 덕분에 판매 과정에서 차별화를 시킬 수 있었다. 관유정은 20년 전부터 세계 최초로 뿌리를 보여주는 방법으로 지금껏 출하를 하고 있다. 근래에는 관유정의 영향으로 많은 판매점들이 뿌리를 보여주는 추세다.

농림부 설문조사에서 무려 60%에 가까운 사람들이 품질 관리가 잘 안 된다고 하소연했다. 그것도 전업농들이 하는 말이다. 잘 키우려는 마음만으로는 좋은 품질의 난초로 키울 수 없다는 이야기다. 품질은 철저한 분석력과 기술력의 결과다. 설비도 좋아야 한다. 설비와 기술이 어우러져야 좋은 품질의 난초를 생산해낼 수 있다.

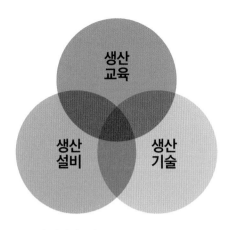

| 품질 관리의 3대 요소

품질 좋은 난초를 생산하는 방법을 익히기 전에 품질 좋은 난초가 어떤 것인지를 알아야 한다. 난초를 판매하는 사람마다 자기 난초 품질이 최고라고 말한다. 어디 내놔도 손색이 없다고 하지만 실제는 기준에 미달된 난초가 많다. 사는 사람도 만족하지 않는다. 그래서 품질에 대한 명확한 개념이 서려면 품질등급 기준표가 하루빨리 정착되어야 한다. 품질등급표 없이 품질을 논한다는 자체가 다른 농수축산업계에서 알면 참 부끄러운 일이다. 그 부끄러운 일을 난계는 아직 해결하지 못하고 있다. 참 안타까운 현실이다.

그래도 노후 수입과 부농을 꿈꾼다면 자신이 키운 난초가 누가 봐도 좋은 품질이라는 소리를 들을 수 있도록 배양해야 한다. 전국 상위 1% 안에 들 수 있도록 품질을 향상시켜야 한다. 상위 1% 안에 들려면 체계적인 공부를 하기를 권한다. 어떤 품질이 최상위 클래스에 있는지를 알아야 그 품질에 부합된 난초를 만들 수 있다. 도달해야 할 목표를 모르는데 어떻게 목표를 달성하겠는가?

전국 상위 1%의 무결함 품질의 난초를 생산하는 비결은 기본기를 몸이 기억할 정도로 익히는 것이다. 배운다고 다 되는 게 아니다. 몸에 익혀야 한다. 습관처럼 몸에 배어야 한다. 생산 장비도 중요하지만 진짜 핵심은 목수의 실력이다. 목수가 실력이 없으면 좋은 목재와 장비가 있어도 무용지물이다. 실력이 없으면 품종 질(seed quality)에 의존할 수밖에 없다. 하지만 품종 질에만 의존해서는 절대로 성공할수가 없다. 난초에 조그마한 이상 징후와 감염이 발견되어도 해결할 능력이 없다면 품질이 저하될 것은 분명하다. 이런 품질의 난초로는 본전도 찾을 수 없다.

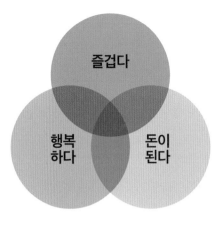

| 품질 관리가 잘되면 일어나는 현상

기술이 없으면 취미로 돌아가야 한다. 기술이 있다고 해도 현장에 적용시킬 수 있어야 한다. 입으로 되는 게 아니라 머리로, 발로, 손으로 하는 것이다. 손수 난초로 품질을 증명시키는 것이 핵심 능력이다.

품질에는 국제 표준, 국내 표준이 있다. 난협회에서 정한 기준도 있으며, 스스로가 부끄럽지 않을 정도의 범위도 있을 것이다. 최소한 자신이 정한 범위 정도는 상회할 수 있는 품질의 난초를 배양해야 부농으로의 승부를 걸어볼 수 있다. 품질 없는 성공이란 성립되지 않는다.

한때 미국에서 난초 주문을 받은 적이 있었다. 바이어는 품질 조건을 까다롭게 제시했다. T/R율 100%, 검역에서 문제가 없는 수준, 전진 3촉 상등품에 꽃봉오리가 80%쯤 돼서 현지에 도착해 판매 가능한 수준의 품질을 요구했다. 바이어가 요구 하는 품질 수준에 부합한 난초를 구하려고 백방으로 뛰어다녔지만 구할 수가 없었다. 국제 수준의 품질에 도달한 난초가 없었다. 이게 우리나라의 현실이다.

| 엔디 이스턴(캘리포니아 태극선 주문자)

| 사비에(프랑스 일광 주문자)

10여 년 전 이야기인데 만약 현재 똑같은 주문이 들어온다면 지금은 있을까? 여러분들이 더 잘 알 것이다. 국제 표준의 벽은 높다. 언제까지 가방에 담아 밀수출을 할 것인가? 말로만 수출, 수출 한다고 되는 게 아니다. 합법적으로 가능해야 한다. 검역과 품질의 벽을 넘어서야 한다. T/R율 하나 못 맞추는 우리의 현실에 비추어볼 때 우리 모두는 난 값 떨어졌다고 하소연할 시간에 내 난실의 난초가 어떤 수준인지를 돌아봐야 한다. 자신이 내놓는 답이 우리 난계의 현주소일 수 있다. 사정이 이러니 어떻게 행복할 수 있으랴. 품종 질은 유행의 급변으로 시세가 하락하면 의미가 없다. 그러나 품질은 오롯이 자신만의 경쟁력이다. 부농을 바란다면 산채 갈 시간에 생산 기술이 수록된 책을 보고 프로들에게 레슨을 받고 내 난실의 문제점을 고치기 위해 컨설팅을 받는 것이 필요하다.

품질을 높이지 못하면 성공하기 어렵다. 자산가의 길도 걸을 수 없다. 불량품을 판매하는 곳에서 남은 인생을 보내야 한다. 나의 생산물이 생산원가에도 미치지 못하니 난초의 매력에 흠뻑 취하기도 힘들다. 난계를 떠나야 할 수도 있다. 그러므로 최고의 품질을 자랑할 수 있는 기술력을 배우고 익히고 재현할 수 있도록 힘써야 한다. 그 능력과 힘이 난초로 삶을 변화시키는 강력한 무기가 된다.

품질 관리의 첫걸음, 분갈이 기술

　새봄이 찾아오면 사람들은 집안 대청소를 한다. 겨우내 닫힌 창을 열고 묵은 먼지를 털고 신선한 바람을 불어넣어 환기를 시킨다. 케케묵은 베갯잇도 빨고 두꺼운 이불도 정리하고 새로운 이불로 바꾼다. 구석구석을 닦고 쓸고 털며 새로운 계절을 준비하면 마음이 산뜻해진다. 따사로운 햇살이 방안 가득히 비추면 더러운 병원균도 자취를 감춘다. 이렇게 새단장을 하면 새로운 계절에는 좋은 일이 일어날 것 같은 기대감으로 한껏 생동감이 넘친다.

　삶의 보금자리를 새단장하는 일이 난초로 보면 분갈이와 같다. 분갈이는 재배 생산 측면에서 난초에게 서비스를 해주는 과정이다. 안락한 침실에서 편히 쉴 수 있도록 룸서비스를 해주는 것이다. 분갈이는 철저히 난초의 입장에서 난초가 좋아하는 환경을 만들어주는 것이 중요하다.

　분갈이는 자동차의 엔진오일을 교환해주는 것과 같다. 엔진오일을 정기적으로 교환해주면 자동차 수명도 길어지고 연비도 좋아진다. 아주 값비싼 슈퍼 카들은 엔진오일 교체 주기를 일반 차량의 2~3배 정도 앞당긴다. 엔진에 탈이 나면 더 큰 돈이 들어가니 자주 오일을 교환하는 것이다. 난초도 다르지 않다.

　분갈이는 난초를 위험으로 몰아넣을 수 있는 뿌리와 벌브 질환을 조기에 발견

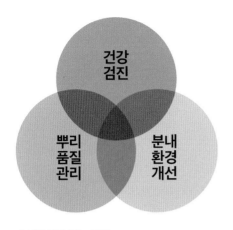

| 분갈이를 하는 목적

하기 위한 목적으로 행한다. 위험에서 안전하게 난초를 지켜내고자 함이다. 품질을 제대로 관리할 수 있는 첫걸음인 셈이다. 사람으로 치면 생명에 위협을 가하는 암세포를 발견하는 조기검진과 같다. 실제로 난초를 죽이는 병은 잎보다 뿌리 영향이 크다. 그중 가장 위험한 것이 후사리움균이다. 이 균이 갈색뿌리 썩음 병을 유발한다. 실시간 눈으로 확인이 어려워 한순간에 소중한 난초를 잃어버리는 경우가 발생한다. 이것을 미연에 방지하는 기술은 관행방제와 더불어 분갈이다.

난초에게 편안한 보금자리를 만들어주려면 분내 물리적 성질을 교정시켜줘야 한다. 난초의 물리적 성질이란 난석이 경화돼 뿌리 발육을 저하시키는 것을 말한다. 난석의 경도는 처음에는 부드럽다. 녹소토와 적옥토와 같은 연한 재질의 난석이 온전하기에 그렇다. 그러나 시간이 경과될수록 뿌리의 수축과 팽창에 따라 연한 재질의 난석은 조금씩 부스러져 분 밖으로 배출되어 딱딱하게 변한다. 이에 분내 전체 난석의 경도는 처음과 달리 경화된다.

난석이 딱딱해지면 뿌리 발육이 나빠진다. 뿌리를 내릴 때 딱딱한 난석을 뚫고 내려가려다 보니 저항에 따른 양분 소모가 심해진다. 그런 과정에서 뿌리가 구부러지고 상처가 생겨 그 틈으로 병균이 침투해 병을 일으킨다. 이런 분내 환경을 바꿔주는 것이 분갈이 목적 중 하나이다. 분갈이를 해야 하는 이유는 크게 위 그림처럼 세 가지로 나눌 수 있다. 하지만 더 깊이 살펴보면 6가지 유형으로 세분화할 수 있다. 〈표 1〉을 보며 어떤 경우에 분갈이를 해야 하는지 살펴보자.

분갈이 목적	분갈이를 해야 할 때
건강검진	감염 검사(신아, 액아, 뿌리·신근 끝, 신촉 벌브)
	치료 중인 난의 정기적 검진을 위하여
분내 환경 개선	분 안에 난석을 소프트하게 교체해주기 위하여
	수평근 유도를 위하여
뿌리 및 벌브 품질 관리	T/R율 검사와 교정 처리
	신촉의 위치 검사

| <표 1> 분갈이의 목적에 따른 세부 점검사항

　분갈이는 전문가들마다 기준이 조금씩 다르다. 제시하는 목적과 이유, 방법도 천차만별이다. 하지만 그 중심에는 난초를 건강하게 키우기 위한 목표가 있으니 각각 상황을 잘 이해하고 받아들여야 한다. 대부분의 사람들이 1년에 한 번 분갈이하는 것을 선호한다. 2년에 한 번 해야 한다고 주장하는 사람도 있다. 분갈이를 자주 하면 세력을 받는 데 방해가 된다는 이유에서다.

　관유정에서 시행하는 분갈이의 주된 목적은 품질 수준을 높이고 병사를 막기 위한 것이다. 중점 전략품종들은 매년 2회의 분갈이와 1회 이상의 스케일링을 한다. 신아가 자라날 때 상토를 살짝 걷어내고 보거나 살짝 부어서 보는 방식으로 정기점검을 한다. 관유정에서는 중점 전략품종은 연간 총 5~6회를 검사한다. 최소한 분갈이 2회, 스케일링 2회는 필수다. 이는 번거로운 일이 아니라 에러를 대폭 줄이고 최고 품질을 유지하기 위한 기본적인 품질 관리 기술이다.

난초 심는 방식이 품질에 끼치는 영향

분갈이를 쉽게 생각하는 사람들이 많다. 오래된 난석을 바꿔주고 문제 있는 난초를 점검하는 수준으로 여기는 것이다. 하지만 분갈이는 난초의 작황과 한 해 농사를 결정짓는 굉장히 중요한 요소다. 분갈이는 난초의 생육을 어떻게 해야 더 안전하고 좋게 할 것인가라는 관점에서 출발해야 한다. 이때 중요한 것은 내가 맞고 너는 틀리다는 것은 없다는 것이다. 어떤 것이 옳다고 무 반쪽을 자르듯이 이야기할 수는 없다. 다만 관유정에서 다년간 연구해본 바 나름의 결론을 낼 수 있었고, 그 방법으로 뿌리 상태가 국제 평균 수준을 상회했다. 그래서 내가 진행했던 방식을 풀어놓으니 참고하길 바란다.

분갈이는 사용하는 재료와 심는 방식으로 나누어볼 때 난석은 화산석과 비화산석으로 나뉘고, 화분은 플라스틱과 토기로 나뉜다. 심는 방식은 고압식과 저압식으로 나눌 수 있다.

고압식은 과거에 유행한 전통적인 방식이다. 난석을 성벽 쌓듯이 뿌리가 난석에 꽉 끼도록 타이트하게 심는 방식이다. 반면에 저압식은 본 연구소에서 체계를 잡은 것으로 정원석을 쌓듯이 듬성하게 심어 뿌리를 헐렁하도록 심는 방식이다. 두 가지 방식을 옷에 비유하면 정장 방식과 추리닝 방식이라고 말할 수 있다. 저압식은 고압식의 극단점을 보완하려고 본 연구소에서 개발한 방식이다.

저압식과 고압식은 서로간에 장단점이 있어 어떤 게 더 낫다고 말하기는 곤란하다. 기본기가 탄탄한 실력자들이라면 두 방식 모두에서 우수한 품질의 상등품을 능히 만들어낼 수 있기 때문이다.

고압식은 "화분을 작게 써야 잘 자라더라"에서 발원한 방식이다. 반면 저압식은 "화분을 크게 써야 잘 자라더라"에서 발원한 방식이다. 고압식은 전통적인 방식에 가깝다고 보면 되고, 저압식은 요즘 대세를 이루는 방식이라고 이해하면 된다.

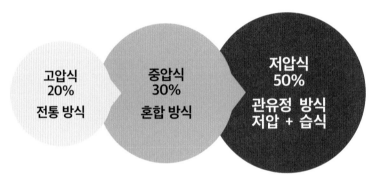

| 전국에서 활용하는 분갈이 방식 추이

고압식을 선호하는 사람들은 3촉짜리 난초에 3~3.5호를 사용한다. 사정이 이렇다 보니 T/R율이 맞으면 분이 작고 좁아서 난초가 힘겨워하는 경향이 크다. 발근율과 뿌리 상태가 원만하지 않아 지상부의 발육이 지하부보다 상대적으로 좋게 보이는 장점이 있다. 분을 붓지 않고(뿌리를 보여주지 않고) 매매하는 사람들이 좋아하는 방식이다.

고압식은 화분 크기가 작아 핀셋으로 성벽 쌓듯이 난석을 밀어 넣어야 한다. 뿌리가 많은 난초는 난분이 작아 뿌리를 솎아내고 심기도 한다. 난분 때문에 T/R

율을 낮추는 어처구니없는 일이 발생하는 것이다.

잎 장수에 따라 뿌리가 균형을 잡으려면 널찍한 공간을 필요로 한다. 하지만 고압식은 작은 화분을 쓰므로 과도한 압력으로 인해 뿌리를 내리는 데 어려움을 겪는다. 고압식이라도 화분 직경을 크게 사용해 수평근의 발달을 유도한다면 훨씬 작황이 나아질 것이다.

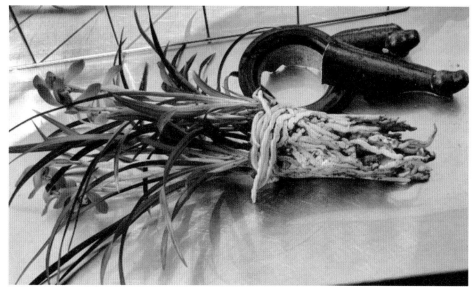

| <그림 1> 고압식 재배 뿌리 형태 - T/R율 55%(난석이 거의 없음)

반대로 관유정이 개발한 저압식은 1촉씩 분주해 판매하는 농가들이 선호하는 경향이 있다. 저압식은 하체가 발달하는 구조라 지상부만 보고 선택하는 분들은 풍성함이 감소하는 듯한 느낌을 받을 수 있다. 실제 1촉을 들여오려면 저압식으로 기른 게 더 낫다. T/R율이 잘 나오기 때문이다.

고압식은 제일 큰 문제가 분내 구조적인 이유로 <그림 1>에서처럼 T/R율이 60%를 넘기는 게 거의 없다는 것이다. 분갈이를 할 때 뿌리에 상처가 생길 위험이 크다. 분갈이 시 난석과 난분에 달라붙어 있는 뿌리를 떼려다 표피 세포가 손상을 받기 때문이다. 중단부 아래에 대립을 사용하므로 뿌리에서 난석을 떼지 않고서는 분갈이가 어렵다. 조밀한 난석을 뚫고 뿌리를 내리는 과정에서도 뿌리 상처가 자주 난다. 뿌리 표피 세포가 손상되면 그 부분으로 감염이 일어난다. 수분 스트레스에 따른 생리 장애도 생긴다. 그로 인해 세력이 저하되고 노화가 촉진된다. 그래서인지 근래는 고압식이 점점 사라져가는 추세다.

| <그림 2> 고압식-양복-외출식(상점용)　　　　| <그림 3> 저압식-추리닝-생활용(가정용)

　　저압식은 고압식과 달리 분내 난석을 헐렁하게 심는 방식이다. 카스테라 빵과 같이 부드럽게 심는다. 나에게 배운 저압식을 선호하는 사람들은 3촉짜리 난초를 4~5호분에 심는다. 중립이나 대립을 사용을 하지 않고 소립을 50~70%쯤 쓰고 소·소립을 30~50%로 한다. 이러면 화분 안의 저수율은 최상의 여건이 되어 난초는 수분 스트레스를 덜 받는다. 화분의 직경이 넓어 난초가 수평으로 뿌리를 뻗을 수 있다. 화분 안에서 자연에서 뿌리를 내리듯 뻗어간다. 수평근이 발달하면 양·수분 흡수가 용이해 세력 유지가 쉽다. 뿌리의 건강도도 좋다. 뿌리가 고압식에 비

해 우동가락처럼 곧게 뻗어간다. 뿌리의 상처가 작아지니 분갈이 시 감염될 확률도 대폭 감소한다. 분내 저수율이 높아 수분 스트레스도 거의 없다. 이런 이점 때문에 근래에 들어서 저압식이 확산되는 추세다.

중압식은 저압식에서 발원했다. 고압식을 고수하던 사람들이 저압식의 이점을 보고도 불안한 마음에 중립적인 방식을 선택해서 생겼다고 볼 수 있다. 화분 내에 고압식과 저압식의 중간 형태로 조금 헐렁하게 심는 방식이다. 식빵을 생각하면 이해가 쉽다. 3촉짜리 난초를 주로 4호분에 심는다. 식재의 압력도 중간 정도로 하며 대립은 쓰지 않고 중립을 하단에 사용한다.

사용방식	난분	난분 크기(호) 2촉 기준	난석 사용법	관수 정도 (여름 기준)	발근 상태
저압식 카스테라	플라스틱 저발수	크게 4~4.5호	소, 소·소	1일마다	안정
중압식 식빵	플라스틱 중발수	3.5~4호	중, 소	2일마다	보통~안정
고압식 바게트	낙소분 고발수	작게 3~3.5호	대, 중, 소	3일마다	보통

| <표 2> 저압, 중압, 고압식 심기별 유형 분석표

중압식도 뿌리의 피부 발달이 좋고 여러모로 장점들이 많아 저압식과 더불어 많이 사용하는 추세다. 저압식보다는 뿌리가 건강하지 않지만 고압식보다는 훨씬 건강한 뿌리를 가지고 있다. 뿌리가 건강하니 감염될 염려도 줄어든다.

고압식이 일본에서 유행한 방법이라면 저압식은 중국에서 유행한 방법이다. 우리 난계는 과거에는 분내 물기가 많이 머물면 병이 많고 사망률이 높아진다고 믿었다. 그래서 물기가 적게 머무는 고압식을 선호했다. 그러나 분내 함수량이 낮으면 수분 스트레스에 노출될 위험이 있다. 수분 스트레스는 만병의 근원이다.

일본의 춘란 농가들에도 세 가지 방식이 공존한다. 모두가 장단점이 있는 만큼 자신의 기술적 수준, 난실의 수준과 환경조성 여건, 투자 성격, 투자 설계 등에 따라 수익성이 조금이라도 더 담보가 되는 것을 선택하면 된다. 그러나 프로 수준에 도달하면 한 난실에서 3가지를 두루 함께 활용해 소득을 높이는 사례도 많아 반드시 통일된 압력 방식을 택할 필요는 없다. 방식 선택은 자유이지만, 다만 난초 뿌리가 상하지 않고 건강하게 키워야 한다. 뿌리가 상하면 난초가 죽을 수 있어 난초로 자산가가 되는 꿈은 허사가 되고 만다. 각각의 방식을 잘 이해해 최상의 품질을 자랑하는 난초를 배양하는 데 활용하기 바란다.

분갈이 시기와 횟수의 이해

　분갈이를 시행하는 시기와 횟수도 제각각이다. 어떤 사람은 분갈이를 2년에 한 번, 어떤 사람은 1년에 한 번 시행한다. 저마다 난초를 배양하는 철학이 달라 분갈이 횟수에 대해서는 의견이 분분하다. 분갈이 횟수는 정해진 것은 없지만 분 내 환경을 쾌적하게 자주 해주면 난초도 좋아할 것 같다.

　하지만 시기는 대체적으로 일치한다. 많은 사람들이 봄과 가을을 기점으로 분갈이를 하는 것이 보통이다. 관유정에서는 전략품종들은 1년에 2회 분갈이를 하는데 3월에 한 번, 신촉이 80퍼센트 성장(6~9월)할 무렵에 또 한 번 한다. 일반 보급품은 봄철에 1회로 마친다. 특히 중점 전략품종은 내가 직접 하고 일반 보급품은 제자들이나 문하생들이 실습 차원으로 실시한다.

　관유정에서는 정기적인 분갈이 외에도 수시로 분갈이가 진행된다. 난초의 상황에 따라 여름부터 가을까지 지속적인 분갈이가 진행되고 있다. 난이 죽을까봐 한여름 분갈이를 꺼리는 사람들이 있다. 이것을 검증해보기 위해 관유정에서는 한여름 이틀에 1회씩 분갈이를 시행해보았다. 그래도 여느 난초와 같이 잘 자라는 것을 확인할 수 있었다. 기술과 방법이 문제인 것이다. 다음은 관유정이 1년에 2회 분갈이를 하며 점검하는 사항이다.

시기	분갈이를 해주는 이유
봄 (3월)	- 새 뿌리가 내릴 수 있는 공간과 면적을 미리 확보해주기 위하여 - 경화된 난석을 부드러운 것으로 교체해 뿌리 발달을 돕기 위하여 - 신아가 자라는 데 방해되는 요소를 미리 제거하고 공간을 확보하기 위하여
여름~가을 (신아가 80% 성장 시)	- 새 뿌리가 80%쯤 자랐을 때가 분내 병목지점을 통과한 시점이라 뿌리 상태를 확인하기 위하여 - 분내 환경 개선과 뿌리의 질병을 점검하고 치료하기 위하여

| <표 3> 분갈이를 1년에 2회 할 때의 기준

　　분갈이 시기나 횟수보다 더 중요한 것은 분갈이 방법이다. 방법은 목적을 어디에 두느냐에 따라 달라진다. 방법에 따라 난초가 좋아하는 경우도 싫어하는 경우도 있다. 신아가 막 형성돼 자라는 시점에도 분갈이가 필요하면 시행해야 한다. 하지만 자칫 잘못해 신아나 뿌리를 건드려 상처가 나거나 상처를 통해 감염이 되면 성장을 멈추는 경우도 더러 있어 주의가 필요하다.

　　난초는 완숙기에 따라 조생, 중생, 만생종으로 나뉘므로 성장 진행상태에 따라 분갈이도 달리하면 효과적이다. 〈표 4〉는 생육 상태에 따른 성장속도를 실어놓은 것이다. 표를 참고하면 언제 분갈이를 진행하면 좋을지 이해가 쉬울 것이다.

분류	생육 상태(특성)
조생류	신촉이 6~7월에 거의 자란 후 9월에 여름 신아를 한 번 더 생산하는 타입. 다모작이라 촉수가 늘어나나 봄 신아가 정상 체형의 70~80% 성장할 때 신아가 붙어 평균 체형이 작고 상품성이 낮아진다. 작품의 소재로도 불리하다. 그러나 촉수가 많아져 우수품종의 증식 출하 입장에서는 다를 수 있다.
중생류	신촉이 8~9월에 거의 다 자라고, 가을에 신아를 한 번 더 만들었다가 이듬해 4~5월경에 다 키워 2년에 3모작이 가능한 종류. 가을 신아는 조생류에 비해 약하므로 이듬해 3~5월에 수술해 분리한다. 연 1.5모작을 하나 오히려 1모작의 상등품보다 못할 수도 있다.

만생류	일찍 올라온 신촉이 10~11월에 다 자라고 4~5월에 늦게 자라나는 것들은 이듬해 4~5월 하순경까지 자라는 타입으로 생장 사이클을 앞당겨 신촉이 3월 하순에 올라오게 하면 도움이 된다. 작품을 할 때도 좋고 아주 시원스럽게 상등품이 되므로 조, 중생에 비해 불리함은 크게 없다. 자칫 그해에 다 기르지 못하면 이듬해 봄 천엽 도복을 대비해 가급적 1월 이전에 성장을 마치도록 해야 한다.

| <표 4> 생육별 특성(관유정의 예)

〈표 4〉를 보면 분갈이 시기와 방법에 대해 고민이 필요하다는 것을 알게 된다. 분갈이 후유증에 따른 신촉 성장 장애로 불안에 떨 필요가 없다. 분갈이 기술을 익히면 한여름 삼복더위에도 난초의 생육을 방해하지 않고 얼마든지 건강한 난초를 배양하는 토대를 마련해줄 수 있기 때문이다.

분갈이는 병충해 예방 못지않게 중요하다. 다음 농사의 50퍼센트가 분갈이 기술력에 의해 결정되기에 그렇다. 분갈이 능력을 덧입히지 못하면 항상 불안한 상태에서 난을 길러야 한다. 주인의 기술이 난초에게 믿음을 주지 못할 정도면 자산가의 길을 걸으면 실패할 확률이 높다.

교육을 해보면 대체적으로 분갈이에 대해 그 중요성을 크게 인식하지 않고 있음을 알 수 있다. 사람들이 제일 관심을 가지는 것은 시비 방법과 병충해 방제 기술이다. 하지만 분갈이를 이해하면 상태가 나쁜 난초를 들이면 안 된다는 중요성을 깨닫는다. 그래서 마르고 닳도록 뿌리가 좋고 건강한 난초를 선택하라고 강조한다. 건강해야 잘 자라고 병도 없다. 그러면 분갈이도 크게 신경 쓰지 않아도 된다.

분갈이를 하는 주된 목적은 난초를 죽이지 않기 위해서다. 또한 난초가 탈 없이 건강하게 잘 자라도록 보살피는 것이다. 난초의 건강을 체크해 문제점을 해결하고 더 안락하고 쾌적한 환경을 제공해주는 것이다. 그래서 자산가가 되기 위해 전략품종을 엄선해 기르고 있다면 분갈이는 1년에 두 번 해주는 것이 좋다고 교육생들에게 강조한다. 분갈이를 자주 해주면 난초는 스트레스보다 기쁨을 더 느끼기 때문이다.

분갈이 전 준비해야 할 것들

분갈이를 하려면 미리 준비해야 할 것들이 있다. 먼저 화분이다. 화분은 저압식과 고압식에 따라 달라질 수 있으므로 기호에 따라 준비하면 된다. 플라스틱 화분을 재활용해 사용하는 사람도 있는데 끓는 물에 살균하면 된다. 난석은 재활용하지 말아야 한다. 물리적 성질을 교정해주어야 하므로 주의해야 한다.

〈표 5〉는 분갈이에 필요한 구체적인 준비물을 정리한 것이다. 이 표를 보고 무엇을 먼저 준비해야 할지 살펴보자.

	자재	준비 상태
1	난석	세척 후 물을 먹여놓은 상태
2	화분	4~5호 플라스틱 분(관유정의 경우)
3	수태	물에 빨았다가 축축한 상태
4	가위, 핀셋, 메스	난 전용 가위, 메스는 11번
5	화염 소독용 가스라이터	1회용 부탄 - 사용이 편리
6	테이블에 깔 깨끗한 신문지	테이블에 묻어있던 균에 감염되지 않게 하기 위함

7	라텍스 장갑	손 사이즈에 맞아야 사고가 안 남, 감염 예방
8	계량컵, 일회용 비닐봉지	난 자재상과 마트에서 구입. 감염예방과 농도 장애 예방
9	아연철사	최대한 가는 것을 사용
10	톱신 페스트	수술한 자리 감염 방지 도포용
11	곰팡이 치료약	오티바, 스포탁
12	전자저울과 주사기	농약 계량용
13	70% 에탄올	벌브 및 세균 살균용
14	라벨, 네임펜	네임펜으로 품종명 기재용
15	마감프-k	분갈이 후 밑비료로 사용
16	확대경	뿌리 이상 유무 관찰용, 휴대폰 사진 확대
17	타이머	디지털 1~2만 원 선
18	난석 삽	손바닥으로 심지 않고 퍼서 심을 때
19	마스크	약제사용 치료 시

| <표 5> 분갈이 사전 준비물

기구를 사용할 때는 꼭 화염소독을 해야 한다. 장갑도 착용해야 혹시 모를 감염을 방비할 수 있다. 이외에도 준비할 것이 많으므로 표를 참고하면 된다.

분갈이를 할 때 중요한 것은 난석을 여러 번 아주 청결하게 빨듯이 씻어야 한다는 것이다. 그리고 1시간 이상 침지를 해 난석 입자 깊숙이 물이 배도록 한다. 그런 후 〈그림 4〉에서처럼 고슬고슬해질 때까지 난석 겉을 말려서 사용해야 한다. 물 먹인 난석으로 심으면 신근 분열조직 역삼투압이 생기지 않아 신근 끝 생장 분열조직이 마르지 않는다. 난석에 물이 스며들지 않으면 분갈이를 마치자마자 관

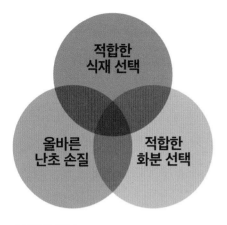

| 분갈이 3요소

수를 해야 하므로 치료를 병행한 경우는 농약 대부분이 유실될 수 있다. 그래서 미리미리 난석에 물을 먹여둬야 한다. 최고의 기본이자 매우 중요한 과정이다. 난석에 물을 먹여두지 않은 것으로 심었을 때는 일주일 동안 매일 물을 주면 좋다. 그래야 난석이 물을 흠뻑 머금고 수분 스트레스를 줄일 수 있다.

관유정에서 다섯 번에 걸쳐 세척하는 이유는 날카로운 모서리나 까끌까끌한 표면을 둥그렇게 만들기 위해서다. 날카로운 난석은 뿌리를 상하게 할 수 있으므로 여러 번 반복해서 박박 문지르듯이 세척해야 한다. 그래야 모서리의 뾰족한 부분을 제거할 수 있다. 관유정은 4종의 난석을 혼합해 사용한다. 경석+소성 황토석, 사쓰마토, 녹소토다. 난석에 묻어 있는 가루를 제거하기 위해서도 세척에 신경을 쓴다. 연한 재질의 녹소토는 따로 세척해 충분히 보충해준다. 분갈이를 진행하기 전에 해야 할 것들은 기본 중의 기본이다. 난초에 바로 영향을 주지 않는다고 무시하면 좋은 결과를 얻기 힘들다는 것을 기억하며 기본기를 충실하게 익힐 것을 권한다.

| <그림 4> 5회 라운딩 세척 후 1시간 침수하고 말린 난석 (좌부터 소·소, 소, 중)

핀셋도 다양하다. 세밀하게 스케일링하고 손질하기 위해 종류별로 준비해 사용한다. 수술실에 다양한 기구들이 즐비한 것은 각 용도에 따라 효율을 최고로 높이기 위해서다. 취미로 여기는 사람이라면 한두 가지면 되지만 자산가를 꿈꾼다면 생각해 볼 대목이다.

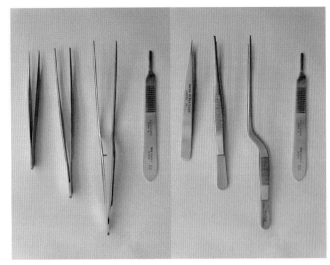

| <그림 5> 각종 핀셋과 메스(3번 핸들, 11번 칼)

　분갈이 시 테이블과 작업자의 손으로 감염을 줄이고자 일회용 장갑과 함께 테이블에는 항상 깨끗한 종이를 깔고 작업을 하나씩 마칠 때마다 싸서 버린다. 이렇게까지 해야 하느냐고 반문하는 사람이 있을 수 있지만 1촉에 수백만 원에서 수천만 원 하는 난초라면 종이 한 장은 그리 큰 소모가 아니다.

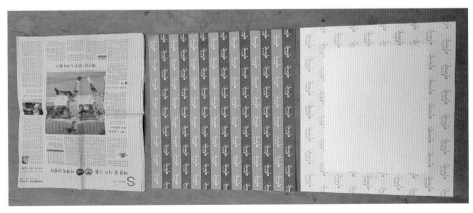

| <그림 6> 작업 테이블 받침용 페이퍼(깨끗한 신문지, 관유정은 직접 제작해 사용)

각종 계량은 정확히 해야 하므로 반드시 계량용 도구로 정확한 양을 써야하고, 타이머를 통해 시간을 엄수해야한다. 가위는 난초 손질에 용이하도록 두께가 얇고 끝이 예리한 것을 사용한다. 이외에도 이쑤시개, 면봉, 그림 붓, 스프레이 등을 함께 사용한다. 화분은 8월 병목 대란을 줄이기 위해 핏이 없는 플라스틱 분을 사용한다. 핏이란 허리 부분이 잘록한 것을 말한다. 뿌리의 방향을 고정시켜주는 아연철사와 품질이 좋은 4A수태를 사용해 T/R율을 교정해가며 분갈이를 수행한다. 다음 재료들을 살펴 효과적인 분갈이를 시행하면 된다.

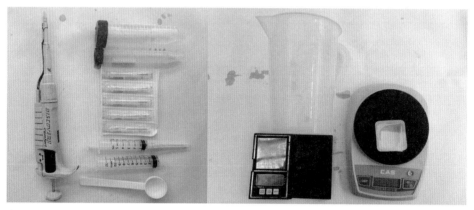

| <그림 7> 각종 계량용 도구들(파이펫, 주사기, 계량스푼, 전자저울, 계량컵)

| <그림 8> 위생 도구들(화염 소독용 가스라이터, 톱신 페스트, 일회용 라텍스 장갑, 아연철사, 타이머)

한국춘란 가이드북 전문가편

분갈이 프로세스와 기술

분갈이를 할 때는 정밀한 기술이 요구된다고 했다. 무턱대고 붓고 다듬고 심어서는 곤란하다. 나는 교육생들에게 프로세스를 만들어 가르친다. 순서와 방식이 뒤죽박죽되면 소중한 난초의 액아나 뿌리를 잃어버릴 수 있다. 또한 초기에 이상 징후를 발견하지 못해 큰 손실을 볼 수 있으니 주의해야 한다.

〈표 6〉은 관유정에서 시행하는 분갈이 공정이다. 어떻게 진행되고 있는지 살펴 필요한 부분은 자신의 것으로 만들면 좋겠다.

순서	공정	미치는 영향
1	붓기	뿌리에 상처가 가지 않게 조심히 꺼낸다.
2	육안 판독 및 냄새 맡기	전체 뿌리를 잘 살피고 의심이 가면 냄새도 맡아본다.
3	뿌리와 벌브 깨끗이 세척하기	뿌리 피부나 벌브 밑을 세척한다.
4	감염 부위 정밀 수색하기	뿌리의 미세한 부분까지 세밀하게 감염 요소를 찾는다.
	감염 부위 치료하기	문제가 있으면 진단 후 치료 설계대로 시행한다. 치료 설계에 자신이 없으면 전문가에게 의뢰한다.
		치료는 치료 설계대로 정확한 농도와 시간과 부위와 투약 방식을 준수해 실시한다.

5	정아의 상태와 위치 파악하기	밑 달린 정아도 큰 문제가 없으면 살리고 성장을 저해하는 뿌리는 손질해준다.
6	2년생 뿌리 끝 자르기	재분열을 억제해 영양분 손실을 줄이기 위해 2년생은 뿌리 분열 조직을 제거한다.
7	T/R율 밸런스 맞추기	과하면 100%로 조절해주고 부족하면 최대한 보완한다.
8	심기	뿌리 상태와 T/R율 밸런스를 고려해 난석의 굵기를 조절해 심는다.
9	비료 올리기	봄에는 신아가 나올 자리 뒤로, 가을이면 앞·뒤 전체에 마감프-K를 올려주고 봄의 20~30%만 준다.

| <표 6> 관유정 분갈이 프로세스

위 순서에 따른 구체적인 기술을 다시 설명하려 한다. 다음을 잘 기억해 난초가 좋아하고 건강하게 자랄 수 있도록 분갈이를 해주길 기대한다.

첫째, 붓기다. 분갈이할 난초를 부을 때는 거꾸로 쏟지 말고 난분의 머리를 옆으로 눕힌 후 고무망치로 살살 치면서 자연스럽게 빠지도록 해야 한다. 그렇지 않고 억지로 빼면 난분 벽에 붙은 뿌리에 상처가 생길 수 있다. 또한 구부러진 뿌리 굽어진 안쪽이 갈라질 수 있다.

| <그림 9> 고무망치로 두드려 꺼냄

| <그림 10> 뿌리의 외상이나 피부병 검사

둘째, 육안으로 뿌리를 세밀히 판독한다. 전체 뿌리 외관과 특히 벌브 아래쪽을 세밀하게 들여다봐야 한다. 벌브 밑이 감염될 확률이 높기 때문이다. 또한 냄새도 맡아봐야 한다. 곰팡이와 세균에 감염된 난초는 시큼하고 짚 썩는 냄새가 난다. 냄새가 나면 더 자세히 살펴야 한다.

| <그림 11> 벌브 아래쪽을 정밀히 검진

| <그림 12> 혹시 모를 중대질병에 대비해 냄새 맡기

셋째, 뿌리와 벌브를 깨끗하게 세척한다. 이때는 흐르는 물에 이물질이 떨어져 나가는 세기로 세척하면 좋다. 물줄기를 너무 세게 하면 상처 난 곳이 덧날 수 있으므로 조심해야 한다.

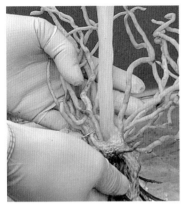 

| <그림 13> 벌브 밑 강수압 세척　　　　　| <그림 14> 초기 감염을 찾기 위한 외피층 하막 조형 검사

　　넷째, 감염 부위 정밀 수색 및 치료하기다. 뿌리와 벌브를 수색할 때 육안으로 판별이 어려운 곳을 중점적으로 봐야 한다. 벌브 밑이나 구부러진 뿌리 부위도 세심히 살피고 감염 부위나 오염 부위가 발견되면 증상에 따라 정확히 치료해야 한다. 이때도 반드시 장갑을 끼고 기구도 화염소독 후 사용해야 문제가 없다. 미세한 감염 부위가 여러 곳 있을 때는 침지를 하고 치료 설계를 해 중병으로 가기 전 미연에 조치를 철저히 해야 한다. 또한 검은색 뿌리 썩음병과 갈색 뿌리 썩음병의 합병증일 때는 갈색 썩음병을 먼저 치료해야 한다. 자신이 없으면 전문가에게 치료 설계를 받아서 시행하면 도움이 된다.

| <그림 15> 상처나 경미한 외상을 찾아 치료(관유정에서는 오티바나 코리스 원액 사용)

다섯째, 정아의 상태와 위치 파악하기다. 정아는 가급적 활용하는 것을 원칙으로 해야 한다. 하지만 병의 요소가 보이거나 탄력과 윤기가 없는 것은 과감히 제거한다. 밑 달린 정아에 대해서는 다음 장에서 충분히 설명해두었으니 참고하면 좋겠다.

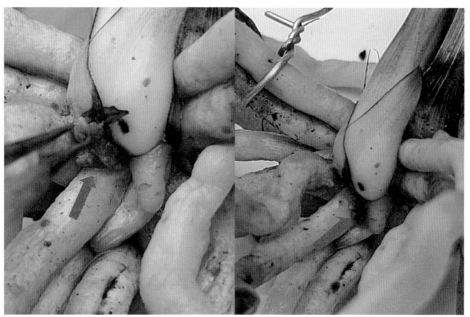

| <그림 16> 회진 시 정아의 안색이 좋지 않아 검진한 난초(난석에 짓눌려 초기 감염 발생)

초기 감염이 확인되면 알코올을 뿌려 세균을 사멸시키고 검은 부위는 긁어낸 후 오티바 원액을 발라준다.

여섯째, 뿌리 끝 검사하기다. 2~3년생의 뿌리가 길게 자라나지 못하게 잘라준다. 두 권의 책에서 안내한 대로 기르면 난초 뿌리는 너무 길어져서 오히려 고민거리가 된다. 정상적인 길이인 15cm까지 자라지 못했다면 자를 게 아니라 굳어진 마디에서 뿌리가 나오도록 한 후 다음 분갈이 때 수술한다. 생장점이 잘 살아 있

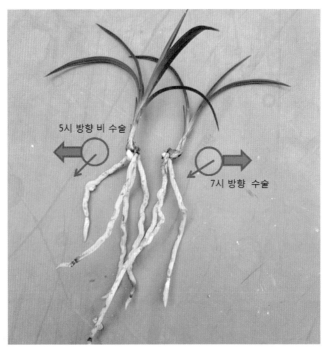

5시 방향 비 수술

7시 방향 수술

| <그림 17> 5시 방향의 정아는 살림. 6시 7시 방향의 정아는 수술

는지, 탄화된 곳이 없는지 살피는 것도 매우 중요하다. 자른 자리는 감염을 대비해 톱신 페스트를 바른 후 굳어지면 심는다. 이때 신근이 있으면 마르지 않게 젖은 수태로 감싸주고 수분 스트레스를 최소화시켜야 한다. 그러나 T/R율이 부족한 포기는 2년생 신근의 성장을 그대로 유지해 여름철 물 흡수효율을 감안해 살려둘 때도 있다. 이때 신근을 살려두면 〈그림 19〉에서처럼 5년이고 6년이고 계속 자라난다. 세포분열 시 영양분 소모와 더불어 길어진 뿌리에 포도당을 저장하므로 지상부의 수세를 감안해 필요한 만큼의 T/R율만 확보하고 제거한다. 일반 농가들은 뿌리의 컨디션이 썩 좋질 않겠지만 본편의 내용대로 기르면 너무 길고 좋아져 문제가 될 것이다.

　　일곱째, T/R율 밸런스 맞추기다. 잎에 비해 뿌리가 너무 많으면 제거해주어야

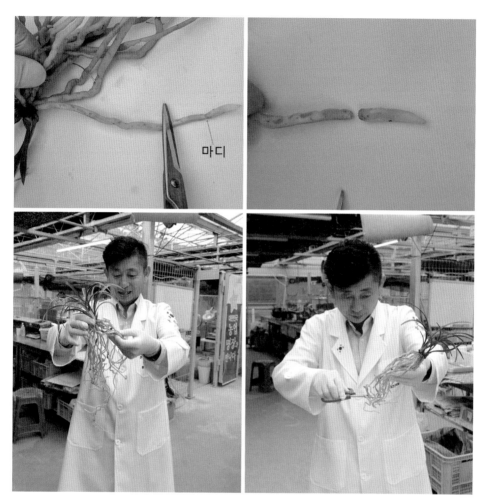

마디

| <그림 18> 양분 소모를 줄이기 위한 2년생 신근 수술 장면

한다. 너무 적을 때는 뿌리가 물과 비료를 쉽게 충분히 실시간으로 가져갈 수 있게 깨끗한 수태로 감싸준다. 다음 촉을 튼튼히 생성시킬 수 있는 안전조치다.

　여덟째, 심기와 비료(밑비료) 올리기다. 심기는 고압식과 저압식이 있으므로 자신의 판단에 맡긴다. 시비는 관유정의 경우 봄 분갈이에는 2촉 기준 마감프-K를 20~30알 정도 올려준다. 봄과 가을에 따라 위치는 달라진다. 봄 분갈이는 전진촉

| <그림 19> 5년간 자라난 뿌리. 1번은 금년 뿌리. 수술 후 T/R율 교정

의 뒤편으로 뿌리 위에다 올려둔다. 뿌리가 나쁘거나 작으면 벌브에 바싹 붙이거나 수태로 마감프-K를 감싸듯이 해서라도 벌브와 벌브 사이 및 짧은 뿌리로 비료분이 전달될 수 있게 한다.

위와 같은 방식으로 분갈이가 진행된다. 감염이 심한 것은 난석에 심지 않고 수태로 감싸 치료하고 어떤 난초는 재활과 치료를 병행하기도 한다. 난초의 상황과 현상에 따라 적절한 조치를 취하며 분갈이를 시행하면 된다.

분갈이도 다른 배양기술 못지않게 중요하므로 꼼꼼히 살피고 세밀한 기술을 덧입혀 반드시 난초가 건강하게 자랄 수 있도록 해줘야 한다. 난초가 건강하면 배양자도 건강한 애란생활을 이어갈 수 있다.

스케일링이 필요한 이유와 기술 이해

난초를 건강하게 키우는 방법은 다양하다. 건강한 난초를 들이는 것부터 병충해 방제와 시비, 어느 것 하나 빼놓을 수 없다. 스케일링도 건강한 난초로 배양하는 데 아주 중요한 요소다. 스케일링은 치과용어다. 사람의 치아 틈새와 잇몸 주위에 있는 치석을 제거해 충치나 잇몸질환으로부터 안전하게 치아를 지켜내기 위해 실시하는 것이다. 정기적으로 스케일링만 해줘도 건강한 치아를 지켜내고 큰 병을 미리 예방할 수 있다.

분갈이가 큰 병을 검진하고 치료하는 과정이라면, 스케일링은 잔병이 큰 병으로 가지 못하게 살피는 최고의 관행 방제다. 과거의 약식 분갈이를 말한다. 약식 분갈이는 분갈이 횟수를 줄이기 위해 실시했으므로 실효성이 낮았다.

하지만 스케일링은 다르다. 신아의 무탈한 성장에 장애를 초래할 우려와 위협을 미연에 제거하고, 난초 성장에 장애가 되는 요소를 약식 분갈이와는 달리 직접적으로 제거하는 아주 중요한 방제 작업이다.

스케일링이란 단어를 처음 사용한 지는 10년이 넘었다. 여러 경로로 스케일링의 중요성을 강조해서인지 지금은 난계에서 익숙한 단어가 되었다. 스케일링 기술만 정확히 배워도 난초를 죽이거나 신아를 잃는 일은 크게 감소한다. 스케일링은 본편의 품질 관리에서 무엇보다 중요하다.

스케일링의 장점	
1	벌브 주변을 청결하게 관리해 감염원을 미리 제거해준다.
2	난초가 죽을 수 있는 2차 감염을 미리 살피고 치료해 사망률을 낮춘다.
3	신촉의 방향이나 위치가 나쁜 것을 교정하고 적아(잘라냄)시킨다.
4	신촉에 발생하는 곰팡이성 질환을 초기에 발견할 수 있다.
5	전년도에 이상이 있었던 포기를 간편 검진할 수 있다.
6	신촉에 발생하는 작은 뿌리 파리의 기생을 미리 발견할 수 있다.

| <표 7> 스케일링의 장점

| <그림 20> 스케일링의 핵심 ①오염된 뿌리 ②제거할 떡잎 ③오염이 의심되는 벌브와 벌브 사이

스케일링에서 가장 중요한 작업은 오염된 신근과 탄화한 신근을 찾아내는 것이다. 그리고 두 번째가 윤기와 탄력을 잃은 신아를 발견하는 것이다. 그다음이 마른 떡잎과 감염으로 이어질 떡잎(〈그림 20〉 우측② - 냄새가 난다 발견) 벌브 밑의 세정 및 청결도 검사다. 신아의 방향과 위치가 안전한 곳에 자리하고 있는가를 살피는 일종의 검진이다. 가볍게 여기면 절대 안 된다. 감염이 생기기 쉬운 취약한 곳을 꼼꼼히 살펴 문제를 해결하고 장애요소를 미연에 방지하기 위해 실시하는 것이다. 특히 중점 전략품종들은 반드시 정확하고 정교하게 스케일링을 해야 한다. 분갈이가 뿌리 전체를 살피는 100% 전신검사라면 스케일링은 70%에 해당하는 검사다.

| 〈그림 21〉 떡잎을 꼼꼼히 제거, 강수압으로 세정, 감염이 우려되면 약제 살포

관유정에서는 매년 3월 1차 분갈이를 한 후 신아가 20~30% 성장을 보일 때 스케일링을 실시한다. 품종마다 차이는 있으나 5월에서 6월경이 된다. 이때 〈그림 22〉처럼 신촉 아래 벌브 쪽에 난석이 끼게 되면 감염으로 이어지므로 이 또한 철저히 살핀다. 신아의 움직임이 둔화된 것들도 냄새를 맡아 비린내나 매캐한 냄새가 느껴지면 혹시나 모를 세균을 우려해 약국에서 판매하는 70% 알코올로 벌브

| <그림 22> 신촉 벌브에 낀 난석포

아래와 주변 그리고 신아에도 뿌려준다.

　이상이 감지된 것들은 손을 보고 난 후 소·소에서 소로 한 단계 굵은 상토로 심거나 <그림 23>의 ①처럼 조금 높게 심어 벌브 아래나 주변으로 자외선 밀도를 높여주고 관수 시 훨씬 더 잘 씻어지도록 해준다. 그리고는 매일 신아의 움직임과 추이를 정밀하게 살피며 이상이 없어질 60% 성장 시까지 주기적으로 상토를 붓고 육안으로 검사를 병행한다. 혹시 신촉 떡잎에 회색 곰팡이가 보이면 제거 후

| <그림 23> 스케일링의 시기 - 신촉이 30%쯤 자란 때

자외선에 노출시켰다가 스미렉스 1000배 희석액을 2회 살포해준다.

　자신의 난실 환경이 열악하다면 스케일링은 반드시 해야 한다. 난초를 들일 때 세력이 약하거나 건강에 이상이 있었던 것도 필수적으로 스케일링을 해야 피해를 줄일 수 있다. 요즘 고가의 난과 수준 높은 옵션을 갖춘 난들은 예민해 탈이 잘 난다. 이때 스케일링은 큰 위력을 발휘한다. 소중한 난초와 재산을 지켜내고 자산가로 한 걸음 더 다가가는 기회를 제공해준다.

밑 달린 정아의 이해와 활용법

난초를 기르다 보면 벌브 밑에서 신아가 형성될 때가 흔히 있다. 이것을 밑달림 혹은 밑창걸이라고 부른다. 가장 아래쪽에 있는 눈(장차 신촉으로 자라날 싹)은 제일 먼저 만들어진 정아라 한다.

정아는 야생에서는 벌브가 길쭉하게 생겨 큰 문제를 야기시키지 않는다. 하지만 인공재배를 하면 벌브의 구조가 둥글게 되어 불가피하게 어미 벌브 아래쪽에 붙을 수밖에 없다. 이들 밑에 자라난 정아는 고압건식으로 기르던 과거에는 상당히 골칫거리였다. 감염과 기형으로 자라날 확률이 높아서였다. 사정이 이렇다 보니 아예 제거를 해버리는 경우도 빈번했다.

사람들은 왜 밑 달린 정아를 무서워할까? 그것은 밑 달린 정아가 굵어지면서 난석에 상처가 나는 경우 연부병이나 세균에 의해 잘 죽어서이다. 이런 현상이 발생하는 이유는 난초를 심는 방식 때문인 경우가 많다. 즉 밑 달린 정아가 죽는 것은 대부분 고압식으로 심었을 때다. 난초를 꽉 조이듯 단단하게 심어서 탈이 난 것이다. 벌브 제일 밑에서 신촉이 자라려면 밑으로 향할 수밖에 없다. 그런데 너무 단단하게 꽉 조이듯 심어놓으면 나아갈 공간이 없다. 자신도 살아야 하니 어쩔 수 없이 단단한 난석을 밀치고 나가려다 상처가 생긴다. 그 상처로 병원균이 침투해 죽음에 이르게 되는 것이다.

밑 달린 정아를 제거하지 않고 건강하게 자라게 하는 방법은 저압식으로 헐렁하게 심는 것이다. 그러면 고압식에 비해 훨씬 안전해진다. 벌브 밑에 빈 공간을 두면 밑 달린 신아도 건강하게 잘 자란다. 걸림돌이 없으니 상처가 생기지 않아 한여름에도 병원균 공격을 이겨낼 수 있다.

밑 달린 정아의 삶과 죽음을 이렇게 길게 이야기하는 것은 그 정아가 생산성에 미치는 영향이 너무 크기 때문이다. 벌브 제일 밑에 생긴 일명 밑 달린 정아는 난초에 있어 장남과 같다. 왕실로 보면 세자다. 세자와 장남에게는 많은 인센티브가 있는데 난초의 정아도 다르지 않다. 다른 정아에 비해 20~30% 정도 강하다. 그래서 첫 번째 정아(밑달림)는 난초의 생산성과 직결된다.

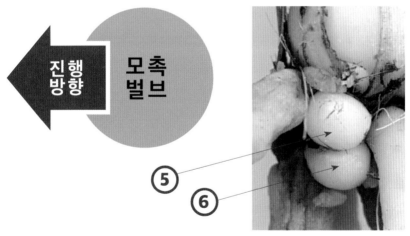

| <그림 24> 정아의 발생 자리

교육생들에게 정아의 위치가 6시 방향이면 수술하고 5시 방향이면 기른 후 가을에 수술해 분리하라고 가르친다. 정아가 꼭대기 두세 개의 액아보다 더 충실하기 때문이다. 충실한 정아를 강제로 제거해버린다면 경제적으로 큰 손실이 초래

| <그림 25> 점점 아래로 내려가는 정아

된다. 정아는 돈을 벌어주는 중요한 눈이다.

　〈그림 25〉는 점점 아래로 내려가는 정아다. 밑으로 자라난 촉을 가을에 분주해 매년 관리를 했다면 이렇게까지는 되지 않았을 것이다.

　난실에는 다양한 병원균이 살고 있다. 잎에 묻어 있고 벌브에도 기생한다. 잎과 벌브에 묻은 병원균은 관수 시 물과 함께 흐르다 벌브 밑에서 고드름이 형성되듯 물방울로 맺혀 서서히 흘러내린다. 그러다 보니 벌브 제일 밑은 늘 축축하고 어두워 병원균들이 살기에 아주 좋은 환경이 된다.

　그렇다고 밑 달린 신아가 모두 죽음을 맞는 것은 아니다. 물을 타고 흐른 균들이 공격할 수 있는 빈틈이 없으면 죽지 않고 건강하게 살아간다. 하지만 아주 작은 상처라도 있다면 그 신촉은 자칫 위험하게 된다. 특히 고온다습한 한여름에 더 잘 죽는다. 사람도 종이에 살짝이라도 베이면 상처가 생기고 그 상처로 세균이 자리 잡는다. 베인 부위가 붓고 아프다가 고름이 생기는 것도 세균 때문이다.

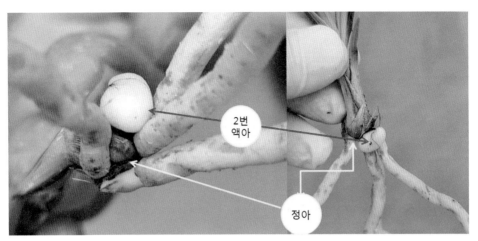

| <그림 26> 6시 방향의 정아-제거 대상. 2번 액아는 5시 방향-정상

　자산가의 길을 걷고 싶다면 반드시 밑 달린 정아에 대해 깊이 공부해야 한다. 어떻게 활용할 것인지도 나름대로 정리하고 대책도 마련해두어야 한다. 밑 달린 정아의 이해와 활용에 따라 난초 재배와 생산성이 달라지기 때문이다.

금봉

제6장

위기 대처
—
병충해
진단과
치료기술

위기에 대처하는 기술이 필요한 이유

전문가편은 1장부터 7장까지 유기적으로 연결돼 있다. 모든 장의 내용을 완전히 자신의 것이 되도록 해야 자산가의 길을 걸어갈 수 있다. 어느 한 장만 섭렵해서는 의미 있는 결과를 만들어내기 힘들다.

5장의 품질 관리는 6장의 위기 관리가 완성돼야 가능하다. 병충해를 제대로 이해해야 상등품의 난초로 배양할 수 있기에 그렇다. 4장의 생산기술도 6장과 밀접한 관계가 있다. 4장은 3장의 재배 생리를 이해해야 가능하다. 3~6장은 2장에서 수립한 전략을 성공시켜주는 핵심요소다. 모두가 하나의 연결고리로 이어져 있고 소중한 난초를 보호하고 지켜내는 일련의 과정들이다.

성공으로 가는 길은 멀고 험하다. 혼자서 길을 나서면 온갖 어려움에 직면하게 된다. 어디로 가야 할지 모르면 즐겁지도 않다. 두려움이 밀려오고 혼돈에 휩싸일 때도 있다. 그러나 누군가 그 길을 이미 걸었고 성공의 길이 무엇인지 알려주면 그리 어렵지 않다.

난초는 사람과 같은 생명체다. 공자시대 때부터 그 존재가 알려졌지만 5천만 년 전 화석에서 난과 식물로 추정된 것이 발견되었다. 난초는 사람 못지않게 오래 살아남은 강인한 생명체다. 난과 식물은 어림잡아 3만 5000~4만 종이 지구상에 있다고 한다. 전체 식물 40만 종 중 10%를 차지한다. 그중에서도 한국춘란이 가장 신비하다. 우리 땅에서 나온 것이기도 하지만 다른 여타 난과 식물, 주변 나라의 춘란에 견주어도 손색이 없다. 이런 귀한 난초를 조금만 과학적으로 이해하고 접근하면 실패를 줄이고 행복한 애란생활을 이어갈 수 있다.

난초를 이해한다는 것은 무엇일까? 난초의 특성을 잘 이해하고 난초가 원하는 것을 제공하여 건강하게 자라도록 해주는 것이다. 자연에서 사람의 곁으로 데리고 왔으니 최대한 난초가 불편함이 없도록 해줘야 한다. 그러나 인간이 아무리 공을 들이고 최선을 다해도 인공재배장에서는 위기가 찾아오기 마련이다. 그 위기를 슬기롭게 대처하고 극복해야 한다. 그래야 난초가 건강하게 자랄 수 있다. 더불어 인간도 난초와 함께 행복한 삶을 살아갈 수 있다.

위기를 극복한다는 것은 천재(天災)나 인위적인 비상사태, 질병 따위의 위기 상황을 예방하고 그에 적절하게 대처해나가는 일을 말한다. 난초에 있어서 위기는 천재지변 또는 이상기후, 관리 부주의에 따른 참변, 기술 부족에 따른 작황 부진, 각종 질병에 걸리는 것, 생리 장애, 속아서 매입하는 것, 가격 폭락 등이 있을 수 있다. 이번 장에서는 그 모든 위기 중에서도 난초를 위험에 몰아넣는 병충해 피해를 중점적으로 풀어낼 것이다.

난초에게는 사람처럼 주어진 수명이 있다. 병을 잘 예방하면 주어진 수명을 뛰어넘을 수 있다. 그런데도 수많은 난초들이 수명의 60%를 못 채우는 경우가 많다. 1년생 난초는 사람으로 치면 대략 12세 정도다. 5년생이면 60세이고, 8년생이면 96세라 장수한 셈이 된다. 그런데 5년생이 수명을 다하는 경우도 있다. 이처럼 수명이 단축되는 것도 하나의 질병으로 보아야 한다. 사람이라면 각종 암이나 기저질환이 있는 경우일 것이다. 난초라면 바이러스 감염과 영양실조, 웃자람, 인큐베이터 생산 후유증 등이 기저질환에 해당된다.

한번은 천운소가 사망 직전에 관유정 난 병원에 입원했다. 8개월간 3차 수술과 치료를 통해 완치시켜 퇴원을 했다. 그때 입원비와 치료비로 1촉을 받았던 기억이 있다. 죽었다고 생각했던 난초가 기적적으로 살아났으니 고마운 마음에 1촉을 선물한 것이라고 생각한다. 또 한 번은 보름달 2화분을 폐기처분해 종량제 봉투에 넣었다가 혹시나 하고 난 병원에 입원시켜 완치한 경우도 있다. 이와 같이 위기 대처를 잘하면 소중한 난초를 살려낼 수 있다.

근래에는 예전에 볼 수 없었던 병증이 많이 나타나고 있는 추세다. 워낙 하이옵션 품종들이 많아서 생긴 현상이다. 병증이 비슷해도 병균이 완전 다른 것들이 있고, 합병증도 많아 신중한 진단기술이 필요하다. 주먹구구식으로 위기에 대처해서는 근본적으로 답이 없다. 모르면 전문가를 찾아가 답을 찾아야 한다.

우리 난계는 아주 우수한 자질의 품종들이 많았음에도 위기에 슬기롭게 대처하지 못해 상당수의 우량 품종 난들이 죽음을 맞이한 경우가 많다. 그렇게 세상에 하나밖에 없는 난초가 절종된 것은 셀 수 없을 정도로 많았다. 나도 많았다. 한번은 홍화소심인데 50% 잎에서 중투가 나타났다. 그런데 죽었다. 가슴이 타내려가는 것 같았다. 그런 아픔을 다시 반복하지 않기 위해 공부하고 연구했다. 그것을 풀어내려고 한다. 위기에 대처만 잘해도 행복한 애란생활은 따놓은 당상이다.

난초를 보호하기 위해 필요한 것들

난초로 원하는 목적을 달성하려면 난초를 안전하게 지켜낼 수 있어야 한다. 그런데 현실은 희망적이지 못하다. 난초를 배양하는 주인이 난초를 안전하게 지켜낼 기술과 능력이 부족하기 때문이다. 주인이 병의 원인과 해결책을 몰라 소중한 난초를 아프게 한다. 어떤 주인은 병을 양성하기도 한다. 난초를 잘 몰라서 병을 양성시키기도 하지만 알고도 심각성을 깊이 인식하지 못해 생기는 현상이기도 하다.

많은 농가들이 아직도 질보다는 양을 추구하는 경향이 짙다. 질과 양을 병행하는 사람도 있지만 부농으로 가려면 하이옵션 전략품종으로 승부를 걸어야 승산이 있다. 양보다는 질로 승부를 걸어야 한다는 것이다. 난을 야산의 소나무나 정원 어귀에 심어진 소나무처럼 인식해서는 성과를 낼 수 없다. 엄선된 전략품종 한 촉, 한 화분을 고태미(古態美) 넘치는 분재를 다듬듯 세심하고 입체적인 관점으로 보호하고 지켜내야만 소중한 결실을 맺을 수 있다.

병충해의 사전 대처 3대 원리는 '건강한 난 입실', '우수한 재배 기술', '쾌적한 생산 환경'이다. 이 중에서 건강한 난초를 들이는 게 최우선이다. 이게 최고의 기술이다. 그런데 우리는 왜 이게 그렇게 안 되는가? 욕심 때문이다. 제한된 비용으

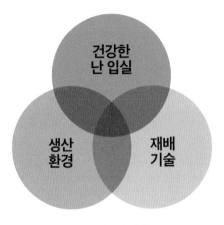

| 병충해의 사전 대처 3대 원리

로 이것저것을 구하려니 현실적으로 약한 포기를 들일 수밖에 없다.

그리고 재배기술과 생리를 익히고 난초가 광합성을 잘 수행할 수 있는 생산 환경을 만들어주면 꿈과 희망을 지켜낼 수 있다. 그러나 이 세 가지 요소 중 하나만 저촉돼도 원하는 결과를 내기 어렵다. 한 가지라도 저촉되면 취미로 돌아가야 한다. 실패할 확률이 매우 높기 때문에 하는 말이다.

난초에 위기가 생기면 농약에만 의존할 것이 아니라 경력자들이라면 왜 그런 현상이 나타났는지 원인을 찾아내야 한다. 그리고 자신의 힘으로 해결할 수 있어야 한다. 코로나19 사태를 보라. 국가가 나서서 아무리 노력해도 개인의 의지와 노력 없이는 해결이 불가능하다. 난초도 마찬가지다.

코로나19가 세계를 파탄의 수렁으로 몰고 가버렸다. 변종 바이러스 하나에 천하무적 미국이 흔들린다. 그런데 코로나19에 걸려도 견뎌내는 사람과 당하는 사람이 있다. 당하는 사람 중 대부분은 자가 면역 능력이 낮거나 기저질환자, 영양실조에 걸린 사람들이라고 한다.

난초도 그와 비슷하다. 난초를 보호하려면 기저질환 없는 건강하고 젊은 난초를 확보해야 한다. 난실 내부 필수 안전거리를 준수하고 병에 걸린 포기는 가급적 난실에 들이지 말아야 한다. 부득이 난실에 병에 걸린 난초가 있다면 안타깝지만 퇴출하는 것도 하나의 방법이다. 또한 난실 환경을 개선해 연간 광합성 순 누적치를 계산해 난초를 길러야 한다. 이 모두를 우리는 예방의학이라는 차원의 경종적 방제라 정의한다. 경종적 방제만 착실하게 실천해도 난초 농사는 쉽다. 방제란 난

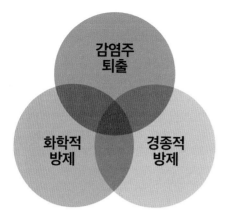

| 관유정 방제의 3대 요소

초를 공격하는 병원체나 해충을 미연에 방지하거나 발생 시 다스리는 것을 말한다.

경종적 방제에 실패하면 화학적 방제로 해결해 위기를 극복해야 한다. 화학적 방제란 농약(난초 보호제)으로 방제한다는 말이다. 경종적 방제가 화학적 방제보다 난초를 지켜낼 능력이 두 배쯤 높다. 아무리 위기관리 능력이 높다 해도 화학적 방제로는 한계가 있다. 농약의 박사학위보다 건강한 난을 들이는 촌로의 지혜가 더 중요하다. 화학적 방제는 대부분 이미 병에 걸린 것을 치료함으로써 아픔을 겪어야 하고 후유증도 뒤따른다. 그래서 경종적 방제가 선행돼야 한다.

화학적 방제는 경종적 방제를 열심히 하지 못해서 나타나는 일들이다. 그러나 경종적 방제를 아무리 철저하게 해도 한계가 있다. 대부분 자신도 모르게 감염주를 난실에 들이는 경우다. 이때는 그 부족한 역할을 화학적 방제가 충당해야 하기에 화학적 방제를 제대로 알고 익혀야 한다. 경종적 방제는 예방의학이고 한의학에 가깝다면, 화학적 방제는 일종의 치료의학이자 양의학이라고 보면 된다.

그렇다. 화학적 방제는 일종의 치료의학이다. 이상을 일으키는 침입자를 죽이거나 몰아내는 것을 말한다. 화학적 방제는 농약이라는 작물 보호제를 사용해 치료한다. 상태가 심각하면 수술과 병행하고 장기간 재활도 거쳐야 한다. 그 과정에서 난초가 느끼는 스트레스는 세력저하와 작황감소로 이어진다. 화학적 방제로 고칠 수 없는 불치병도 있다. 그래서 경종적 방제에 대한 경각심을 가져야 한다. 〈표 1〉의 난초 보호 10계명을 잘 보고 어떻게 해야 할지 생각해보기 바란다.

번호	지켜야 할 계명
1	고품질 생산기술을 배우고 익혀라.
2	난실 환경을 좋게 하라.
3	청결한 환경을 유지하고 난실을 검역소로 생각하라.
4	값이 싸다고 감염주나 바이러스 의심주를 들이지 마라.
5	감염주는 치료하기보다는 출하하라.
6	분수를 줄이고 산채품을 가급적 난실에 들이지 마라.
7	뿌리가 나쁘고 늙은 촉은 들이지 마라.
8	스케일링을 철저히 하라.
9	초기 예찰을 철저히 하라.
10	관행 방제를 철저히 하라.

| <표 1> 경종적 난초 보호 10계명(1~9는 경종적 방제, 10은 준 경종적 방제)

난초 보호제, 농약의 이해

나는 재배 생리와 유전육종을 중점으로 연구했다. 하지만 일반 농가들로부터 가장 많이 질문받고 컨설팅을 의뢰받는 것은 위기관리에 관한 내용이다. 그들은 다양한 병증을 보이는 난초의 문제원인과 치료 방법을 묻는다. 어느 때는 하루에도 수십 건의 전화 문의가 온다. 휴대폰으로 사진이 전송돼 오면 원격진료를 한다. 심한 경우는 컨설팅 비용을 들여서라도 나를 자신들의 농장으로 초청해 해결책을 찾는다. 난실의 환경과 병균의 유입경로, 확산경로, 재배기술 수준 등 종합적이고 복합적인 분석이 필요하기 때문이다. 그래야 진단 및 대책을 세울 수 있고 약물치료도 가능해진다.

이제는 자신이 직접 배워서 문제를 해결해야 한다. 내 난초를 지켜낼 의지와 능력이 없다면 취미로 돌아가야 한다. 특히 난초로 가내 농업에 도전했다면 기술을 철저히 배우고 임해야 한다. 설렁설렁, 주먹구구식으로는 성공할 수 없다.

난초에 문제가 발생하면 농가들은 농약부터 찾는다. 하지만 농약을 찾기 전에 점검해야 할 것이 있다. 병에 걸린 근본적인 이유를 찾는 것이다. 그렇지 않으면 평생 난초 간병하다가 인생 끝난다.

난초가 어떤 이유로 병증을 보이는지 분석하고 살펴야 한다. 공동재배장을 사용하면 주변 난실의 상태와 감염주 옆에 있는 난초도 꼼꼼히 점검해야 한다. 근본적이고 종합적인 개선을 병행해야 소중한 내 난초를 지켜낼 수 있다.

그럼에도 병이 발생하면 그 문제를 해결하는 것은 농약이다. 농약을 알아야 위기에 슬기롭게 대처할 수 있다. 누누이 말하지만 농약으로 치료하는 것보다 더 중요한 것은 농약을 사용하지 않도록 하는 경종적 방제다. 경종적 방제의 최고는 정질의 상등품을 들이는 것이다. 재배생리도, 품질관리도, 생산기술도, 위기대처도 모두가 무병의 젊은 상등품에서 출발함은 아무리 강조해도 모자람이 없다.

난초 병의 주범은 사상균(곰팡이)과 세균(박테리아)으로 나눌 수 있다. 바이러스도 있지만 다음 장에서 자세히 살피도록 하겠다. 사상균과 세균을 죽이거나 개체밀도를 조절하는 약을 살균제라고 한다. 농약이고 난초 보호제다. 살균제는 사상균과 세균을 공격해 난초를 지켜낸다. 이른바 화학적 방제약이다.

오늘날 사용되는 살균제(농약)의 대부분은 균의 단백질·세포막·세포벽 등의 생합성계를 저해하는 타입과 에너지 대사를 저해하는 타입으로 크게 나누어진다. 병원균은 식물 체내의 당질, 단백질, 지질 등의 대사로 얻어지는 에너지원을 이용해 살아간다. 농약의 효과는 일반적으로는 7~10일 정도 지속된다고 전문가들은 말한다. 다음 〈표 2〉는 균제의 종류이다. 이를 보고 살균제의 특성을 살펴보자.

보호 살균제	병이 발생하기 이전에 처리하여 예방을 목적으로 사용하는 것으로 주로 포자의 발아억제 및 살멸로 식물 체내 침투를 막기 위한 것이다. 포자의 발아는 정확한 발병 시기를 알기 힘들므로 약효 지속기간이 길어야 하며 부착성이 양호해야 한다. 성체인 균사들의 살균력은 떨어지므로 발병하면 직접 살균제를 사용해야 한다. 보호 살균제는 겨울철에 난초에 살포해주면 많은 도움이 되는데 이들은 강한 부착력 때문에 난초 잎에 농약 흔적이 많이 남는 단점이 있다. 대표적인 약제로 잎의 반점병에 사용하는 델란이 있다. 다이센 M도 해당된다.
직접 살균제	침입한 병원균을 직접적으로 살멸시키는 약제로 치료를 목적으로 사용되므로 발병 후에도 방제가 용이하다. 이들 중 포자 발아 시에도 살균력을 지니는 부흐 살균제의 효능을 겸비한 약제도 많다. 강력한 살균력과 함께 난초 내에 침투한 균사를 살멸시키기 위해 반 침투 이상의 침투성이 요구된다. 이들 직접 살균제로 치료가 되어도 손

> 상된 뿌리나 잎의 조직은 동물세포와 달리 회복이 안 되므로 미연에 보호 살균제를 겸해 사용하면 좋다. 이들은 내성이 발생하는 단점이 있어서 유사 범위의 약제와 로테이션을 하면 좋다. 대표적인 약제로 오티바, 코리스, 스포탁 등이 있다.

| <표 2> 균제의 종류

〈표 2〉의 보호 살균제는 독감이 오기 전에 미리 맞는 백신이라고 보면 된다. 직접 살균제는 독감에 걸려 몸에 열이 오르고 인후통을 동반했을 때 병원을 찾아가 치료를 받는 것이다. 둘 중 어느 쪽이 좋을지는 물어보지 않아도 알 것이다. 직접 살균제는 최대한 쓰지 않도록 하는 게 관건이다.

보호 살균제로 효과를 보려면 특정 병이 발병하기 전에 방제해야 한다. 농업은 들판이든 식물공장이든 가내농업이든 병이 오기 전에 방제를 해야 한다. 방제를 제때 하지 못하면 자산가가 될 수 없다. 과수원 사과에 병이 온 뒤에 약을 치면 이미 늦다. 검은 반점이 찍힌 사과는 상품성이 떨어지기 때문이다. 난초도 같은 관점으로 생각해야 한다.

다음 〈표 3〉은 농약을 어떤 식으로 만들어 판매하는가를 정리한 것이다. 이것을 이해하면 자신이 활용할 농약을 선택하는 데 도움이 된다.

유제	수화제에 비해 살포용 약액의 조제가 편리하고 약효가 우수한 장점이 있다. 그리고 난초의 잎에 약 흔적이 남지 않아 용이하다. 그러나 냄새가 많이 나므로 반드시 마스크를 끼고 살포해야 한다.
수화제	유제에 비해 고농도 제제가 가능하며 분말이라 보관이 용이하다. 냄새도 유제에 비해 낮아 편리하다.
액상 수화제	수화제의 단점과 유제의 장점을 복합한 것으로 사용이 편리하고 약효가 높다.
도포제	치약처럼 점성이 높은 액상으로 제조하여 병반이나 상처 등에 직접 바르도록 고안된 제형이다. 건조 후 피막을 형성하기 위해 만든 것으로 난초의 분주 면이나 잎 끝 마름병과 잎에 구멍을 내는 천공병에 사용한다.

| <표 3> 살포용 제형(제품 형태)

유제는 액상으로 되어 있고 냄새가 아주 독하다. 플라스틱 병에 담아 판매하며 물에 혼합하면 물과 잘 섞이는 장점이 있다. 농약이 난초에 골고루 잘 들러붙도록 고안된 방식이다. 수화제는 분말로 되어 있다. 취급하고 사용하기는 쉬우나 물에 골고루 섞이도록 해야 하는 수고가 있다. 액상 수화제는 수화제의 단점을 보완해 일정 농도로 녹여 용액 상태로 개발한 것이다.

그럼 이제부터는 난초에 주로 사용하는 농약에 대해 알아보자. 각각 정리된 표 내용을 기반으로 그 의미를 살펴야 효과적인 방제가 가능하다.

상표명	표시기호	작용 기작 구분	성분
오티바	다3	호흡 저해, 에너지 생성 저해	아족시스트로빈 액상 수화제
코리스	다2+다3	호흡 저해, 에너지 생성 저해	크레속심메틸 액상 수화제
델란	카	다점 접촉작용	디티아논 액상 수화제
스포탁	사1	세포막에서 스테롤 생합성 저해	플로라즈 유제
몬카트	다2	호흡 저해, 에너지 생성 저해	플루톨라닐 유제
프리엔	바4	지질 생합성 저해	프로파모카브 하이드로클로라이드 액제
스미렉스	마3	삼투압 신호전달 효소 저해	프로사이미돈 수화제
일품	가4	핵산 합성 저해	오솔린산 수화제
아그리마이신	라5+라4	아미노산 합성 저해	옥시테트라사이클린 +스트렙토마이신황산염수화제

| <표 4> 난초에 사용하는 대표적 농약(작물 보호제)의 작용 기작(機作)[9]

9 생물의 생리적인 작용을 일으키는 기본 원리

한국춘란 가이드북 전문가편

우리나라에서 시판되는 작용 기작 그룹 표시 분류기준(〈표 4〉 표시기호)에는 살균제의 경우 가~카까지 11종류로 나뉜다. 그것을 정리하면 다음과 같다. 가-핵산 합성 저해, 나-세포분열(유사분열) 저해, 다-호흡(에너지 생성) 저해, 라-아미노산 및 단백질 저해, 마-신호전달 저해, 바-지질 생합성 및 막기능 저해, 사-막에서 스테롤 생합성 저해, 아-세포벽 생합성 저해, 자-세포막 내 멜라닌 합성 저해, 차-기주 식물 방어기구 유도, 카-다점 접촉작용.

농약을 구하려면 사용설명서를 자세히 읽어보아야 한다.

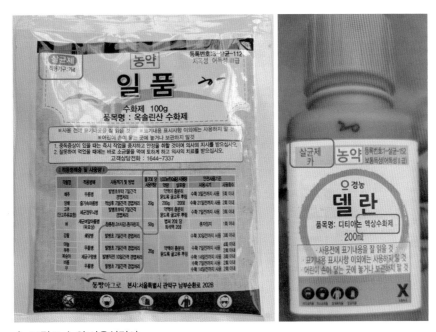

| 〈그림 1〉 농약 사용설명서

상표명	표시기호	작용 기작 구분	성분
일품	가4	핵산 합성 저해	오솔린산 수화제

| 〈표 5〉 그림 1의 일품의 사용설명서 이해

일품(그림 1)은 세균을 잡기 위해 만들어진 약제다. 작용 기작 적용 그룹 표시기호(적용기구)는 가4이다. 일품은 세균의 핵산 합성을 저해시켜 세균을 죽이며 성분은 오솔린산이고 수화제 형식으로 만든 것이라는 말이다. 20L에 20g을 사용하라고 돼 있으니 1000배로 희석하라는 뜻이다. 반드시 저울에 무게를 달아서 사용해야 한다는 말이다. 발병 초나 직전부터 7일 간격으로 약액이 충분하게 골고루 경엽 처리(발병하는 부위에 농약을 정확히 처리하는 것)를 3~4회 하라는 말이다. 사용설명서를 이해하는 것이 어려울 수 있으나 농약의 상표명은 늘 바뀌고 여러 형태로 생산되는 만큼 한번쯤 알아두는 것도 도움이 된다.

이렇게 첨단화한 농약도 문제점이 하나 있다. 이른바 저항성(내성)이다. 〈표 6〉은 저항성 종류를 정리한 표이다. 저항성은 한 가지 약제에 견디거나 버티는 성질을 말한다. 한 가지 약제를 반복해 사용하면 대부분 병균은 죽으나 그중 살아남은 것들이 그 약에 내성이 생겨 견뎌내는 것을 의미한다.

저항성 종류	설명
질적 저항성	균주의 유전자가 환경 요인에 의해 돌연변이가 일어나 약제 살포에도 살아남은 것들로 후대는 그 약제로는 방제의 효력이 현저히 낮아지거나 상실되는 것을 말한다.
양적 저항성	살균제 농도를 낮추어서 유발되는 저항성을 말하는데 한번 다스릴 때 확실히 다스려 완치시키지 않고 어설프게 방제를 해서 발생되는 저항성을 말한다. 약제의 사용설명서에 나온 3회, 4회라는 권고 횟수도 준수해야 한다.

| 〈표 6〉 저항성 종류

저항성을 피하려면 작용 기구(기작)가 다른 살균제를 교차로 살포하는 것이 중요하다. 한 가지 살균제를 반복해 사용하거나 사용설명서 권고 농도보다 묽게 사용하면 양적 저항성을 유발할 위험성이 커서 반드시 피해야 한다고 전문가들은 조언한다.

한국춘란 가이드북 전문가편

농약을 구할 때는 사전예방이든 치료든 병명을 정확히 알고 구해야 한다. 병에 해당되는 농약의 종류 중 작용 기구(기작)가 가인지, 나인지, 다인지, 라인지 등을 체크해야 한다. 그리고 성분명도 보아야 한다. 농약의 상표명은 여러 개인데 성분은 같은 것들이 있어서 주의해야 한다. 교차로 사용할 것을 두 개 정도로 압축해 번갈아 사용하면 된다. 그 병이 다음 해에도 발병할 수 있으므로 사전 예방 차원의 보호 살균제로는 무엇이 있는지도 살펴야 한다. 이렇게 한 후 다음 해에는 사전에 보호 살균제를 2~3회 미리 살포해주면 큰 도움이 된다. 조금이라도 병증이 나타나면 즉각적으로 치료 살균제에 표시된 농도와 횟수로 발병 부위에 고압분사로 경엽 처리를 해주면 된다.

가령 관유정에서는 탄저병류(집단)를 방어하기 위해서 2, 3월에 적용그룹 카의 보호 살균제인 델란(디티아논 액상 수화제)을 2~3회 미리 쳐준다. 탄저병은 4, 5, 6월에 발생하며 겨울철 난실 환기 부족과 자외선 밀도 저하에 따라 발생하므로 2, 3월에 미리 살포한다. 기온이 낮아 곰팡이 분생자나 포자가 발아를 잘 못할 때 다스리기 위함이다.

이후 발병하는 시기가 되면 조기예찰하고 발병유무와 상관없이 매년 4, 5, 6월 월 1회 오티바와 코리스를 교차로 살포한다. 만약 초기 감염이 나타난 포기는 따로 관리하며 표적치료를 중점적으로 하면 된다. 이상이 감지되면 즉각 치료 강도를 준전시 상태로 대응등급을 높인다. 이렇게 하면 안전하게 탄저병 그룹의 병에서 벗어날 수 있다. 이것이 화학적 방제의 핵심 원리인 관행 방제다. 〈표 7〉은 탄저병을 예방할 때 사용하는 농약을 정리한 표다. 이것을 참고해 병을 예방하는 데 활용하기 바란다.

상표명	표시기호	작용 기작 구분	성분
델란	카	다점 접촉작용 보호 살균제	디티아논 액상 수화제

오티바	다3	호흡 저해, 에너지 생성 저해 직접 치료 살균제	아족시스트로빈 액상 수화제
코리스	다2+다3	호흡 저해, 에너지 생성 저해 직접 치료 살균제	크레속심메틸 액상 수화제

| <표 7> 탄저병 예방 및 치료 이해(관유정 적용 사례)

병충해로부터 난초를 보호하려면 농약을 잘 이해한 후 접근해야 한다. 농약 각각의 성분과 특성에 따른 효과와 효능, 부작용 등을 알면 각 병증에 따라 효과적인 방제가 가능하다. 그러므로 지금까지의 내용을 잘 살피고 숙지하도록 힘써야 한다. 그래야 경력자답게 자기 난초는 스스로가 보호하고 지켜낼 수 있게 된다.

농약의 실제 활용은 관유정에서 실천하고 있는 것들을 예로 들어 풀어냈으니 오해는 없기를 바란다. 독자들은 '저자는 이렇게 생각하고 농약을 사용하는구나!' 라고 이해하며 자신의 환경과 처지에 따라 적용하면 된다.

병충해를 감소시키는 10계명

많은 농가들이 병들고 영양부족에 허덕이는 난들 때문에 힘들어한다. 건강하게 키워보고 싶은데 마음처럼 되지 않는다. 어디서부터 문제를 해결해야 할지도 잘 모르는 것 같다. 그저 믿고 기다리는 것이 최선의 방법이라며 막연한 기대심리에 기대어 오늘을 버티고 산다.

왜 이런 현상이 발생하게 되었을까? 여러 가지 요인이 있겠지만 전문적인 지식의 토대 위에서 문제를 진맥하고 답을 제시하지 못했기 때문이라고 생각한다. 다른 하나는 산채에서 출발한 문화의 영향도 크다. 야생에서 살던 난초를 인공재배장으로 옮겨 키우다 보니 병충해의 심각성을 미처 이해하지 못했던 것이다. 산에서 만나는 변이종들이 탈이 나지 않을 것이라고 편하게 생각한 측면도 있다. 탈이 나도 자가 산채의 경우 큰돈을 들이지 않은 산채품이라 세밀하게 치료하기보다 방치하는 소극적인 대응을 하는 경우가 많았다.

하지만 난인들이 선호하는 정예 품종들은 산에서 갓 내려온 것과는 차원이 다르다. 가인박명(佳人薄命), 아름다운 여인은 수명이 짧다는 이야기처럼 아름다운 것일수록 각종 병충해에 쉽게 공격당하기 마련이다. 돌연변이 현상으로 민춘란에 비해 많은 수가 저항력이 강하지 못하기 때문이다. 그래서 더더욱 난초에 해를 끼치는 각종 병충해를 알고 배워야 한다.

난초로 성공한 부농이 되는 길은, 다시 반복하지만 다음 네 가지 요소가 절대적이다.

첫째, 미래가 밝은 젊고 건강한 전략적 품종 선택이 기본이다.

둘째, 항상 무병의 건강한 최고의 품질로 생산해야 한다.

셋째, 최고 품질을 만들려면 생산기술이 필요하다.

넷째, 위기(리스크) 대처, 즉 병충해와 생리장애의 산을 넘어야 한다.

네 가지 요소가 모두 중요하다. 모두 병충해와 관련이 있다. 병충해는 사계절 내내 난초를 쓰러뜨리기 위해 호시탐탐 노리고 있으니 신경을 곤두세우고 막아야 한다. 병충해를 근본적으로 차단하거나 바로바로 치료할 수 있어야 자산가의 길을 걸을 수 있다.

그럼 난초에 가장 많은 병충해에는 어떤 것들이 있는지 알아보자. 《난의 병해충 진단과 방제》의 저자 장무웅 박사에 따르면 난과 식물은 곰팡이에 의한 병해가 70%, 바이러스에 의한 병해가 20%, 세균에 의한 병해가 10% 정도라고 밝혔다.[10] 여러 가지 병균 중 단연 으뜸은 곰팡이다. 곰팡이는 공기로 전파하며 유성포자와 무성포자로 번식을 한다. 생육 환경이 좋은 고온 다습일 때는 주로 무성생식에 의한 분생자(分生子, conidium)[11]를 단시간에 대량으로 생성하여 난실 내부 공기에 떠다니다가 관수 시 잎과 잎 사이를 튀기는 물에 의해 매우 빠르게 병원균을 난실 전체로 확산시킨다.[12] 선풍기를 사용한 과도한 통풍 시에도 전파가 쉽게 일어난다. 대부분 일조량이 부족하고 난실 외부로 환기가 불량한 고온 다습한 조건에서 많이 발생한다.

---

10 장무웅 저, 《난의 병해충 진단과 방제》, 영남대학교출판부, p.48
11 균류(菌類)에서 볼 수 있는 무성 포자의 하나
12 위의 책, p.47

그리고 값이 싸다고 감염주를 무분별하게 들이는 관행이 가장 문제다. 고장 난 자동차를 거저 준다 해도 거절해야 하는데 값이 싸다고 고장 난 자동차를 들이는 관행을 단절해야 한다. 1대의 값으로 3대를 살 수 있으니 그 유혹에서 벗어나기는 쉽지 않겠지만 이는 병을 인위적으로 만들어내는 결과를 초래하므로 철저히 주의해야 한다.

봄날 초등학교 앞에서 병아리 장수가 파는 병아리 중, 3마리에 1000원짜리(졸고 있는 것)와 1마리에 1000원짜리(펄떡펄떡 뛰어 노는 것) 중 어떤 병아리를 사야 복날까지 살아남을까? 묻지 않아도 알 것이다.

곰팡이균은 이처럼 무섭게 난초를 공격한다. 공기 중에 떠다니다가 습격을 하고 물을 줄 때도 그 틈을 노려 균을 퍼뜨린다. 만약 난실에 곰팡이균에 감염된 난초가 한 포기만 있더라도 어느 순간 난실 전체로 퍼질 수 있다. 그래서 재배 환경이 난초에게 미치는 영향이 크다고 말하는 것이다. 생산 환경 개선이 최선의 방어책인 것이다.

농촌진흥청 지형진 박사에 따르면 벌브 및 뿌리를 썩게 만드는 병에는 침투 이행성 종합살균제가 탁월한 효과가 있다고 한다. 약제는 스포탁(프로랏츠), 실바코(테뷰코나졸), 오티바(아족시스트로빈)가 효과가 좋다고 한다.

곰팡이균은 주로 공기를 통한 분생자 상태로 전파되고, 이들 포자는 발아해서 자력으로 식물세포에 침입이 가능하므로 침투 이행성이 좋다. 이들은 관수 시 잎에 닿는 수압과 선풍기에 의해 비산되므로 관유정에서는 관수 방법을 4장의 〈그림 1〉처럼 바짝 대고 준다. 눈으로 감지되는 감염주는 아무리 값이 싸도 들이지 않아야 하며, 관유정에서는 산채품은 가급적 들이지 않는다. 그러나 예방적 보호 살균제도 적절하게 시기를 맞추면 생각보다 효과가 크다. 이런 문제를 해결하려면 역시 주기적인 예방적 관행 방제와 난실 환경 개선이 함께 병행되어야 한다. 특히 스트루 빌린 계통의 오티바는 내성이 강해 코리스나 실바코 카브리오 등을 번갈아가며 살포해주면 80~90%의 방제가 가능하다고 한다.[13] 이때 성분명에 졸로 끝나는 약제는 뿌리가 굵어지고 잎이 짧아지는 외화의 부작용이 따르므로 농도를 준수해야 한다. 사람에게 사용하는 비듬 치료제 또한 케토코나졸이란 성분이다. 비듬 역시 곰팡이란 말이다. 실바코는 테프코나졸이란 성분이다.

위 이야기를 종합해보면 난초를 위험에 몰아넣는 병원균을 없애려면 환경적 요인과 화학적 요인을 겸해서 예방해야 한다는 것이 결론이다. 관행적인 방제도 중요하지만 병원균이 생성되는 원인을 제거하는 것이 먼저다. 환경이 개선되지 않으면 아무리 관행 방제를 철저히 해도 병이 끊이지 않는다. 해충도 다르지 않다. 주로 작은 뿌리 파리가 난초를 괴롭히는데 방제로 해결하는 것보다 예방이 중요하다.

〈표 8〉은 병충해 감소 10계명이다. 이중 자신은 어떤 항목의 문제를 해결해야 할지 살펴보자.

번호	병충해 감소 10계명
1	입체적 위기관리 방법을 배워라!
2	환경을 개선하라!
3	경종적 방제의 메커니즘을 배워라!
4	건강한 정상품의 상등품을 들여라!
5	전염원을 살펴라!
6	조기 예찰을 철저히 하라!
7	감염주는 치료보다는 퇴출시켜라!

---

13   위의 책, pp.49~50

8	관행 방제를 생활화하라!
9	바이러스 의심 난은 퇴출시켜라!
10	이상이 보이면 즉각 격리하고 전문가의 진단을 받아라!

| <표 8> 병충해 감소 10계명

위와 같은 10가지 항목만 잘 지켜도 병충해 걱정 없이 난초를 기를 수 있다. 난초에 돈을 투자해 정기적으로 돈을 벌고 싶다면 위 사항을 꼭 살펴야 한다. 지켜도 되고 안 지켜도 되는 것이 아니라 필수적으로 지키고 개선해야 한다. 그래서 돈을 투자하기 전에 먼저 공부를 해야 한다. 이 글을 읽는 모두가 소 잃고 외양간 고치는 일은 없기를 바란다.

잎에 발생하는 병해 종류와 치료기술

잎에 발생하는 병해로는 바이러스를 제외하고 곰팡이와 세균을 들 수 있다. 곰팡이는 주로 잎을 공격한다. 가느다란 균사로 되어 있어 스스로 양분을 합성하지 못해 소중한 난초의 양분을 빼앗아 살아간다. 일반적으로 25도에서 잘 자라며 포자와 분생자로 증식한다. 한번 생성된 곰팡이는 번식을 잘해 난초를 아프게 한다. 각피, 기공, 상처 등으로 난초에 침입한다. 세균도 스스로 양분합성을 못해 난초의 양분을 빼앗아 살아간다. 고온 다습한 환경을 좋아한다. 기공이나 상처를 통해 침입한다.

상처는 관리자가 난을 다듬거나 손질 시 발생하는 것이 대부분이다. 주의해야 한다. 상처가 보이면 관유정에서는 오티바 원액이나 톱신 페스트를 발라 감염에 원천적으로 대비한다.

잎에 나타난 병증들은 다양하다. 근래에는 과거에 볼 수 없었던 새로운 증상을 보이는 병증들도 있다. 잎 끝부터 말라 들어가는 것들과 검은색 작은 반점이 전년도 잎의 중, 상단부에 발생하는 것들을 볼 수 있다. 검은 그을음 현상으로 잎이 말라 들어가는 것들도 생겨나고 있다. 새롭게 나타난 병증은 예전의 경험만 가지고는 효과적인 치료가 어려우니 자세히 분석하고 공부하며 해결해야 한다.

난초 병해을 연구한 학자들은 곰팡이 병해를 18~20가지로 나누고 있다. 하지만 관유정에서는 대략 9가지 정도로 나누어 대응한다. 〈표 9〉는 곰팡이 질병 중 관유정에서 볼 수 있는 대표적인 6가지에 대한 관유정의 대처 방법을 실었다. 관유정이 표준이라고 말할 수는 없고, 여타 난실과 크게 다른 점은 없다. 이 점 오해가 없기를 바란다. 더 많은 정보가 필요하면《난의 병해충 진단과 방 제》(장무웅), 《한국춘란 이론과 실제》(정재동·이대건 등)를 보면 도움이 된다.

병해에 대한 해결책은 경종적 방제와 화학적 방제 두 가지를 실었다. 어느 한 가지만으로는 부족하기에 두 가지를 실었으니 필요에 따라 활용하면 좋겠다.

병해		방제 / 치료약 전신(잎, 뿌리, 신촉, 벌브 밑)	부위	발병 시기
엽고병 곰팡이	경종법	난을 들일 때 주의, 조기발견, 환부 수술, 감염 주 격리, 난실 청결, 바닥 고엽 제거, 밀식 금지, 겨울 환기, 튼튼하게 기르기, 관행방제 필수, 자외선 밀도 높이기.	잎 선단부	연중
	화학법	스포탁 2000배 전신 고압살포 2주 후 오티바 2000배 전신 고압살포 10일후 코리스 2000배 전신 고압살포		
검은색 잎마름병 곰팡이	경종법	난을 들일 때 주의, 조기발견, 환부 수술, 감염 주 격리, 난실 청결, 바닥 고엽 제거, 밀식 금지, 겨울 환기, 튼튼하게 기르기, 관행방제 필수, 자외선 밀도 높이기.	잎 전체	연중
	화학법	스포탁 2000배 전신 고압살포 2주 후 오티바 2000배 전신 고압살포 10일후 코리스 2000배 전신 고압살포		
탄저병 곰팡이	경종법	난을 들일 때 주의, 조기발견, 환부 수술, 감염 주 격리, 난실 청결, 바닥 고엽 제거, 밀식 금지, 겨울 환기, 튼튼하게 기르기, 관행방제 필수, 자외선 밀도 높이기.	잎 선단부	봄~가을
	화학법	스포탁 2000배 전신 고압살포 2주 후 오티바 2000배 전신 고압살포 10일후 실바코 2000배 전신 고압살포		
갈색점무늬병 곰팡이	경종법	난을 들일 때 주의, 조기발견, 환부 수술, 감염 주 격리, 난실 청결, 바닥 고엽 제거, 밀식 금지, 겨울 환기, 튼튼하게 기르기.	3년생 이상 뒷면	연중
	화학법	스포탁 2000배 전신 고압살포 2주 후 프리엔 1000배 전신 침지		
역병 곰팡이	경종법	조기발견, 감염 주 격리, 난실 청결, 바닥 고엽 제거, 밀식 금지, 겨울 환기, 튼튼하게 기르기, 관행방제 필수, 자외선 밀도 높이기.	전체	5~6월 9~10월
	화학법	격리 후 프리엔 1000배 전신 침지 10일 후 리도밀 골드 2000배 전신 고압살포 10일 후 오티바 1000배 경엽 고압살포		

회·녹색 곰팡이(떡잎) 곰팡이	경종법	조기발견, 난실 청결, 바닥 고엽 제거, 밀식 금지, 겨울 환기, 튼튼하게 기르기, 관행방제 필수, 자외선 밀도 높이기, 깊게 심지 말기.	젊은 떡잎	5~6월 9~10월
	화학법	2~3월 떡잎에 델란 1000배 고압살포(예방) 스미랙스 1000배 3회 경엽 고압살포		
연갈색 마름병 세균	경종법	조기발견, 환부 수술, 난실 청결, 바닥 고엽 제거, 튼튼하게 기르기, 관행방제 필수, 자외선 밀도 높이기, 밀식 금지.	잎 끝	4~6월
	화학법	일품 1000배 3시간 전신침지 3회		
고동색 마름병 세균	경종법	조기발견, 환부 수술, 난실 청결, 바닥 고엽 제거, 튼튼하게 기르기, 관행방제 필수, 자외선 밀도 높이기, 밀식 금지.	선단부	4~6월
	화학법	일품 1000배 3시간 전신침지 3회		
검은색 그을음병 세균	경종법	조기발견, 환부 수술, 난실 청결, 바닥 고엽 제거, 튼튼하게 기르기, 관행방제 필수, 자외선 밀도 높이기, 밀식 금지.	전체	3~5월
	화학법	일품 1000배 3시간 전신침지 3회		

| <표 9> 잎과 벌브에 발생하는 병의 종류와 치료법

〈표 9〉에는 병증에 따른 구체적인 치료법이 기술돼 있다. 병증이 나타난 것을 발견해 치료하는 것도 중요하지만 미리 예방하는 것은 더 중요하다. 대부분의 곰팡이 질병은 관수할 때 물방울의 압력에 의해 다른 난의 감염 부위에 있던 분생자의 비산으로 확산되는 경우가 많다.

그렇다고 정상적인 잎에 붙은 곰팡이균이 곧바로 병을 유발시키지는 않는다. 생산자의 배양미숙으로 난초의 세력이 저하되면 그 틈을 이용해 발병한다. 생육 조건 불량, 환경 미비에 따라 활력을 잃을 때 비로소 발생한다. 그래서 물 주는 방법이 중요하다. 관유정에서는 한 화분씩 관수기를 바짝 붙여서 물을 준다.

선풍기도 곰팡이를 비산시키는 데 주범인 경우가 많다. 공기 순환을 위해 선풍기를 사용하면 그 바람에 곰팡이가 다른 난초로 날아간다. 선풍기 사용만 억제해도 곰팡이 문제의 많은 부분을 해결할 수 있다.

다음은 병증이 있는 난초를 치료하는 프로세스다. 프로세스를 잘 보며 어떻게 방제하는 것이 효과적일지 깊이 고민해보길 권한다.

| 난초 치료 프로세스

치료할 때는 얼렁뚱땅해서는 안 된다. 발병된 부위에 정확하게 농약을 활용해 치료를 해줘야 한다. 큰 대야에 병증이 있는 난초를 한꺼번에 넣고 치료하는 것도 절대 금물이다. 다른 난초로 병증이 전이되기 때문이다. 치료에는 병명과 원인균이 정확히 나와야 한다. 이를 알려면 많은 경험을 쌓거나 전문가의 도움을 받아야 한다. 또한 병균이 유입된 이동 경로를 찾아야 재발을 막을 수 있다. 병균을 어떤 방식으로 치료할 것인가? 어떤 약제를 통해 치료 설계를 할 것인지도 결정해야 한다.

난초를 보다 보면 아래 잎(겉장)에 이상이 감지되는 것과 속장에 이상이 감지되는 것이 있다. 그리고 늙은 촉에서 감지되는 것과 젊은 촉에서 감지되는 것이 있다. 〈표 10〉을 보며 부위마다 어떤 의미가 있는지 잘 살펴 대처하기 바란다.

속장	겉장
벌브에 탈이 난 경우가 많다. 내상으로 위험하다.	잎에 탈이 난 경우가 많다. 외상으로 조금 덜 위험하다.
신촉	노촉
급성 병으로 위험하다. 일종의 영·유아 병이다. 매우 위험하다.	만성병으로 퇴행성 질환들이 많다. 일종의 성인병이다.

| 〈표 10〉 난초의 이상

다음은 잎에 나타나는 다양한 병증들을 알기 쉽게 사진에 담은 것들이다. 병해가 생기는 원인, 나아가 해결책도 서술했다. 다음 사진에 보이는 병증들이 자신의 난초에서 발견되면 표에 실어둔 치료법과 해결책을 참고해 해결하면 된다.

엽고병-감염주의 병부에서 발생한 분생자에 의한 공기 전염

엽고병은 춘란이 포함되는 심비디움에서만 주로 발생하는데 잎 끝에서부터 병이 시작되는 특징이 있다. 난실 내 통풍 불량, 햇빛 부족, 감염주를 방치하는 난실에서 많이 발생한다. 산채품에서도 흔히 있으며 동양란에도 많이 있으므로 주의해야 한다. 초기 예찰이 가장 중요하고 감염주를 들이지 않는 것도 매우 중요하다. 물을 줄 때 감염주의 분생자가 비산되기 때문이다. 특히 난실 바닥이 청결해야 하며, 마른 잎이나 떨어진 고엽과 난석 등이 난대 바닥이나 난실 내부에 없어야 한다. 불결한 난실은 청결에 신경을 써야 한다.

검은 잎마름병–감염주의 병부에서 발생한 분생자에 의한 공기 전염

　검은 잎마름병은 난실이 청결해야 발생하지 않는다. 겨울철 난실 환기와 6000럭스 정도의 안정적 조도가 필요하다. 조기예찰이 매우 중요하며 발생이 한 번 된 난실은 매년 봄, 가을이면 나타나므로 매우 주의해야 한다. 감염주는 철저한 격리를 해야 한다. 관유정에서는 2월 중순부터 예방 효과가 높은 델란 2000배 희석액을 4월이 되기 전까지 2~3회 잎의 뒷면과 앞면에 골고루 살포한다. 4월 상순부터는 오티바와 코리스를 2회 정도 번갈아 살포해준다. 이 방법으로도 효과가 없을 시는 재빨리 스포탁과 프리엔으로 전환한다. 증상이 이와 비슷해도 치료가 안 되는 것들이 있어서 꾸준한 연구가 필요하다.

탄저병-감염주의 병부에서 발생한 분생자에 의한 공기 전염

　탄저병은 불결한 난실이나 2단 난대를 사용하는 난실에서 흔히 발견되는 질병이다. 생리장애로 잎 끝이 마르는 것은 검은색이나 암갈색의 명확한 띠가 없다.

　반면에 탄저병은 위 그림처럼 경계가 선명하다. 조기예찰과 감염주를 입실하지 않는 것과 퇴출이 최고의 처방이다. 관수할 때 물 호스를 난 잎 바로 위에서 주는 습관을 들이면 탄저병을 줄일 수 있다.

　농가들은 물을 줄 때 잎의 구석구석을 살펴 조기예찰을 해야 하는데 많은 농가들이 대부분 건성이다. 잎을 잘라낼 때도 난실 밖으로 들고 나가 조심히 자르고 자른 잎은 화염 소각해야 한다. 난실 안에서 자르고 그게 바닥으로 떨어지면 헛일이 된다. 주의해야 한다.

갈색 점무늬병-신종

| 앞면은 깨끗하나 | 뒷면에 반점이 있음

　갈색 점무늬병은 과거에는 보지 못했는데 근래 부쩍 많아졌다. 난을 살 때 반드시 잎 뒷면을 살펴 애초부터 들이지 않아야 한다. 치료가 잘 되지 않기 때문이다. 발병이 되면 잎 수명이 짧아진다는 단점이 있다. 관유정에서는 병반이 많은 것들은 잘라서 퇴출시키고, 스포탁 2000배 희석액 전신 30분 침지, 2주 후 프리엔 1000배 희석액 전신 침지를 해서 치료한다. 이렇게 하면 확산은 되지 않는다. 이 병은 1~2년간 꾸준히 치료하지 않으면 재발한다.

그런데 어떤 대회에서는 이 병에 걸린 것으로 의심되는 난이 상을 받기도 하고 판매전에 버젓이 팔려 나오기도 한다. 사는 사람이 조심해야 한다. 치료가 잘 안 되므로 매우 주의해야 한다.

| 3년생 잎 | 4년생 잎 황변

역병-감염주의 병부에서 발생한 분생자에 의한 공기 전염

역병을 치료하기 위해서는 초기 발견이 매우 중요하다. 다음 그림(좌)처럼 걸린 포기를 프리엔 1000배액에 전신 침지 3회로 치료했다. 치료 후 30일이 경과되자 검정 유성펜에 표시한 범위를 넘기지 않고 치료가 되었다.

역병은 불결한 난실에서 발생 빈도가 높다. 지상 난실이거나 경작지가 난실 주변에 있는 곳은 주의해야 한다. 특히 역병 균은 물을 좋아한다. 발병 시 초기예찰을 놓치면 큰 피해를 보게 된다. 난대와 난실 천장에서도 전염이 된다. 그래서 관유정은 화분 하나씩 물 호스를 바짝 갖다 대고 물을 준다.

역병이 상습적으로 발생하는 난실은 3월 하순에서 5월 중순까지 리도밀 골드 2000배액을 고압 분무기로 잎의 앞뒷면에 철저히 살포해야 한다. 관유정에서는 전략품종들이 조금만 이상을 보여도 전신 침지를 통해 확실하게 치료한다.

| 프리엔 1000배액 전신 침지 3회 | 치료 30일 경과 후 치료가 됨

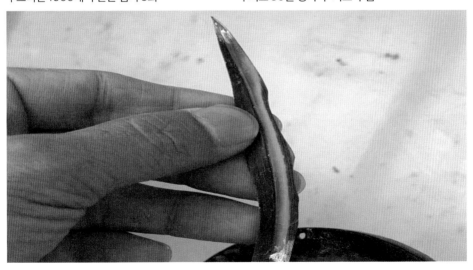

떡잎 회·녹색 곰팡이병

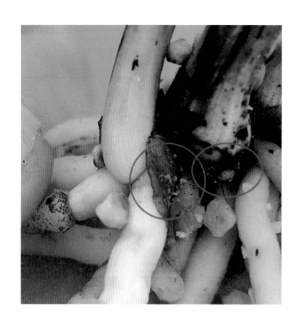

떡잎 회·녹색(사진의 곰팡이 색상에서 유래함. 관유정 임의 명칭) 곰팡이병은 과거에는 거의 보지 못했는데 근래에 조금씩 나타나 난초를 괴롭히는 병이다. 사진의 갈색 떡잎에 나타난 것이 떡잎 회색 곰팡이병이다. 스케일링 시 철저히 찾아내지 않으면 난초를 죽이기도 한다. 관유정에서는 2~3월경 델란을 1000배로 떡잎에 고압 분무하여 1차적으로 예방하고, 4~6월경 월 1회 정도 스미렉스 1000배액을 사용한다. 예찰을 철저히 하고 감염 떡잎은 코리스 원액을 바르거나 제거해 확산을 막는다. 그리고 신 촉 방향의 떡잎에 햇빛이 잘 스며들게 하고 발병주는 상토를 약간 걷어내거나 살짝 높게 올려 심거나 자외선 밀도를 높여주면 큰 피해는 줄일 수 있어 도움이 된다. 초기에 발견해 처치하지 못하면 매년 고질적으로 나타나 난초를 괴롭힌다. 관유정에서는 연중 약 200회 물을 주며 난초를 세심히 관찰하므로 큰 피해는 없다. 물 주는 기본과 예찰의 기본을 지키기만 해도 병해를 미연에 방지할 수 있다. 초기에 발견하는 게 무엇보다 중요하다.

세균성 질환의 이해와 치료기술

과거에는 세균성 질환이 신촉이나 신촉의 뿌리를 공격하는 줄 알았다. 하지만 근래에는 잎에서도 많이 나타난다. 이들은 곰팡이병과 마찬가지로 물방울에 묻어 관수 시 화분 안으로 들어가, 신촉의 기부나 신촉에 자라난 뿌리의 기부 틈으로 들어가 연부병을 유발할 수 있으므로 주의해야 한다.

다음은 세균성 질환의 병증과 치료법을 사진과 함께 풀어낸 것이다. 세균성 질환이 자신의 난초에서 발견될 경우에도 효과적인 방제로 해결해가야 한다.

연갈색 잎 끝 마름병

잎 끝이 말라 들어가는 연갈색 잎마름병은 처음 발견 당시 다양한 곰팡이 약을 써봤는데 효과가 없었다. 다행히 일품으로 처치하니 효과가 좋아 관유정에서는 세균으로 규정하였다.

고동색 잎마름병

고동색 잎마름병은 직접 현미경 사진을 찍어 꿈틀거리는 세균을 발견했는데, 그 모습을 보고 깜짝 놀랐던 기억이 난다.

검은색 그을음 잎마름병

검은색 그을음 잎마름병(관유정 임의 명명)은 5년 전부터 많이 발생하고 있다. 4월 중, 하순이면 냉해나 동해를 입은 것처럼 잎에 검은색 반점이 하나둘씩 생기다가 검은 구름 모양으로 뭉쳐져 검게 말라버린다. 대부분의 농가들은 냉해로 생각하지만 냉해는 아니다. 관유정에서는 이런 증상의 난을 세균약으로 치료하고 있다. 발병되기 전 2월 상순부터 고압 분무기로 일품과 아그리마이신을 보름 주기로 4월 상순까지 쳐준다. 그래도 멈추지 않는 감염주는 관유정에서는 전신 침지를 동반해준다.

교육생들에게는 이와 유사한 증상이 보일 때 세균 약으로 차도가 보이지 않으면 프리엔과 스포탁을 번갈아 사용하며 치료해보라고 권고한다. 이런 증상은 생리장애일 수도 있으므로 전문가의 깊은 연구가 필요하다. 나도 하는 데까지 해보고 안 되면 퇴출시켜 처리한다. 원인 모를 병들이 날로 늘어나니 경종적 방제에 더 노력해야 한다.

요즘은 예전에 경험하지 못했던 병증으로 난초가 힘들어하는 사례를 자주 목격한다. 잎이 라이터로 구운 듯하게 말라가는가 하면, 잎이 한순간에 누렇게 마르기도 한다. 또한 흉측한 검은 반점으로 마치 달 표면을 보는 듯 움푹하게 가라앉은 것들도 있고 녹병과 노균병도 생긴다고 한다. 원인을 모르는 생리장애도 큰 문제다. 속수무책으로 당하기 일쑤다.

난초의 병은 연구한 분들이 적어 구체적으로 밝혀진 것이 크게 없는 실정이다. 난초 병해를 다룬 책들도 대부분 춘란이 아닌 타 난류를 중심으로 한 것들이다. 한국춘란병원과 전문의가 나와야 하는 대목이다.

관유정에서는 이런 이유들 때문에 에러율을 감안해 생산 설계와 생산을 하고 있다. 지금은 불량품도 가격만 싸다면 매매가 된다. 하지만 이 책을 읽는 사람들이 많아지면 시장에서 불량품의 수요는 사라질 것이다.

대표적 불량품은 바로 병에 걸린 것이다. 병에 걸린 것은 아무리 싸도 난실로 들어서는 안 된다. 코로나19 바이러스로 교훈을 얻었으면 한다. 이 책을 쓸 무렵(2019년)에는 그 심각성을 몰랐지만 지금은 안전거리 유지, 면역기능 개선, 무기저 질환, 청결의 생활화, 예방 수칙 준수 등이 얼마나 중요한지 알았다. 난초도 다르지 않다는 것을 우리 모두가 인식했으면 한다. 병에 걸린 포기는 모두가 두려워하고 경계해야 한다.

뿌리에 발생하는 병해 진단과 치료기술

뿌리는 난초의 미래를 대변하는 지표다. 뿌리 상태에 따라 난초의 미래가 달라진다. 뿌리가 나쁘면 영양분을 제대로 운반해주지 못할 뿐더러 각종 병해에 노출되기 쉽다. 쉽게 병에 걸려 난초 세력을 떨어뜨리고 죽음에 이르게 한다. 뿌리를 건강하게 만드는 것이 난초 배양에서 가장 중요한 부분이다.

그런데 뿌리 상태는 육안으로 분간이 어렵다. 얼마나 아픈지, 얼마나 건강한지 눈으로 확인이 안 된다. 물론 뿌리가 아프면 잎으로 신호를 보내기도 하지만 잎에 병증이 나타날 때면 아주 심각한 상태라고 보면 된다.

그럼 어떻게 해야 건강한 뿌리를 만들 수 있을까? 답은 정기적인 분갈이다. 정기적으로 분갈이를 해주면 뿌리 상태에 대한 확인이 가능하고, 병증이 보이면 치료도 가능하다.

다음은 뿌리를 확인했을 때 나타난 병증들이다. 이와 관련된 치료법도 수록해두었으니 건강한 뿌리를 만드는 데 활용하기를 기대한다.

첫 번째는 갈색 썩음병이다. 갈색 썩음병은 후사리움균에 의해 발생한다. 후사리움균이 1차로 뿌리를 감염시키고 벌브 전이를 일으켜 포기 전체를 죽이는 아주 무서운 병이다. 발병 시기는 주로 가을 무렵이다. 신촉 뿌리와 2년생 뿌리에서 발병한다. 주로 고압식으로 심은 난초와 불결한 난실에서 자주 발병한다. 새로 형성된 뿌리가 촘촘하고 딱딱한 난석을 헤집고 내리며 생긴 상처로, 난실을 떠돌던 분생자가 관수 시 허공을 가르는 물방울에 붙어서 분으로 이동해 뿌리로 침투해 발병된다.

갈색 썩음병　　　　　잎으로 나타난 병증

| 뿌리가 감염되면서 벌브로 전이가 되어 잎까지 갈색으로 마름

　갈색 썩음병 치료법은 분갈이를 연 2회 하며 조기 발견 후 치료하는 것이 가장 좋다. 저압식으로 심으면 상당부분 예방이 가능하다. 스포탁과 몬카트로 관행 방제도 병행해야 한다. 이 병은 특이하게도 화학적 치료법보다 경종적 방제가 먼저 선행되어야 효과가 크다.

　구체적인 치료방법은 다음과 같다. 첫 번째는 가을 분갈이(2차 분갈이-신아가 85% 쯤 성장했을 시)를 통해 검사를 철저히 하는 것이다. 분을 갈거나 새로 심을 때는 저압식(헐렁하게 심는 방식)으로 심는 게 제일 효과적이다. 난석도 굵은 것보다 가는 것이 좋다.

　화학적 관행 방제는 8~10월에 스포탁 2000배액을 30초간 뿌리에 치료약이 잘 스며들도록 아주 정확히 정교하게 뿌려줘야 한다. 15일 후 몬카트 1000배액을 뚝 같은 방법으로 번갈아 방제하면 된다. 이상이 감지되면 분을 부어 확인하고 증상이 있다면 감염 부위를 수술하고 심은 후 〈그림 12〉의 간편 침지법대로 스포탁과 몬카트를 번갈아 가며 20분 침지를 해주면 된다. 확진이 되었으므로 철저하고도 집요하게 약물 치료를 10개월 이상 꾸준히 해 완치시켜야 한다. 이때 중요한 품종이 아니라면 방출을 시키는 것도 하나의 관행 방제이다.

다음은 검은색 썩음병이다. 이것도 고압식 심기에서 발생하는 경우가 많다. 난실 내부가 불결하거나 감염주가 있을 시 발생하기도 한다. 뿌리 질병 중 가장 흔하고 감염률도 매우 높은 편이다. 갈색 뿌리 썩음병에 비해 사망률은 낮은 편이나

 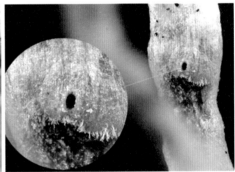

| 검은색 썩음병-뿌리가 구부러진 난석과 압착된 자리에 감염됨

 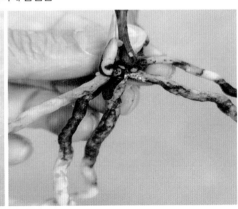

| 갈색 뿌리 썩음병 | 검은색 뿌리 썩음병 초기

감염된 난초가 아주 많으므로 주의하지 않으면 큰 손실로 이어진다. 나의 교육생 한 분의 말에 따르면 판매전에 나오는 난초의 70%가 이 병에 감염되었을 것이라고 할 정도로 심각한 병이다.

검은색 썩음병은 고압식보다 저압식으로 심는 것이 예방에 좋다. 분갈이를 할 때 병증이 보이면 철저히 치료하고 심한 것은 방출시켜야 안전하다. 오티바 2000 배액이나 코리스 2000배액으로 관행방제하는 것도 필요하다. 감염되었을 때는 감염 부위를 파내거나 벗겨내고 오티바 1000배액에 30분 정도 침지한 후 T/R율을 고려해 심는다.

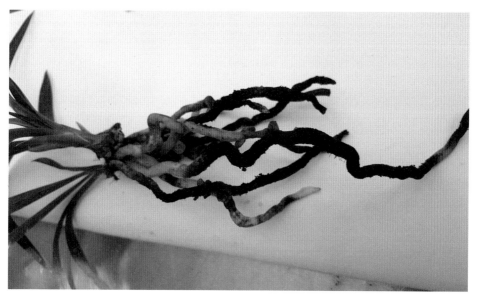

| 검은 뿌리 썩음병에 걸린 난초

뿌리 벌브 부패병은 연부병과 혼돈하기 쉽다. 연부병은 벌브가 흐물흐물해져 악취를 동반하며 섬유질이 남지 않는다. 반면에 벌브 및 뿌리 썩음병은 섬유소가 남는다. 봄, 가을에 발생하는데 빈도는 높지 않다. 경종적 방제로는 저압식 분갈

| 뿌리 벌브 부패병

이를 해주고 평소 튼튼하게 길러야 한다. 구체적 치료법은 스포탁 2000배액에 전신 침지하는 것이다. 관유정의 경우는 발병한 포기는 가급적 버리거나 퇴출시킨다.

뿌리는 자동차의 미션과 엔진에 해당한다. 중고차를 살 때 무사고에 외관이 깨끗하다고 무턱대고 사서는 곤란하다. 반드시 미션과 엔진을 확인해야 한다. 미션과 엔진이 좋지 않은 것도 큰 고장이다. 외관이 아무리 깨끗해도 얼마 지나지 않아 고장으로 고생할 게 분명하다. 난초도 뿌리가 나쁜 것은 생리장애와 같다. 생리장애는 병이다. 뿌리가 나쁘면 희망이 없다. 그러니 철저한 관행방제로 미리미리 예방하고, 정기적인 분갈이를 통해 건강한 뿌리를 만들어야 한다. 그래야 자산가로 거듭날 수 있다.

근래 벌브의 감염병도 점차 많아지고 있다. 불결한 난실에서 주로 발생하는데 벌브의 상처나 기공을 통해 침입한다. 속장이 갈변하며 벌브를 잘라보면 찹쌀떡을 갈라놓은 듯하게 벌브의 연결부위인 관다발 가운데가 검게 변색이 된 것들이 있다. 주의를 요한다. 대부분 잎이 윤기가 없고 검게 불에 탄 듯 말라 들어간다. 이들은 초기에 발견해 전문가에게 검진을 받아 처방대로 치료하면 된다. 난실을 청결하게 하면 거의 없어진다.

바이러스 위험성은 핵폭탄급이다

난초 병리 전문가들은 난을 괴롭히는 병충해 중에 바이러스가 차지하는 비중이 20% 정도라고 한다. 그 비중이 크지는 않지만 위험성은 곰팡이와 세균에 견주어도 결코 작지 않다. 오히려 더 무섭고 위험하다. 가히 핵폭탄급이다. 곰팡이와 세균은 치료약이 있지만 바이러스는 치료약 자체가 없다. 바이러스에 걸린 난초는 소각 처리하는 것만이 유일한 해결책이다.

바이러스는 고도로 영악해 난초를 직접적으로 죽이지 않는다. 난초가 죽으면 자신도 죽음을 맞이하기 때문이다. 바이러스는 다른 병원균처럼 기주세포의 내용물을 다 써버리거나 독소로 죽이지 않고, 대신 절대 기생의 형태로 다른 것에 기대어 삶을 유지한다. RNA 핵산[14]을 복제할 때 세포 내 내용물을 이용하고 세포 안의 공간을 차지하므로 세포가 정상적 활동을 하는데 장애가 생긴다. 사람이 만성 피로에 걸린 것처럼 늘 무기력한 상태에서 합병증이 오면 견디지 못하고 죽음을 맞는 것과 비슷한 이치다.

바이러스에 걸린 고구마는 단맛이 없다. 바이러스가 영양분을 빼앗아가기 때문이다. 바이러스에 걸린 한국춘란도 꽃이 작고 색이 나쁘다. 바이러스는 꽃잎의

---

14 건강한 세포가 정상기능을 할 수 있도록 도와주는 영양분

세포를 암갈색으로 괴사시키기도 한다. 바이러스에 걸린 난초로는 큰 상을 받을 수 없다. 아니, 전시회에 절대로 나오지 못하게 막아야 한다. 산채 때 감염돼 난실로 들어온 것은 자손들까지 바이러스에 걸리게 한다. 무서울 정도로 소름 돋는 일이다.

한때 튤립 열풍이 불 때가 있었다. 당시 네덜란드에서 최고로 비싼 복색 튤립의 인기는 하늘을 찔렀다. 하지만 현미경의 발달로 한 나라의 튤립 전체가 한순간에 문을 닫고 말았다. 대만도 금사(잎에 나타난 모자이크 무늬가 마치 금가루를 뿌려놓은 듯한 무늬)라는 계열 전체가 바이러스로 밝혀져 사라졌다. 바이러스의 위험성이 이렇게도 큰데 우리 난계에는 아직도 바이러스에 대한 개념조차 정립되지 않고 있어 안타깝다.

우리나라보다 난초 역사와 문화가 앞선 일본도 한때 바이러스 난초로 홍역을 치렀다. 1964년 바이러스가 일본 난 협회지에 발표되면서 대단한 주목을 이끌어냈고, 덩달아 그 위험성에 대해서도 인식하기 시작했다. 당시 일본 난계는 꽃잎의 색상이 바뀌거나 잎에 얼룩무늬가 나타난 난초를 희귀하다고 생각했다. 그런 난초의 일부가 바이러스와 관련되었다고는 상상도 하지 못했다. 일본 난계는 충격 그 자체였다고 전해진다. 그 시절 일본 난계는 바이러스를 문제 삼으면 난초 장사를 할 수 없을 정도였다. 바이러스 난초가 만연했다는 것이다. 이 시절 80%가량의 감염주를 소각 처분해 살아남은 정상품들은 수급이 달려 난 값이 천정부지로 치솟기도 했다고 전해진다.

우리 난계도 만만치 않다. 세계에서 난 바이러스를 제일 두려워하지 않는 국가라는 오명을 쓸까 걱정이다. 우리나라도 꽃잎이나 잎이 괴사하는 품종들이 있다면 주의해야 한다. 가만히 있으면 우리나라도 곧 이렇게 된다. 이를 막아보고자 본 연구소에서는 주요 바이러스 4종 검사를 유전자 검사와 함께 시행하고 있다. 많이 활용될 것으로 판단된다.

《난의 병해충 진단과 방제》를 쓴 장무웅 영남대 전 명예교수는 "아무리 우수한 품종이라도 일단 바이러스에 감염되면 일반 품종인 춘란만 못할 뿐만 아니라 그 난실을 위협하는 존재일 뿐"이라고 말한다. 바이러스에 걸려 원예성이 있다고 생각하는 난초는 민춘란보다 못하다는 뜻이다. 또한 "바이러스만큼은 지구상에서 영원히 추방시켜야 한다"고 그의 저서에서 목소리를 높인다.

바이러스에 걸린 증상과 유사해도 값이 싸면 별 의심 없이 난초를 구매하는 것이 현실이다. 품질보다 종자성보다 값을 먼저 따지는 것이 안타깝다. 값이 싼 이유보다 싼값에 관심을 더 보인다. 이웃 일본은 1960년대 홍역을 치른 후 정의롭고 용기 있는 난계의 리더들에 의해 자정이 되었다. 국제 기준에 발맞춘 것이다. 내가 태어나기도 전에 정비를 했다는데 우리는 아직도 바이러스에 대한 고민이 부족하다. 하지만 본 연구소에서 제자리로 돌려놓을 준비를 이미 마쳤다.

대만에서 연구할 때 현지 농장 관계자는 "일본 바이어는 값보다는 품질을 신경쓰는 반면 한국 바이어는 값이 싼 것을 먼저 보여달라고 한다"며 고개를 갸우뚱했다. 부끄러운 일이다. 지인 한 분은 좋은 품종을 시세의 50%, 30%에 구했다고 무용담을 늘어놓았다. 싼값에 들였다고 좋아하며 기르던 난초는 내 눈엔 바이러스였다. 결국 한여름을 견디지 못하고 생을 마감했다. 그분의 무용담은 난초와 함께 조용히 사그라졌고 결국 난초 곁을 영원히 떠나고 말았다.

난초로 자산가의 길을 걷고 싶다면 바이러스를 쉽게 생각하면 안 된다. 코로나 19처럼 약이 없다. 구제역과 조류독감 때 국가가 나서서 방어를 하듯이 국가가 나설 필요도 있다. 우리 농림부는 무엇을 하고 있는지 궁금하다.

바이러스를 철저히 대비하고 판독하는 법을 익혀야 한다. 늘 의심해보며 내 난실에 바이러스 난초가 있는지 꼼꼼하게 살펴야 한다. 바이러스 난초가 발견되면 아무리 비싸도, 아무리 좋은 품종과 옵션을 갖추었더라도 소각 처리해야 한다고 전문가들은 조언을 아끼지 않는다. 본전이라도 챙길 요량으로 싼값에 출하하면 그 누군가의 눈에 피눈물이 흐른다. 바이러스 난초는 핵폭탄과 같은 무시무시한 파급력을 품고 있기 때문이다.

바이러스는 세균과 달리 한번 증식되면 세균의 100배나 늘어난다고 한다. 그래서 감염이 일어나면 30일 만에 전체 조직으로 꽉 차게 된다. 구입 후 40일이 지나면 신아가 얼룩덜룩하게 나와도 판매자에게서 감염되어 왔는지 구매자의 난실에서 감염되었는지 책임소재가 불분명해진다. 총채벌레, 응애, 톡토기 등이 전파할 수 있다는 연구 결과도 있는 만큼 반드시 검사를 해보아야 안전하다. 모기가 말라리아를 옮기듯이 하므로 주의해야 한다.

8월에서 이듬해 4월 사이에 난초를 구입하면 잎에 바이러스 증상이 암화돼 이상을 발견하기 힘들다. 하지만 다음에 신아를 받으면 80% 이상은 여지없이 나타난다. 그래서 난을 구입할 때는 바이러스 검사를 확실히 하는 신사적이고 안전한 농장과 거래해야 한다.

관유정에서는 4~9월이면 매년 바이러스 육안 검사를 정밀하게 한다. 육안 검사가 되려면 공부를 통해 익혀야 한다. 이때 바이러스 의심 증상의 무늬가 1%라도 보이면 묻지도 따지지도 않고 A/S를 현금으로 받는다. A/S가 안 되는 업체와는 거래를 하지 않는다. 관유정의 협력업체가 되려면 신사적이어야 하며 기술력이 있어야 한다.

여러분들처럼 몇 개의 전략품종을 골라 깔끔하고 깨끗하게 생산해 납품하는 것은 관유정같이 큰 회사를 운영하는 것에 비하면 쉬운 일이다. 난초를 직업으로 한다는 것은 정말 많은 것을 배워서 익히고 전 분야를 골고루 알아야 하는 매우 어려운 일이다. 그런데 현실은 어떤가? 참담하다. 아무나 난을 판매한다. 고양이를 보고 개라는 사람도 많다.

이들을 탓할 순 없다. 모르는 게 죄가 아니기 때문이다. 그럼 누가 많이 배우고 알고 조심해야 할까? 바로 자산가로 가려는 여러분들일 것이다. 전문 농장을 운영하며 신품종을 꾸준히 개발해나가야 하는 관유정은 유전 육종까지도 훤히 꿰뚫어야 올바른 직무 수행이 가능해지니 나도 모르게 박사가 될 수밖에 없었다. 내 고객의 자산과 명예와 내 명예를 지켜내기 위한 부단한 노력이 나도 모르게 기술명장에 이르게 했다.

관유정은 홈페이지에 5월경 공지를 올린다. 금년에 구입한 난초 중 신촉에서 바이러스 증상이 나타나면 A/S를 받으라고 자발적 리콜을 공지한다. 이것은 세계 최초의 회사다. 이건 단지 신용의 문제만이 아니다. 소중한 나의 고객 한 사람의 꿈과 인생이 달린 문제이기에 관유정과 나는 신중에 신중을 기한다. 그런데 현실은 암울하다. 값이 싸면 묻지도 따지지도 않는 3류 매입 관행이 사라져야 한다. 선량한 소비자가 보호받을 수 있는 환경을 만들지 않으면 자신도 당할 수 있다. 구매자가 없는 농장과 산업은 존재할 이유가 없다. 구매자와 농장은 서로 상생하는 존재이므로 상도의를 지키며 나아가야 한다. 이런 문화를 우리 모두가 만들어가길 기대한다.

바이러스 종류와 이해

바이러스에 감염된 난초는 우리가 제일 손가락질하는 인큐베이터에서 생산된 난초, 등급 외 불량품과 함께 난초 값을 하락시키는 3대 주범이다. 감염된 걸 눈치 채고 30% 정도의 값으로 출하를 시도하는 경우를 실제로 본 적이 있었다. 그러면 정품의 값은 그 자리에서 반토막 난다. 그럼 다음 누군가는 또 그 가격의 30%를 지불한다. 어차피 10원의 가치도 없기에 그들은 문제가 없다. 그렇지만 정품 생산 농장은 100만 원짜리가 20만 원으로 순식간에 곤두박질치니 큰 문제인 것이다.

바이러스에 걸린 난초는 4월에서 9월경에는 어느 정도 육안으로 식별이 가능하다. 우리 모두가 정직하게 골라내면 얼마든지 줄일 수 있다. 하지만 11월과 12월로 접어들면 암화가 진행되어 잘 보이지 않는다. 이때부터는 나도 조심해야 한다. 어떤 사람들은 그 흔적을 색반(황화가 필 것 같은 느낌의 무늬-산채인들이 만든 신조어)과 서반으로 착각해 원예성이 좋다고 여겨 오히려 비싼 값에 판매하는 경우도 있다.

바이러스 종류	바이러스 약자
오돈토그로썸 링스폿(둥근 무늬) 바이러스	ORSV

심비디움 모자이크 바이러스	CymMV
심비디움 마일드(가벼운 어렴풋한) 모자이크 바이러스	CymMMV
오키드 플랙(괴저 얼룩무늬) 바이러스	OFV

| <표 11> 한국춘란에 흔히 나타나는 바이러스 종류

다음 사진은 바이러스를 한눈에 알아보기 쉽도록 수록한 것이다. 일명 자가 진단법이다. 《난의 병해충 진단과 방제》에서 인용[15]했는데 이와 비슷한 현상이 자신의 난초에서 보이면 바이러스에 걸린 난초라고 생각하면 된다.

1. 오돈토그로썸 링스폿(둥근 무늬) 바이러스

'이대발 난 연구소'에서 촬영한 오돈토그로썸 링스폿(둥근 무늬) 바이러스 감염 병증이다. 빨간색 원 속 흔적은 색반이 아니라 명백한 바이러스다. 이와 같은 현상이 보이면 소각시키는 것이 맞다.

---

15   장무웅 저, 《난의 병해충 진단과 방제》, p.176

| 오돈토그로썸 링스폿(둥근 무늬) 바이러스 감염 병증

| 오돈토그로썸 링스폿 바이러스 좌측 무 감염, 우측 감염

2. 심비디움 모자이크 바이러스, 심비디움 마일드(어렴풋한) 모자이크 바이러스

심비디움 모자이크 바이러스도 골치 아프다. 바이러스 상태가 선명하게 나타나는 것은 일반 모자이크 바이러스이고, 있는 듯 없는 듯한 것은 마일드(어렴풋한) 모자이크 바이러스다. 모자이크란 여러 가지 빛깔의 돌이나 유리, 금속, 조개껍데기, 타일 따위를 조각조각 붙여서 무늬나 회화를 만드는 기법에서 유래된 말이다.

꽃잎에 나타난 모자이크 바이러스

암화를 마쳐 식별이 어려움

암화를 마치지 못해 식별이 쉬움

| 심비디움 모자이크 바이러스에 걸린 포기

| 심비디움 모자이크 바이러스에 걸린 포기

방송에서 얼굴을 가릴 때 모자이크 처리한 것을 참고하면 된다. 모자이크 바이러스는 서반으로, 심비디움 마일드 모자이크 바이러스는 색화가 유력하다는 색반으

| 심비디움 마일드 모자이크 바이러스에 걸린 포기

로 여기는 시절은 종식시켜야 한다.

　모자이크 바이러스와 마일드 모자이크 바이러스도 난실에 가면 많이 보인다. 어떤 것은 ORSV와 함께 감염되기도 하는데 난실에 여러 종류의 바이러스 보균 포기가 있기 때문이다. 화염소독을 철저히 하지 않아 전이되었다고 볼 수 있다.

| 심비디움 마일드 모자이크 바이러스에 걸린 포기

| 심비디움 마일드 모자이크 바이러스에 걸린 포기

3. 오키드 플랙(괴저 얼룩무늬) 바이러스

오키드 플랙(괴저 얼룩무늬) 바이러스는 검은색 괴저를 보이는 것이 특징이다. 대부분 대만 보세나 동양란에 자주 보였는데 한국춘란에도 꽤 많이 발병하고 있다. 증상이 육안으로 확연히 분간이 될 정도로 심하다. 표범 무늬와 비슷하며 검정 곰보 모양도 있다. 이 바이러스도 치료는 안 되니 스스로가 소각 폐기시켜야 한다.

바이러스에 걸린 난초의 현상을 이제는 알 수 있을 것이다. 바이러스에 걸린 난초는 사지도 팔지도 말아야 한다. 난초를 살 때는 몇 번을 확인하고 들여야 한다. 값이 싼 난초가 아니라 정상적인 난초를 들여야 한다. 고가의 난초를 살 때는 꼭 A/S가 가능한지를 살피고 조금이라도 사진의 증상이 보이면 구입을 피하거나 오키드 플랙 바이러스 검사를 해보는 것이 필요하다. 각자 난실에서 신아가 형성돼 자라는 모습을 잘 살펴 가려내고, 구입 시는 신아가 어느 정도 자란 7월경이면 육안으로도 확인이 가능하니 꼼꼼히 살펴야한다.

돌다리도 두들겨 보고 건너라는 속담이 있다. 이 속담은 난초를 구입할 때 적용해야 할 속담이다. 바이러스가 있는지 두드려보고 또 두드려보아야 자산가의 길이 보인다. 무심코 난초를 들이는 일은 핵폭탄을 품고 난실로 들어가는 것과 다름없다. 특히 감염이 된 포기 중 어떤 것은 어떤 해에는 얼룩덜룩하게 나타났다가 또 어떤 해는 신아에 나타나지 않는 경우도 있다. 이를 보통 무병징 촉이라 하는데 한번 나타난 것은 100% 감염이므로 소각 처리하는 것이 좋다고 바이러스 학자들은 말한다.

| 오키드 플랙(괴저 얼룩무늬) 바이러스

바이러스 어떻게 퇴치할 것인가

많은 농가들이 연부병은 겁을 내는데 그보다 몇 천 배 위험한 바이러스는 아무렇지 않게 생각한다. 연부병이 총이라면 바이러스는 핵무기급이다. 연부와는 차원이 다르다. 여타 병충해는 발견돼도 꾸준히 치료하면 좋아진다. 완치도 가능하다. 하지만 바이러스는 한번 걸리면 끝이다. 약제도 없다. 걸리는 순간 모든 게 수포로 돌아간다. 구제역에 걸린 소와 같다.

해결책은 하나다. 바이러스에 걸린 난초를 들이지 않고, 걸린 난초는 5~7월경 철저히 검사해 매년 재빨리 소각하는 길밖에 없다. 이것이 정답이다.

지금 당장 난실에 들어가 신촉을 확인해보라. 잎 뒷면도 보라. 신촉을 수십 번이라도 휴대폰 카메라로 확대해 살펴보라. 확대경으로도 들여다보라. 예상치 못한 결과에 황당할 수도 있다. 모르겠다면 전문가를 초청해서라도 바이러스 난초를 찾아내야 한다. 그래야 답이 보인다. 자산가의 길이 말이다.

바이러스 난초가 이렇게 심각한데도 현실은 암담하다. 어디를 가나 바이러스에 걸린 난초들이 즐비하다. 전시회에서도 바이러스에 걸린 난초가 상을 받는 게 현실이다. 5~6월경 난실을 방문해보면 의심이 가는 것들이 20~30% 정도는 흔하다. 많은 곳은 70%가 넘는다. 그런데도 무심할 정도로 안심하고 있어 답답할 지경이다. 이래서는 미래가 없다.

바이러스 문제는 우리 모두가 머리를 맞대야 한다. 늦었다고 생각할 때가 가장 빠른 법이니 어떤 난초가 바이러스에 걸린 것인지 공부해야 한다. 소로 돈을 벌려면 구제역을 알아야 하듯이 난초로 돈을 벌려면 바이러스 증상 정도는 판별하는 기술과 위험성을 인지하고 도전해야 한다. 생선 가게를 운영할 사람이 동태인지 생태인지도 구별할 능력이 없다면 할 말이 없다. 사정이 이러니 난을 구하는 사람이 능동적으로 방어책을 연마하는 수밖에 없다. 스스로가 바이러스를 걸러내 소각시키는 아름다운 날이 빨리 와야 한다. 23살에 70만원으로 난에 뛰어든 나도 하는데 다른 사람들도 하면 된다. 잘 모르겠으면 6월경 컨설팅을 받아보면 다 가려낼 수 있다. 소중한 전략 품종에 사소한 부주의로 바이러스가 옮기는 날 모든 건 허사가 됨을 잊어서는 안 된다. 바이러스에 걸린 난초는 국가 간의 이동도 안 된다. 검역에서 걸리면 모두 되돌아온다.

〈표 12〉는 바이러스 문제를 고민하며 내용을 정리한 것이다. 하나씩 하나씩 우리 모두가 마음을 모아 해결해간다면 우리에게는 아직 미래가 있다.

번호	바이러스 감소 대책 방안
1	농가 스스로가 바이러스 육안 감정법을 익히고 배워야 한다.
2	우리 모두가 정직해져야 한다.
3	농림부, 난 협회, 난 단체에서 심각성을 함께 공론화하고 교육해야 한다.
4	전략품종만큼은 DNA 검사처럼 바이러스 검사 기관에 PCR 검사를 받고 매매를 해야 한다.
5	판매전이나 전시회에서 바이러스가 의심된 난초는 가격을 떠나 즉각 퇴출시켜야 한다.
6	판매한 난초에서 바이러스가 양성이면 100% 환불되도록 제도화해야 한다.

7	철저히 화염 소독한 기구로 난초를 다루어야 한다.
8	바이러스가 의심되는 난초는 팔지도 사지도 말아야 한다.

| <표 12> 바이러스 감소 대책 방안(이대발 난 연구소)

위와 같은 내용은 우리 모두가 함께 풀어야 할 숙제다. 하지만 개인들도 조심하고 각성해야 한다. 개인들이 바이러스 난초에서 해방되려면 위의 방법 정도는 습관화해야 한다.

분갈이 시 여러 포기를 동시에 큰 대야에 담가 치료하거나 소독하지 말아야 한다. 많은 사람들이 큰 대야에 소독제와 치료약을 풀어놓고 수십 포기를 한꺼번에 담가놓는다. 아무리 병충해를 해결하는 농약일지라도 일괄적으로 담가놓으면 바이러스가 전이되기 마련이다.

바이러스는 소리 없이 다가와 난을 죽음으로 몰아넣는 무서운 놈이다. 이놈을 해결할 기술과 능력을 확보하는 것이 난초로 자산가의 길을 걷는 방법이다.

해충의 이해와 퇴치기술

　곰팡이, 바이러스, 세균뿐만 아니라 난초를 괴롭히는 것들은 아주 많다. 도처에 적들이 난초를 공격하기 위해 도사리고 있다. 그중에서 해충도 빼놓을 수 없다. 해충 중에서도 난초를 죽음으로 몰아넣는 아주 무서운 것들이 있다. 해충을 이해하지 않으면 건강하게 난초를 배양할 수 없으므로 잘 이해하고 퇴치기술을 익혀야 한다.

　가장 무서운 것은 작은 뿌리파리(뿌리기생파리라고 불리기도 함)다. 파리목(Dip tera), 검정날개버섯파리(Scarsdale)과에 속한다. 작은 뿌리파리 성충의 크기는 1.1~2.4mm 정도 된다. 머리는 흑갈색이고 몸은 대체로 검은색이다.

　근래에 들어 작은 뿌리파리 피해가 점차 확산되고 있다. 춘란계에서는 1999년에 이대발 난 연구소에서 최초로 발견해 월간 난 세계에 기고를 했다. 당시 처음 보는 괴 생명체가 난초를 파먹고 있는 걸 보고 너무나 놀랐던 기억이 난다. 고형 비료와 신근에서 꼬물거리는 것을 목격해 심각성을 알렸다. 그간 피해 규모도 엄청났다. 후사리움 감염과 맞먹을 정도 로 추정한다.

　작은 뿌리파리가 좋아하는 생육 온도는 22~28℃라고 한다. 25℃에서 알의 상태로 4일, 유충으로 14일, 번데기로 4일을 보낸다. 알에서 성충까지 1세대 기간은

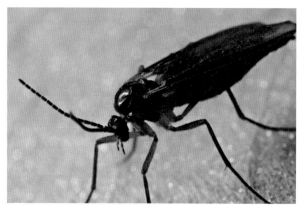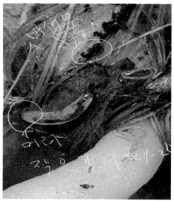

| <그림 2> 작은 뿌리파리 성충과 유충들

약 22일이 걸린다고 한다. 이대발 연구소에서 유충을 포충하여 성충으로 길러보았는데 성충의 수명은 약 7~10일이었다. 산란한 알은 약 100~300개 정도였다.

작은 뿌리파리는 외래종이다. 일반적으로 낙엽과 같은 썩은 유기물질 내의 다습하고 어두운 곳을 좋아한다고 알려져 있다. 실제로 난실이 시골일 경우 발생 빈도가 높았다. 고온 건조한 여름철에는 발생이 적고 봄, 가을에 만연한다. 온도와 습도가 적절한 난실 환경에서는 연중 발생한다.

작은 뿌리파리는 신촉의 떡잎을 주로 갉아먹는다. 신촉에서 형성된 연한 뿌리와 신촉의 연한 줄기 아래쪽도 좋아해 피해가 크다. 신아가 왕성하게 발육하는 7~8월경 피해를 받으면 생육과 발달이 불량해지고 2차 감염의 요인이 되기도 한다. 그리고 난분에 마감프-K로 인해 발생한 이끼와 난실 바닥의 이끼도 즐겨먹는다. 난분 위에 이끼가 심하게 낄 때까지 두지 말고 난실 바닥의 이끼도 락스를 활용해 청결하게 해 주어야 한다. 벌브 밑에 검게 썩은 자리가 있는 난들은 썩은 냄새를 풍기지 않도록 긁어내고 치료 후 톱신페스트로 충치를 치료하듯 덮어 말려 심어야 한다. 번식력도 좋아 난실 내부에 한번 자리를 잡으면 퇴치가 쉽지 않다.

| <그림 3> 관유정 난실에 설치한 황색 끈끈이 트랩(4월 상순에 매년 새것으로 교체)

　작은 뿌리파리는 우리나라의 어디서든 서식하고 있으므로 완전 박멸은 불가능하다. 이들은 깨끗하고 건강한 난초에는 산란을 잘 하지 않는다. 병든 벌브 밑이나 뿌리 상태가 좋지 않아 썩는 냄새가 나는 곳에 산란한다. 난실 주변에 경작지나 유기물이 많은 곳은 매우 위험하므로 청결에 신경써야 한다.

　유충은 난실 바닥에 있는 이끼를 좋아하므로 난실에 이끼를 제거해줘야 한다. 5~6월경이 가장 활발하게 움직이는 시기이므로 이때 집중적으로 방제하면 효과적이다. 그렇지 않으면 언제라도 뿌리와 벌브를 공격해 죽음으로 몰아넣을 수 있다.

　예방과 치료는 경종적 방제법과 화학적 방제법을 병행하며 개체수를 줄여야 한다. 경종적 방제로는 황색 끈끈이 트랩으로 유인해 잡는 방법이 있다. 트랩에는 끈적끈적한 점액이 묻어 있는데 쥐를 잡는 찍찍이와 원리가 같다. 트랩 패드에는 페로몬(성호르몬)향이 첨가돼 있어서 성충이 되어 교미를 하려고 할 때 트랩에 모인다. 이때 끈적끈적한 점액에 다리가 한 번 붙으면 떨어지지 않아 효과가 크다.

화학적 방제는 디밀린수화제, 아세타미프리드 수화제, 티아메톡삼 입상 수화제, 클로르플루아주론 유제, 루페뉴론 유제로 방제가 가능하다. 약국에서 판매하는 비오킬도 효과가 있다. 의심이 드는 포기는 큰 용기에 물을 받아 화분을 분째로 30분간 침지하면 유충을 질식사 시킬 수 있다.

두 번째로 무서운 해충은 개각충이다. 개각충은 잎에 붙어 영양분을 빨아먹는다. 연중 산란하며 피부는 밀랍으로 싸여 있어서 잘 죽지 않는다. 성충은 손으로 터트려야 죽는다. 한번 난실에 자리를 잡으면 끈질기게 난초를 괴롭히므로 철저히 대비해야 한다.

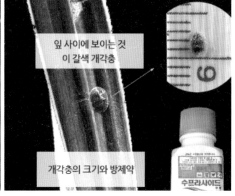

| <그림 4> 개각충 모습

개각충도 초기 예찰이 최고로 중요하다. 성충은 밀랍으로 보호막을 하고 있으므로 성충이 되기 전 약한 충일 때 방제효과가 크다. 난초를 들일 때 잘 살펴보고 들여야 하고, 난실에 기생하는 것을 조기 발견하는 수고도 아끼지 않아야 한다. 방제는 연 2회 수프라사이드와 뷰프로페진 계의 매머드를 사용하면 좋다.

| <그림 5> 민달팽이

| <그림 6> 호박꽃의 총채벌레

세 번째는 민달팽이다. 민달팽이는 5~9월에 많이 발생하여 야간에 활동하며 난초를 갉아먹는다. 지상 난실의 경우 여름 야간에 수백 마리가 난실로 들어와 신아를 모두 먹어 치우는 경우가 있으므로 주의해야 한다. 관유정은 여름 야간에 근무자들이 순찰을 돌 정도로 많이 생긴다. 일일이 핀셋으로 잡아야 한다.

이들도 예찰과 포획이 중요하다. 오전에 난실 바닥이나 난대를 유심히 살피면 달팽이가 기어 다닌 흔적이 보인다. 작은 뿌리파리는 생감자를 좋아하고 민달팽이는 오이를 좋아한다. 민달팽이를 잡겠다고 오이를 난실에 두었다가는 오히려 더 많은 달팽이를 불러들일 수 있으므로 조심해야 한다. 약제로는 나메톡스나 메수톨 등을 저녁 무렵 배치해 잡으면 된다.

난초를 건강하게 키우려면 신경 써야 할 게 한두 가지가 아니다. 하지만 직접 난초를 배양하다 보면 그리 어렵지 않다는 것도 알게 된다. 좋아하고 사랑하는 난초가 잘 자랄 수 있도록 신경 쓰는 일은 귀찮은 것이 아니라 즐거운 일이 되기 때문이다. 아무쪼록 병충해의 예방과 방제, 치료 기술을 익혀 건강한 난초를 만들도록 해야 한다. 그러면 자산가도 될 수 있다.

네 번째는 총채벌레다. 총채벌레는 주로 난실 주변 경작물에서 옮겨오고 난실 내부 화초나 동양란에도 많이 있다. 3~7월에 많이 발생하며 춘란에는 꽃이 필 무렵이면 꽃봉오리 안에 침투해 이미 꽃잎을 갉아먹고 있는 것을 볼 수 있다. 노란 것부터 진한 회색을 띠는 것까지 있다. 개화를 진행한 후에도 입술(脣) 안쪽과 화주의 안쪽을 오고가며 꽃에 상처를 낸다. 총채벌레는 주의하지 않으면 꽃의 감상미를 떨어뜨린다. 3~4년의 수고가 수포로 돌아갈 수 있으므로 방심은 금물이다.

| 심비디움 꽃을 갉아먹는 총채벌레

| 총채벌레

초기에 보이면 총채탄, 델리게이트 2000배액을 번갈아 5일 간격으로 3회 발생 부위에 살포하고 꽃송이마다 살포해주면 도움이 된다.

냉해와 생리장애

난초의 건강을 해치는 요소들은 무수히 많다. 겨울에는 동해를 걱정해야 하고, 여름에는 고온해로 마음고생을 한다. 한겨울 환기를 시키려고 창문을 열어놓고 깜빡 잊고 잠을 청하한 날에는 날벼락을 맞는다. 동해를 입기 때문이다. 동해는 난실 온도가 영하로 내려가 세포를 얼려버리는 무서운 재해다. 동해는 난초를 몰살시키는 치명적인 요소이므로 주의해야 한다. 반면 여름에는 고온에 환기 불량이 초래되면 난초가 어려움을 겪는다.

봄이면 많은 사람들이 냉해 장애에 대한 의구심에 휩싸인다. 한겨울을 보낸 난초들의 잎에서 반점, 검은 그을음 증상, 잎 마른 증상이 보이면 냉해가 아닐까 생각하는 것이다. 또한 특별한 원인 없이 잎에 문제가 생기면 일부 농가들은 냉해로 오해한다. 그러나 대부분은 감염이거나 누적된 생리 장해의 현상이다. 생리 장해는 병원균에 의한 공격이 아니라 사람의 당뇨, 고혈압, 동맥경화, 염증반응 등의 수많은 질환과 유사하다고 생각하면 된다. 이런 것들로부터 안전하게 난초를 지켜 내려면 정질·정품의 상등품을 들여야 한다. 평소 건강하게 기른 것을 믿을 수 있는 곳에서 들여야 한다. 인큐베이터 등의 불량한 난과 값싼 하등품이나 등외품의 난은 원인 모를 병에 시달릴 수 있다.

봄에 보이는 잎의 장애들은 냉해가 원인이라고 볼 수 없다. 냉해는 난초의 성장 기간인 4~6월 중에 보이는 장애이기 때문이다. 난초가 한창 성장할 시기에 정상적인 생육에 지장을 초래할 정도의 저온이 오랫동안 지속돼 난초에 해를 끼치는 것이 냉해다.

냉해는 동해보다 충격이 덜하다. 하지만 한 해 농사를 망치고 세력을 잃어버리는 요인이 되므로 주의가 필요하다. 한번 잃어버린 세력을 다시 회복하려면 수년을 필요로 한다. 그러므로 4~6월 성장기에 주간 온도나 밤 온도가 급격히 낮아지지 않도록 신경 써야 한다.

여기서 한 가지 주의해야 할 점이 있다. 많은 사람들이 냉해라고 오해하는 것이 사실 다른 요소들에 의해 생기는 장애라는 것이다. 한번 생각해보라. 난실의 온도 영향으로 냉해를 입었다면 모든 난초에 그 현상이 나타나야 한다. 그러나 냉해라고 생각하는 난초는 몇 포기에 지나지 않은 경우가 많다. 그러니 자신이 냉해라고 생각하는 난초는 곰팡이나 세균에 의한 것일 수 있다는 것이다. 사람의 당뇨나

| <그림 7> 과발아(새싹이 나옴)

| <그림 8> 과발아 후 고사(새싹이 모두 썩어버림)

고혈압과 같은 만성 생리장애에 걸려 봄에 신촉을 잉태하고 기온이 높아질 때 임신 중독처럼 젊은 촉의 잎이 검은색이나 암갈색으로 마르는 것들도 많다. 평소 건강하게 기르면 해소가 되지만 주의가 필요하다. 난실에 냉해처럼 보이는 난초는 이 책에 서술된 내용을 참고하면 충분히 치료할 수 있다.

냉해는 동절기가 아니라 생장기에 온다. 냉해를 줄이려면 다음과 같은 점을 주의해야 한다.

첫째, 생장기인 4~6월 난실 온도가 너무 낮아지지 않도록 해야 한다. 관유정에서는 4~5월에도 밤에 보일러가 10~15일쯤 돌아간다.

둘째, 세포벽이 단단하면 피해를 줄일 수 있으므로 연간 2000시간을 6000럭스에 맞춰주도록 해야 한다.

셋째, 웃자란 난, 기저질환격인 노촉, 유묘, 소묘, 병치레한 난, 뿌리가 나쁜 난, 인큐베이팅한 난들은 가급적 들이지 않아야 한다.

넷째, 겨울철 광합성 조건을 충실히 조성하여 난초를 튼튼하게 해줘야 한다.

다섯째, 잎이 너무 얇거나 흐느적거리는 난은 들이지 않아야 한다.

위 다섯 가지만 잘 지켜도 냉해에서 해방될 수 있다. 냉해는 조금만 관심을 기울이면 피해를 최소화할 수 있다.

〈그림 7〉은 호르몬제의 부작용으로 과발아(출아)가 생긴 것이다. 난초는 스스로 컨트롤할 수 있을 만큼 신아를 올린다. 하지만 약물을 과도하게 사용하면 난초가 힘겨워하고 결국에는 세력을 저하시키는 요인으로 작용한다. 〈그림 8〉은 과발아된 신아가 물의를 일으켜 모두 탄화되고 만 것이다. 하나의 신촉을 올린 것보다 못한 결론이다. 욕심이 부른 참화이기도 하다.

호르몬제의 과용도 냉해보다 더 위험할 수 있으므로 주의해야 한다. 물과 검증된 비료와 햇빛으로 기른다는 경종적 차원의 대승적 체계를 잡아야 자산가의 길을 걸어갈 수 있다. 그렇지 못한 농가라면 자산가의 길이 가시밭길이 될 것이다.

효과적인 방제기술

농약을 살포할 때 다른 작물들과 달리 춘란은 분무가 보편화돼 있다. 희석 배율은 반드시 준수해야 하며, 분무 시에는 잎의 뒷면에 골고루 닿을 수 있도록 살포해야 한다. 춘란 농가 현장 컨설팅을 가보면 농약 치는 방법이 잘못된 경우가 많다. 잘못된 방법으로 농약을 살포하면 병원균이 완전히 없어지지 않고 살아남은 것들은 농약에 저항성을 띤다. 그러므로 농약은 100% 병해충에 접촉되도록 해야 한다. 병해충의 피부와 체내로 정확히 농약이 들어가야 한다는 말이다.

가령 작은 뿌리파리가 난초를 공격한다고 해보자. 그들이 공격하는 자리가 벌브 밑이면 농약이 어디로 가야 할까? 파리 기생충의 신체 중 잎, 기문, 등과 배, 어디에 농약이 접촉되도록 해야 할지를 생각하고 농약을 살포해야 박멸의 확률이 생긴다. 무작정 화분에 약을 친다고 잡을 수 있는 것이 아니다. 무좀약을 어디에 발라야 할지를 고민하는 과정을 생각해보면 농약 살포의 답을 찾을 수 있다. 무좀약을 무작정 발 전체에 바르는 사람은 없을 것이다. 무좀이 일어난 환부에 정확히 발라줘야 효과적인 치료가 된다.

작은 뿌리파리와 마찬가지로 곰팡이와 세균도 다르지 않다. 잎에 발생하는 질병 중 잎 뒷면에서부터 시작되는 종류와 침투 이행성 계통들은 잎 뒷면으로 약제

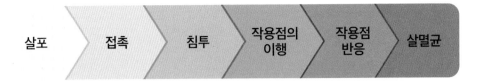

| <그림 9> 농약의 작용 단계

가 가야 효과가 높다. 그래서 나는 <그림 10>에서처럼 하나씩 들고 잎 뒷면에 농약을 뿌린다. 그래야 접촉률이 높아 <그림 9>의 작용 단계가 가동된다.

　난초는 크게 분내 지하부와 분외 지상부로 나누어 방제를 한다. 지상부는 눈으로 보이니 접촉률을 높이기 수월하나 지하부는 쉽지가 않다. 난초 병리 전문가들은 지상부에는 고압식 분무를 권장하고 있다. 관유정에서도 고압식 분무를 해 잎이 따가울 정도의 압력으로 살포한다. 이 또한 접촉률을 높이기 위함이다.

　잎의 앞면과 뒷면, 벌브와 신아의 속, 신촉의 떡잎 하나하나 사이까지 농약이 전달되게 해야 한다. 그러려면 농약을 살포하는 방법과 수행하는 기술이 있어야 한다. <그림 10>은 잎의 뒷면에 농약을 치는 사진이다. 난초를 공격하는 균들은 주로 잎 뒷면을 공격한다. 특히 기공을 통해 침입하는데 기공은 잎 뒷면에만 있으므로 뒷면이 중요하다.

　그런데 이와 같은 방식으로 농약을 살포하면 시간이 많이 걸린다. 한 분씩 들고 농약

| <그림 10> 잎 뒷면으로 살포-아주 세세히 정교하게 살포해야 함

한국춘란 가이드북 전문가편

을 살포해야 하므로 고되고 힘들다. 그래서 선택과 집중을 하라고 강조한다. 난초 분수가 많으면 아무것도 이룰 수 없다. 뿌리에 발생하는 균을 사멸할 때는 침지가 가장 효과적이고 확실하다. 그래야 곰팡이와 세균 접촉률이 100%가 되기 때문이다.

900여 화분을 기르는 관유정에서는 인건비 등 생산 원가 때문에 전략품종 위주로 침지를 한다. 일반 품종들은 〈그림

| <그림 11> 분무 세기를 강하게 해서 벌브와 뿌리까지 골고루 침투하도록 농약을 살포한다.

11〉처럼 20초 동안 살포한다. 이런 모습을 보는 주변사람들은 "뭘 그렇게 꼼꼼하게 약을 치느냐"고 반문한다. 나는 "이렇게 해야 문제 해결이 가능하다"고 말하고 내가 할 일을 계속한다.

한국춘란은 잎의 병 못지않게 뿌리에도 병증이 많다. 8~9월경 그해에 자라난 뿌리 하단 80% 지점(난분의 잘록한 허리 부분)이 후사리움균에 많이 감염된다. 감염된 뿌리는 갈색으로 부패해 벌브로 전이되고 결국 난을 고사시킨다. 검은색으로 고사시키는 것도 있다.

뿌리 감염은 분을 부어보기 전이나 발병이 잎으로 나타나기 전에는 알 길이 없다. 그래서 정기적인 분갈이와 스케일링이 중요하다. 발병된 뿌리 감염은 뿌리 면적의 100%가 약액에 접촉되도록 〈그림 11〉처럼 분무를 강하게 한다. 반면 중점 전략품종은 〈그림 12〉와 같은 간편 침지법을 병행해 방제를 한다.

| <그림 12> 간편 침지법

　침지를 할 때도 한 화분씩 나눠서 해야 한다. 하나의 용기에 여러 포기를 한꺼
번에 담그면 바이러스나 악성 병균이 옮을 수 있으므로 각각 나눠서 침지해야 한
다. 침지를 할 때는 한 치수 높은 분에 비닐봉지를 끼우고 거기에 희석한 약액을
넣는다. 그리고 그곳에 담그는 형식으로 침지하면 된다. 잎에 문제가 있을 때는 조
금 넓고 깊이가 있는 통을 활용하면 된다. 잎 끝까지 액이 닿을 수 있도록 화분 전
체를 담그는 형식이다. 잎 전체면의 접촉률을 100%로 만들기 위한 것이다. 중점
전략품종의 잎 한 장, 뿌리 한 가닥이라도 탈이 나면 모두 허사이기 때문에 번거
롭더라도 꼼꼼하게 치료를 한다. 이게 번거로우면 숫자를 줄이고 싸구려 불량품

을 탈출해 젊은 정질의 상등품을 들여야 한다.

병충해 위기에 잘 대처하려면 농약을 잘 이해해야 한다. 그런 후 농약이 적재 적소에 정확히 접촉되도록 효과적으로 방제해야 한다. '누가 이런 저런 농약을 치니까 나도 똑같이 해봐야지'라는 막연한 생각으로는 성공할 수 없다. 성공한 부농으로 가려면 난초를 이해해야 하고, 농약의 성분과 효능도 철저히 분석하고 섭렵해야 한다. 그런 후 농약 살포 방식도 정확히 해야 한다. 그래야 위기를 슬기롭게 대처하고 극복할 수 있다.

농약과 비료는 스스로 난초의 몸속으로 초청받아 들어가는 게 아니다. 관수 시 물에 녹은 상태로 들어가야 한다. 그리고 농약을 희석한 약액은 농도가 너무 높으면 흡수가 잘 안되므로 난초가 작동시키는 압력에 맞게 가급적 권고 농도를 준수해야 한다. 난초는 식물이다. 몸속에 물관의 부피가 결정되어 있다. 몸속에서 수분은 증산과 광합성을 하며 쉴 틈 없이 빠져나간다. 이때 빠져나간 공간만큼만 물이 들어간다. 이때는 다소간의 진공 상태가 되고 이때 퍼텐셜이라는 원리에 의해 발생된 압력으로 물이 난초의 몸속으로 들어간다.

관유정은 난초의 몸속으로 물이 들어갈 때 농약(침투 이행성)과 비료를 희석한 것을 충분히 몸속으로 넣어준다. 약효를 높이려면 평상시보다 좀 더 갈증이 왔을 때 실시한다.

보호 살균제는 잎이나 뿌리와 벌브의 피부에 닿도록 공급하는 만큼 경우를 달리한다. 관유정은 벌브에 보호 살균제를 뿌려준다. 벌브의 표면 기공으로 침투하는 곰팡이를 차단하기 위해서다. 이 이야기를 하는 이유는 농약과 비료를 성의 없이 주는 분들이 많아서다. 그리고 물 주기 전에 주어야 하는지 물을 준 다음에 줘야 하는지 모르는 분들이 있다. 관유정에서는 물 주는 타이밍에 공급한다. 농약과 비료를 준 후에 씻어내는 경우도 많은데 정상 농도였다면 그럴 필요는 없다.

지금까지 위기에 대처하는 다양한 예찰과 진단, 치료법을 설명했다. 그럼에도 불구하고 난초를 괴롭히는 병충해는 사그라지지 않고 있다. 이때 가장 효과적인 방제기술은 바로 예방이다. 예방이 최고의 기술이라는 것이다.

어떤 병이든 예방이 최선이다. 예방을 잘하면 치료 걱정이 대폭 감소한다. 사스나 코로나19 바이러스, 돼지열병 등의 경우를 봐도 예방보다 더 좋은 약은 없다는 것을 알 수 있다. 그래서 자신의 환경을 먼저 점검해야 한다. 환경을 깨끗하게 개선하는 것이 최선의 방제이기 때문이다.

난초의 병충해 예방책 중 중요한 한 가지는 필수안전거리 유지다. 난초의 간격을 유지하며 잎끼리 닿거나 부딪치지 않도록 해야 한다. 잎이 닿아 있으면 쉽게 병충해를 옮길 수 있다. 마당에 닭 10마리를 길렀을 때 없던 병이 같은 면적에 100마리를 기르면 생기는 것과 같은 이치다. 그래서 전략품종을 선택하고 분수를 자기 환경에 따라 최소화해야 한다. 욕심을 부리다가는 한순간에 병충해 공격을 당할 수도 있다. 안전거리만 유지해도 피해를 최소화할 수 있다는 말이다.

| 안전거리 불량   안전거리 양호

한국춘란 가이드북 전문가편

사람이 병에 걸리면 약으로 치료하다 병이 깊어지면 입원치료를 하듯이 난초도 병증에 따라 입원치료도 고려해봐야 한다. 고가의 난이라면 더욱 전문가의 손길로 치료해야 한다. 전문가는 병증을 치료하는 것뿐만 아니라 세포를 회복하고 재활을 통해 난초가 새롭게 거듭나도록 만든다. 그러니 주저하지 말고 난초 병원에 입원시켜 치료해야 한다.

누차 반복하지만 최선의 예방책은 건강한 난초를 들이는 것이 첫째이고, 감염된 난초는 과감하게 퇴출시켜야 한다는 것이다. 그리고 병원균이 생기는 원인과 치료방법을 정확히 이해하고 공부해야 한다. 기술을 익히는 것도 게을리해서는 안 된다. 위기에 대처하는 능력에 따라 자산가의 길도 달라지기 때문이다.

곤룡포

제7장

예술 세계
—
작가·작품
시합·콘테스트

프로 작가로 한국춘란의 세계화를 꿈꾸며

난초에 발을 디디고 나서 궁극적으로 도달해야 할 영역은 어디일까? 어떤 가치를 덧입혀 애란생활을 해야 행복했다고 자부할 수 있을까? 시장을 분석한 후 전략을 세우고, 재배 생리, 생산기술, 품질 관리, 위기대처를 통해 추구해야 할 것은 과연 무엇일까? 어떤 이들은 난초를 돈으로 보고 접근하기도 하고, 어떤 이들은 행복한 삶의 방편으로 다가서기도 했을 것이다. 또 어떤 이들은 난초가 지닌 매력에 반해 가까이한 사람도 있을 것이다. 어떤 목적이든 존중받아 마땅하다. 난초는 다양한 목적으로 접근해도 그에 걸맞은 답을 찾을 수 있기 때문이다.

하지만 난초는 영초(靈草)이므로 범인들이 생각하는 그 이상의 가치가 분명 존재한다. 나는 그 의미를 프로 작가의 길에 들어서는 것이라고 말하고 싶다. 프로 작가가 돼 난초 1촉으로 시작해 그것을 예술로 승화시키는 길이 궁극적으로 도달해야 하는 영역이라고 생각한다. 예술의 세계로 가는 길이 애란생활의 종착점이라는 것이다.

먹고살기도 바쁜데 무슨 뚱딴지같은 소리냐며 반문할 수도 있다. 그렇지만 어느 시대든 그 시대를 아우르는 정신이 굳건했을 때 보다 나은 삶을 살 수 있도록 이끌어주었다. 모든 나라가 그런 것은 아니지만 후진국은 먹고사는 것 이상의 가

한국춘란 가이드북 전문가편

치와 정신에 별 관심이 없다. 오늘 하루 삶에 더 소중한 의미를 부여한다. 그렇게 살아가는 것이 행복하다고 말하면 할 말이 없지만 우리의 관점으로 보면 그보다 훨씬 가치 있는 세계가 있음을 안다. 그런 이상과 정신을 발견했을 때 느끼는 희열은 먹고사는 것보다 훨씬 크다.

난초의 세계도 다르지 않다. 그저 촉이나 늘려 장에 내다팔고 마치기에는 아까운 요소가 너무나 많다. 돈이 된다면 무엇이든 어떻게든 OK라는 생각에서 수준을 높여야 한다. 돈이 전제가 된다면 꽃집에서 판매하는 양란과 다를 게 없다. 한국춘란의 가치는 그보다 훨씬 크고 깊다. 입문편과 전문가편에서 마르고 닳도록 이야기했듯 한국춘란의 매력과 가치라면 세계화도 가능하다. 한국춘란으로 'K-Orchid(난초)' 문화를 선도해갈 수 있다는 것이다. 나는 이런 꿈을 오래전부터 품고 오늘까지 달려왔다.

나는 젊은 시절부터 한국춘란의 저변확대를 부르짖었다. 시장을 확장해야 모두가 웃을 수 있다고 생각해 당돌하게 보일 정도로 이리저리 뛰어다녔다. 학문의 깊이를 더하고 현장의 경험과 기술로 많은 것들을 정립하고 체계화시켰다. 아무도 인정해주지 않을 때 나는 묵묵히 마음속에 품고 있는 꿈들을 향해 정진했다. 그리고 하나 둘 이루고 완성시켜 나갔다. 춘란으로 예술의 경지에 도달할 수 있는 작가, 작품 세계, 작품의 심판 방법과 매뉴얼 등을 20년간 연구해 체계를 잡았다. 이제는 제법 그 능력을 인정받는 자리까지 도달했다.

그럼에도 안주할 수 없다. 100만 저변확대의 꿈은 곧 이루어질 것이지만 또 하나의 꿈인 세계화를 완성시켜야 하기 때문이다. 한국춘란이 일본, 중국을 넘어서 유럽과 미국으로 진출해 전시회를 열고, 한국춘란 판매장을 오픈할 날을 기대한다. 뜬구름 잡는 이야기가 아니다. 현실성 있는 이야기다. 젊은 시절 호리호리한 몸으로 춘란을 배워보겠다고 덤빌 때 아무도 내가 이 자리까지 올 것이라고 생각하지 못했다. 그럼에도 나는 해냈다. 세계화도 이루어낼 수 있다고 자신한다. 나의 능력이 아니라 한국춘란이 지닌 매력과 가치와 아름다움이 넘쳐나기 때문이다.

방탄소년단이 세계를 주도하는 자리까지 오를 것이라고 생각한 사람이 얼마나 될까? 갓 데뷔했을 때는 주목하는 사람이 많지 않았지만 지금은 세계에 영향력을 미친다. 그것도 한국어로 부른 노래로 말이다. 이들은 데뷔 전부터 자신들이 직접 작사하고 작곡, 프로듀싱까지 참여했다. 자신들의 이야기를 진정성 있게 음악에 녹여냈고 그 음악으로 세계를 주름잡았다. 〈기생충〉 영화도 한국적인 문화를 한국어로 영화화했는데 아카데미상을 휩쓸었다. 이제는 우리의 것이 세계에 통할 수 있다는 것은 모두가 아는 사실이다. 한국춘란도 그렇다. 나는 그 희망을 보며 오늘을 산다. 방탄소년단, 싸이, 기생충보다는 더 유리하다. 세계인들은 꽃을 더 좋아하기 때문이다. 당장은 힘들지만 한국춘란이 세계 곳곳에서 전시회를 통해 예술의 극치를 보여줄 날이 올 것이라는 꿈이 있다.

나는 이소룡을 좋아한다. 자기다운 무술인 절권도로 세계를 놀라게 했기 때문이다. 젊은 나이에 세상을 떠났지만 그의 매력과 특유의 몸짓은 아직도 세계인의 뇌리에서 사라지지 않고 있다. 이소룡은 제자들에게 절권도를 전수하며 이렇게 가르쳤다.

"물에서 배워야 한다. 물은 담기는 그릇에 따라서 그 모양이 변한다. 상대에 따라서 그때그때 바뀌어야 한다. 고정된 동작이나 자세는 죽은 자세다. 물에서 배워라. 물이 되어라. 이것이 절권도의 긴요한 뜻이다."

이소룡은 자신만의 특유의 몸짓으로 중국무술이 세계에 진출하는 데 비전을 제시하고 발판을 마련했다. 나도 이소룡의 삶을 모델삼아 참 많은 노력을 하며 지내왔다. 나는 그의 창조적인 메시지를 한국춘란에 대입해 가르치고 제자를 양성했다.

"미인도에서 배워야 한다. 미인은 누구나 좋아한다. 미인이 되지 못할 것이면 바꾸어야 한다. 인물과 관상이 살아 있지 않으면 죽은 난이다. 미인도에서 배워라.

난초에 미인을 그려 넣어라. 이것이 한국춘란만이 유일하게 가진 난초 예술의 긴요한 뜻이다."

한국춘란의 아름다움은 의인화된 인문학적 미술관에서부터 시작된다. 인간의 인생관, 철학에 덧입혀도 손색이 없다. 특히 한국적인 아름다움의 상징인 미인도에 대입하면 더 큰 매력이 발산된다. 그래서 세계화가 가능하다고 자신한다. 허무맹랑한 소리가 아니다. 모두가 머리를 맞대면 이룰 수 있는 꿈이다. 이미 세계는 한국춘란에 관심을 갖고 있는데 우리가 준비를 못하고 있을 수도 있다.

국립경남화훼연구소에서 개최한 국제 난 심포지엄에서 한국춘란의 예술세계를 동시통역으로 발표했는데 폭발적인 관심과 질문을 이끌어냈다. 한국 사람이 아닌 해외 여러 나라의 연구진으로부터 받은 관심이었다. 플로리다 난 연합회에서 많은 수의 한국춘란을 주문받았고, 프랑스와 캘리포니아에서도 상당수를 주문받은 적이 있다. 아리랑TV에 출연해 세계에 한국춘란을 소개했는데 캐나다와 호주에서 분점을 개설하고 싶다는 제의를 받았다. 이것 외에도 해외에서 한국춘란에 대한 관심이 뜨겁다는 것을 나는 느낄 수 있었다.

세계는 이미 한국춘란을 받아들일 준비가 돼 있다고 봐도 된다. 그만큼 한국춘란의 아름다움은 검증이 되었다. 이제는 우리가 체계적으로 준비하면 된다. 그 시작점이 바로 난초로 프로 작가가 되겠다는 사람들이 많아질 때다. 프로 작가가 돼 작품을 만들어 한국춘란을 예술로 승화시키겠다는 다짐을 너도 나도 했을 때 세계화로 발돋움할 수 있을 것이다. 태권도가 세계로 뻗어갔듯이 말이다.

작품을 만들기 전 알아야 할 것들

난초로 자산가의 길을 걷고 싶다면 자신만의 작품을 만드는 데 성공해야 한다. 누구도 흉내 낼 수 없는 나만의 작품이 있으면 평생 효자노릇을 한다. 물론 전략 품종을 들여서 조금씩 수익을 창출하는 것도 재미가 있지만 자신만의 작품 세계를 완성하는 것에는 비할 바가 못 된다. 그래서 자산가의 길을 걷고 싶다면 자신이 어떤 작품을 만들면 좋을지 생각하고 도전하면 좋다.

난초로 소득을 만드는 방법은 두 가지 방식으로 축약할 수 있다. 첫째는 건강하고 좋은 DNA를 가진 송아지를 생산해 판매하는 방식의 저촉 분주 출하법이다. 두 번째는 어미 소로 길러 송아지와 함께 판매하는 방식의 작품 출하 방식이다. 전자가 소재 산업이라면 후자는 완성품 산업이다.

두 가지 방식은 서로 장단점이 있다. 대부분 자산가를 노리고 선택하는 방식은 저촉 분주 출하법이다. 그러나 완성작을 만든 다촉 출하법도 수익성이 높다. 저촉 분주법은 당시 실거래가의 60% 요율로 납품을 한다면, 다촉 출하법은 꽃이 3~5개가 붙어 있으므로 꽃의 가치가 더해져 촉당 실거래가의 약 90~110%까지도 받을 수 있다. 꽃값을 포함한 작품 수공료가 붙어서 저촉 분주 출하법보다 두 배쯤 목돈을 만질 수 있다. 5~6촉을 한꺼번에 출하할 수 있어 목돈 마련이 용이하다.

여기서는 작품을 만드는 다촉 완성품(작품)에 대한 이야기를 중점적으로 풀어낼 것이다. 난초로 결과를 만들어내는 마지막 관문은 전시회다. 전시회에서 순위 경쟁을 펼치며 자신의 작품을 인정받는 것이다. 큰 대회에서 인정받으면 자신도 난초도 레벨이 상승된다. 상승된 가치만큼 명예와 부도 뒤따르기 마련이다.

전문가의 길에 들어서는 시점에 너무 높은 목표를 설정해야 한다고 오해할 수 있다. 하지만 목표점이 다르면 얻는 결과도 다르기 때문에 이왕이면 목표를 높게 설정하고 나가야 한다. 누구나 처음은 서툴고 실수하기 마련이다. 그렇지만 이 책에서 제시한 것들을 하나하나 익히면 얼마 지나지 않아 프로가 될 수 있다.

전문가의 길로 들어서서 작품을 구상하려면 처음에는 막연하다. 품종과 사양을 어떤 기준으로 선택해야 할지 잘 모른다. 그래서 20년 전부터 시행해오고 있는 사양별 옵션 리스트를 공개한다. 나는 옵션 리스트를 기준으로 종자를 선택한다.

중요한 것은 영리를 목적으로 난초를 선택한 것과 조금은 기준이 다르다는 것이다. 작품을 하려면 봉준호 감독이 아카데미 감독상을 받으면서 "가장 개인적인 것이 가장 창의적인 것이다"라고 한 것처럼 자신이 추구하는 스타일을 선명하게 하고, 그에 부합되는 옵션이 명확하게 설정되어야 한다. 누구의 의견을 따르는 것이 아니라 자신만의 뚜렷한 가치가 마련돼야 한다.

이때 중요한 것은 품종이 아니라 옵션이다. 옵션은 자신의 방향과 작품 세계를 보여주는 작가의 얼굴이자 정체성이다. 관유정이 추구하는 것과 보통 사람들이 추구하는 것을 예로 들어 자신의 작품 방향이 무엇인가를 설명해보겠다. 예를 이야기하는 것이므로 오해가 없길 바란다.

어떤 옵션이 인정받고 상을 받을 수 있을지 살펴보면서 작품을 구상하는 것은 난초를 팔아 수익을 창출하는 것보다 또 다른 깊은 재미가 있다. 그럼 어떤 옵션이 인정받고 상을 받을 수 있을지 살펴보면서 작품을 구상해보면 좋겠다.

번호	보편적인 작품 방향성	관유정의 작품 방향성
1	C급 색상이라도 원판이라면 좋다.	원판이 아니라도 A급 색상을 한다.
2	색상보다는 엽성이 우선이다.	엽성보다는 색상이 우선이다.
3	색상보다는 화형이 더 우선이다.	화형보다는 색상이 우선이다.
4	엽성이 좋으면 후발색 엽예도 좋다.	후발색이면 엽성이 좋아도 기피한다.
5	엽성이 좋으면 무늬가 C급이라도 좋다.	무늬가 C급이라면 엽성이 좋아도 기피한다.
6	엽성이 좋으면 무늬색이 C급이라도 좋다.	무늬색이 C급이라면 엽성이 좋아도 기피한다.
7	꽃만 좋으면 엽세가 엉망이라도 좋다.	엽세가 엉망이면 꽃이 좋아도 기피한다.
8	두화나 원판이라면 봉심이 벌어져도 좋다.	봉심이 벌어졌다면 두화나 원판이라도 기피한다.
9	화형만 좋으면 중국풍이라도 좋다.	화형이 아무리 좋아도 중국·일본풍이면 기피한다.
10	원판이라면 서화라도 좋다.	원판이 아니라도 진짜 황화가 좋다.

| <표 1> 작품의 방향성을 설정하는 사례

　　난초로 즐거움을 얻는 것도 중요하지만 소득을 창출하는 것도 무시할 수 없는 영역이다. 그보다 더 의미 있는 것은 프로 작가가 되어 자신만의 작품을 만드는 것이다. 나만의 작품이 만들어지면 가치는 상승하게 되고 입문자들이 배우겠다고 찾아오는 경우도 생긴다. 그러면 자신의 난초 판매에도 도움이 되고 교육생을 배출하는 기회도 생길 수 있다. 비싼 난초를 기른다고 해서 대가가 되는 것이 아니라 특출한 작품을 만들어내는 기술을 가진 사람이 대가의 반열에 서게 된다는 점을 기억해야 한다.

　　난초로 즐거움을 얻고 생산성도 높이려는 사람들에게 나는 이렇게 조언한다. 다양성을 맛볼 수 있는 품종 50%(이것저것 취미용), 작품을 할 수 있는 품종 40%(취향에 적합하며 표현해내고자 하는 부분을 정확히 충족하는 나다운 품종), 재테크용 품종

대분류	특성별 구분		등급 및 계급 및 우선순위			
	순위	구분	1등급	2등급	3등급	4등급
화예	1 (4가지)	봉심 단정도	100% 합배	50% 합배	10% 합배	벌어짐
		화근 청결도	소심에 가까움	외삼판에 없음	외삼판에 조금 있음	외삼판과 화경에 많이 있음
		립스틱 색상	진한 빨강색	빨강색	옅은 빨강색	보라색
		내·외삼판 구성비	알맞은 형	소두형	대두형	-
	2 (화형)	화곡(曲)	안아피기	옥아피기	평편피기	반전피기
		화견(肩)	평견	비견	낙견	삼각견
	3	화판 형태	두화	원판	매판	수선판
	4	색상	홍색	황색	주금색	자색
	5	소심	순소심	도시소	준소심	무설점
	6	바탕색	진녹+윤기	진녹+무광	녹색	연한 녹색
			잎의 특성			
	1	엽형	단엽	환엽	미엽	일반엽
	2	엽좌	반입엽 (10시 30분 각)	반수엽 (10시 각)	수엽 (9시 30분 각)	누운엽 (9시 각)
	3	엽색	진녹+윤기	진녹+무광	녹색	연한 녹색
엽예	1	엽형	단엽	환엽	미엽	일반엽
	2	끝형	환변	반환변	로수변	평변
	2	엽좌	반입엽 (10시 30분 각)	반수엽 (10시 각)	수엽 (9시 30분 각)	누운엽 (9시 각)
	3	바탕색	진녹+윤기	진녹+무광	녹색	연한 녹색
	4	무늬색	황색	백색	우유색	연녹색

※ 상황에 따라 다소간의 편차가 있을 수 있음

| <표 2> 전략품종 선택 시 특성 구분별 우선순위 등급표(이대발 난 아카데미 프로 작가과정 교육 내용 발췌)

10%(전략품종)를 들이라고 한다. 그러면 1석 3조의 효과를 누릴 수 있다.

다양성을 맛볼 수 있는 품종들은 기대품(가짜가 아닌 진짜)과 취향에 맞는 이것저 것, 그리고 깨끗한 산채품들이다. 당장 돈과 직결되지 않더라도 볼거리를 제공하고 기르는 재미를 느낄 수 있다. 전체 분수가 100개라면 50분에 해당한다.

두 번째는 작품의 영역이다. 다양성처럼 이것저것이 아니라 자신이 좋아하는 취향의 아주 반듯한 옵션들을 잘 갖춘 것만 엄선해 기르는 과정이다. 작품을 담보하는 것은 값이 비싼 것들이 대부분이긴 하나, 값이 비싼 것들 중에도 옵션이 미미한 것들이 있다. 반대로 옵션을 많이 갖추었음에도 값이 싼 것들이 종종 있는데 이런 품종으로 작품을 하면 기쁨이 서너 배로 오른다. 작품의 영역은 40화분 정도가 좋다.

마지막은 부농으로 가는 자산가의 영역이다. 자산가가 되기 위해 선택한 난초도 옵션이 좋은 것들을 엄선해야 한다. 작품을 하려는 작가들에게 공급하는 목적으로 생산되는 만큼 옵션이 중요하다. 옵션이 갖춰지지 않은 난초는 가격이 아무리 비싸도 시간이 지나면 물거품처럼 가격이 내리기 때문이다.

세 가지 영역으로 난초를 즐겨도 결국은 옵션으로 난초의 가치는 결정된다. 그러므로 장르별 옵션 리스트를 참고해 난초를 선택하도록 해야 한다. 옵션이 보장되면 그 난초는 언젠가 빛을 발할 날이 반드시 오고 멋진 작품으로 승화가 된다.

끝으로 본편의 작품을 잘 이해하면 태극선 100화분이 대회에 나와도 엄밀히 말하면 1~100위까지 여러분들도 쉽게 나눌 수 있게 된다. 그중 알고 계산해 만든 것을 제외한 나머지는 모두 태극선이고, 본편의 과정을 접목시켜 만든 태극선은 태극선이 아니다. 주금색 중투화이자 수많은 태극선 및 중투화들과 기량을 겨루는 작품이자 출전 난인 것이다. 이 순간 나만의 태극선이 되는 것이다.

작품의 시작은 예쁜 난초를 고르는 데서 출발한다

1995년 방영된 〈TV쇼 진품명품〉 프로그램은 선풍적인 인기를 끌었다. 진품명품 영향으로 많은 사람들이 자신의 집 한구석에 있는 고미술품에 관심을 가졌다. 집에 있는 고미술품의 진가를 알고 싶어 지금도 프로그램에 문을 두드린다. 모조품에서부터 국보급까지 참 다양한 고미술들이 선을 보였다. 고미술품에 가치를 부여하는 감정사들의 말은 의뢰인을 웃기기도 울리기도 했다.

〈유랑마켓〉이라는 프로그램 진품명품 코너에 문화유산을 감정하는 이상문 감정사가 나왔는데, 어느 외국인이 소장하고 있는 수막새를 감정하면서 이런 말을 했다. "아무리 오랜 세월이 흘러도 예쁘지 않으면 좋은 가격을 매길 수 없다." 고급스럽고 예뻐야 가치도 인정받는다는 의미다. 그 프로그램을 보며 나는 '어쩌면 내가 한국춘란을 바라보고 가치를 매기는 기준과 그토록 똑같을까?'라며 탄성을 지었다.

한국춘란으로 작품을 할 때도 진품명품에서 고미술품을 감정하는 기준을 눈여겨봐야 한다. 난초는 일종의 행위예술인 셈인데 소재인 품종의 희귀성도 중요하지만 모름지기 예뻐야 한다. 고급스럽고 예쁘면 더 좋다. 그래서 나는 한국춘란을 신윤복 화백의 미인도에 견주어 미학을 풀어냈다. 미인도는 한국적인 여인의 아름다운 자태가 고스란히 녹아 있어 한국춘란과도 잘 어울렸다. 즉 한국춘란으로 작품을 하려면 국산이며 자연생이어야 한다. 그리고 미인도처럼 중국이나 일본과 달리 한국적인 아름다움이 묻어 있어야 한다. 그런 난초를 고를 줄 알아야 작품을 만들어낼 수 있다.

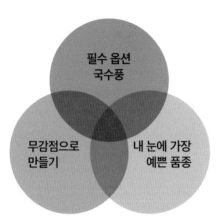

| <나만의 작품 만들기(이것이 바로 내 스타일) 3요소>

다시 강조하면 작품의 메커니즘은 반드시 국산이며 자연생인 난초 중 미인도에서 엿볼 수 있는 아름다움을 잘 갖춘 난이어야 한다. 그런 품종을 종별(강별) 또는 그룹(문별)별로 3~10 종을 금전적 합리성, 미래 가치보존 전망, 자신의 자본 범위에 적합한 순으로 리스트를 만들어야 한다. 이를 자신이 세상에 표현하고 보여주고자 하는 미적 가치관에 부합하는 품종 3~4가지로 다시 압축하고, 건강한 2~3촉을 입수해 3~5년 동안 무감점으로 만들어내는 일련의 과정이어야 한다. 여기서 제일 중요한 요소는 반드시 한국산이며 누가 봐도 국수풍과 미인으로 인정받을 정도의 옵션을 갖춘 난초를 무실격, 무감점으로 만들어내는 것이다. 이는 작가의 혼과 땀방울이 필요한 일이다.

민춘란 꽃이 100포기가 있으면 여기서도 잘생긴 순서가 100등급으로 나뉜다. 잎 모양도 100등급으로 서열을 정리할 수 있다. 모두 같은 민춘란처럼 보이지만 조금 더 예쁘고 그렇지 못한 게 있다는 것이다. 실제 내가 실시한 대구 시민대학 강의에서 봉심이 쩍 벌어진 민춘란과 아주 잘생긴 민춘란을 아무 말 없이 보여주고 질문해보면 난초에 문외한인 사람도 예쁘고 잘생긴 것을 찾아낸다. 이게 본능이다. 이 본능이 작품을 만드는 데도 고스란히 적용돼야 한다.

| <그림 1> 일반적인 형태의 민춘란   아주 잘생긴 형태의 민춘란

　내가 주장하는 논리의 중심은 예쁜 것과 덜 예쁜 것, 아주 못생긴 것들을 명확히 구분하는 데서 출발한다. 공산품인 자동차도 디자인이 예뻐야 잘 팔린다. 내가 교육생들에게 강의할 때 정의하는 예쁨은 일본산이나 중국산, 육종품이나 모조품의 예쁨이 아니다. 진짜 자연생 한국산 춘란만이 가지고 있는 아주 예쁜 수준의 미모를 뿜어내는 아우라를 말하는 것이다. 내가 바라는 한국 난초 열풍(Korea orchid syndrome)은 아주 잘생기고 예쁜 국산만이 만들어낼 수 있다.

　잘생긴 잎과 꽃에는 필수옵션이 있다. 이를 4가지 필수옵션이라고 한다. 이 옵션을 구체화하는 데 20여 년이 걸렸다. 한국 난초 열풍(Korea orchid syndrome)을 일으키려면 4가지 옵션이 갖춰져야 한다. 동방예의지국 상징도 '인(仁)·의(義)·예(禮)·지(智)' 네 가지를 말한다. 난초도 4가지(꽃-봉·화·립·비, 잎-장·폭·변·휨) 옵션이 갖춰져야 비로소 예쁘다고, 작품의 훌륭한 소재의 기본이라고 말할 수 있다.

　의인화는 3만 5천~4만 종에 달하는 난류 중 유일하게 1경 1화인 춘란에서만 가능하다. 중국춘란은 근본적으로 이종(異種)간 혼혈이고 일본산은 봉심이 벌어지고 잎의 엽신 아래 구조가 국산과는 차이가 많아 의인화의 어려움이 많다. 사정이

	꽃 옵션	얼굴	한국춘란의 아름다운 특성
1	봉심	눈(관상의 80%)	합배가 잘될수록 좋다
2	화근	피부 잡티나 흉터	없을수록 좋다 소심에 가까울수록 좋다
3	립스틱 형태	입술 화장	굵고 선명한 것, U자형이 좋다 색상은 빨강색이 최고다
4	내·외삼판 비	몸과 얼굴의 균형미	내삼판이 외삼판에 비해 너무 커도 너무 작아도 아름답지 않다

| <표 3> 꽃의 4가지 아름다움(봉, 화, 립, 비)

	잎 옵션	몸	한국춘란의 아름다운 특성
1	잎 길이	키	짧을수록(소형) 좋다
2	잎 폭	허리	넓을수록 좋다
3	잎 끝	맵시	둥글수록 좋다
4	휨성	부티	반입엽에서 살짝 중수엽일수록 좋다

| <표 4> 잎의 4가지 아름다움(장, 폭, 끝, 휨)

이렇다 보니 단정하고 몸매가 우수한 우리나라 품종을 외국 바이어들도 선호한다. 그야말로 신의 한 수이다. 신은 우릴 버리지 않았다.

예쁜 기준은 개인마다 차이가 있을 수 있다. 그러나 기본인 4가지는 변하면 안된다. 이게 난초 예술에서의 핵심가치다. 이것을 갖춘 것 안에서 김씨는 얼굴을, 이씨는 눈을, 박씨는 피부색을, 최씨는 입술을 더 중요하게 생각한다가 돼야 한다. 그 이후에 화색의 계열과 각 집단 내 등급을 덧입히는 과정이 바로 난초 예술인 것이다. 예쁜 난이라는 밑그림과 배경 위에다 김씨는 황화를, 이씨는 산반화를, 박씨는 두화를 덧입히는 과정이 바로 수작을 향해 나아가는 방향이란 것이다.

작품의 프로세스를 설정하고 시작하라

난초로 작품 세계에 진입하려면 첫 단추를 잘 꿰어야 한다. 예술의 경지에 다다르려면 시작이 중요하다는 말이다. 첫 단추를 의미 있게 꿰려면 미술적인 감성과 표현력을 가져야 한다. 추론 능력을 바탕삼아 예측이 잘돼야 한다는 것이다. 지금 하고 있는 일이 앞으로 어떻게 펼쳐질지 내다보 는 능력이 바로 예측력이다.

예측하는 능력은 철저한 분석에 의해서 이루어진다. 어떤 과정으로 일이 진행되고 마지막에는 어떤 결론이 나올 것인지를 한눈에 계산하고 읽어내는 능력이다. 이런 능력은 꿈을 펼쳐가려는 사람들이라면 누구에게나 필요한 덕목이다.

난초로 작품을 만들 때도 예측력은 중요하다. 프로세스라고도 말할 수 있다. 프로세스는 기술적인 작업이 진행되는 과정이나 진척되는 정도를 뜻하는 말이다. 자신이 만들고 싶은 난초에 어떤 기술을 덧입혀야 좋은 작품을 만들 수 있을지 그 과정과 결과를 꿰뚫는 능력을 의미한다. 작품을 만들어보겠다고 무작정 덤비는 것이 아니라 철저히 분석, 준비, 구상, 설계하며 작품을 완성시켜야 한다.

다음은 난초로 작품을 만드는 프로세스다. 1단계부터 8단계까지 과정을 잘 살펴 하나하나 준비해보자. 그러면 자신도 전문가가 되고 프로 작가의 경지까지 도달하게 될 것이다.

단계	항목	내용
1단계	구상	표현하고 싶은 자신만의 조감도 구상
2단계	설계	조감도, 모식 꼴, 예상 촉·잎 장수, 완성 연도 설계
3단계	소재 확보	뿌리 좋고 건실한 2등품(상등품) 이상 2~4촉 입수
4단계	몸만들기	전체 촉의 모든 잎이 6장, 잎 끝 온전토록 만들기
5단계	건강하게 기르기	저장양분율과 T/R율 맞추기 및 적아[16] 잘하기
6단계	무감점 난초	무감점 요소를 참고해 감점 없는 난초 만들기
7단계	특성 발현	1단계 구상대로 표현하고 싶은 요소가 잘 나타나게 만들기
8단계	장식	정성을 쏟아 룰에 맞게 아름답게 장식하기

| <표 5> 한국춘란 작품 프로세스

그럼 1단계 구상부터 차근차근 어떻게 준비해야 할지 살펴보자. 예를 들면 산반화라고 하자. 나는 긁은 듯한 산반 무늬에 황색을 좋아하니 거기에 4가지를 덧붙인 것을 구한다. 5촉에 각 촉마다 잎 장 고르게 6장을 만들어 꽃 2~3개를 피워 전시회에 내는 것을 말한다. 어떤 수준에 도달한 경력자라면 자신의 스타일과 추구하는 미술적 관점이 있어야 한다. 그런데 우리 난계에는 경력이 많아도 대부분 이것이 결정적으로 없다. 작품이 잘 되어야 돈도 명예도 행복도 모두 다 이루어진다.

예를 들어 복륜으로 자신만의 작품을 만들어보겠다면 먼저 복륜이 추구하는 아름다움이 무엇인지를 파악해야 한다. 복륜이 가지고 있는 특성을 파악한 후 우선 다음과 같은 질문으로 구상을 구체화시킬 수 있다.

1. 복륜과 복륜화는 다른 장르에 비해 어떤 특징적인 매력을 가졌을까?

2. 주 감상 포인트는 무엇인가? 색상일까? 무늬 양일까? 긁어내린 운정(크라운)일까?

---

16 나무나 풀(난초)의 원줄기(벌브) 곁에서 돋아나는 필요하지 않은 순을 잘라내는 일

3. 유사한 산반화와 호·중투화에서 나타나지 않는 복륜의 특수한 아름다움은 무엇일까?

위와 같은 질문을 던지며 복륜을 파악해야 어느 순간 욕구가 생기고 욕구가 생겨야 남들과 차별화된 구상이 나오는 법이다. 복륜화는 꽃잎 가장자리의 줄무늬를 보는 게 아니다. 경력 문외한은 잎에 줄이 있고 없고를 본다면, 경력 3개월쯤의 입문자들은 잎 복륜을 보고, 경력자는 줄무늬의 개성과 얼굴을 보는 것이다. 다음은 복륜의 감상 포인트다.

순위	복륜 감상 포인트	복륜화 감상 포인트
1	무늬의 깊이	무늬의 색상
2	무늬의 두께	무늬의 깊이
3	무늬의 색상	무늬의 두께
4	두께무늬의 경계색	두께무늬의 경계색
5	무늬의 드나듦이 얼마나 날카로운가?	무늬의 드나듦이 얼마나 날카로운가?
6	바탕색인 초록색이 얼마나 진한가?	바탕색인 초록색이 얼마나 진한가?
기본 옵션	국산풍이 넘치는가?	
	자연생이 확실한가?	
	4가지를 갖추었는가?	

| <표 6> 복륜과 복륜화의 감상 포인트(관유정 교육 내용)

작품은 난초꽃 한 송이에 오롯이 자신을 담아내는 것이다. 이게 되어야 설계와 소재 확보가 가능해진다. 이제 구상, 설계, 소재 확보에 성공하면 그 다음부터는 기술을 덧입혀 잘 배양하고 가다듬으면 된다.

복륜 하나의 개체에서도 수많은 무늬와 색상이 나타난다. 여기에서도 나름의 순위가 정해져 있다. 복륜 개체의 특성을 잘 나타내는 아름다움이 무엇인지 알아야 설계도 소재도 잘 구할 수 있다. 복륜의 감상 포인트에 대한 점검이 필요하다는 말이다. 〈표 6〉은 복륜의 감상 포인트다.

감상 포인트는 표현하려는 수준을 의미하는 것이다. 초보자들은 복륜의 잎 가장자리에 나타난 줄무늬를 감상하면 된다. 하지만 경력자라면 수준 높은 색상, 수준 높은 깊이와 두께, 수준 높은 무늬의 경계, 수준 높은 초록색을 볼 수 있어야 한다. 이처럼 모든 요소를 복합적으로 융합시켜 만들어내는 하나의 미술품을 창작해내야 한다. 자신이 중점적으로 추구하고 표현해내고자 하는 정확한 철학과 관점이 있어야 한다.

단순히 보름달을 소유하고 꽃을 피우는 건 보름달을 나도 가지고 있다는 소유의 개념일 뿐이다. 예술은 소유가 아니다. 보름달 4촉 모두 6장의 잎에 모두 15cm로 만들어 꽃을 홀수로 달고 70% 개화 시 무감점으로 피워내려는 자신과의 싸움인 것이다. 다음은 복륜의 옵션을 잘 발현한 것과 그렇지 않은 것의 차이점을 구별할 수 있는 그림이다. 이를 참고하면 어떻게 구상하고 설계하며 소재를 구해야할지 가늠이 될 것이다.

복륜으로 작품을 만들려고 할 때는 〈그림 2〉와 같이 복륜이 가진 특성을 잘 파악해야 한다. 1단계 구상 단계는 복륜을 예로 설명했으니 다른 품종과 장르도 이와 같은 단계로 접근하면 된다.

2단계는 설계다. 설계에서는 표준이 되는 형식(모식)을 설정해야 한다. 어떤 형식이 구현하려는 특성을 잘 발현시킬지 분석해 정하는 것이다. 〈표 7〉은 춘란으로 구현할 수 있는 모식의 꼴들이다. 이것들을 참고해 어떤 작품을 완성하면 좋을지 생각해보라.

설계 단계에서 빼놓을 수 없는 한 가지가 더 있다. 바로 완성 연도를 설정하는

한국춘란 가이드북 전문가편

제관(일본)		금곡(한국)	
봉심 벌어짐	배제	봉심 단정	합격
무늬 색상 백황색(3~4등급)	배제	무늬 색상 황색(1등급)	합격
색상의 경계가 나쁨	배제	색상의 경계 좋음	합격
무늬의 드나듦이 예리하지 않음	배제	무늬의 드나듦이 예리함	합격
무늬가 깊은(90% 깊이) 심(深)복륜(1등급) 무늬 색상은 유백색(3~4등급)		무늬가 조금 깊은 복륜(2등급) 무늬 색상은 황색(1등급)	

꽃
무늬

무늬
깊이
와
색상

| <그림 2> 복륜과 복륜화의 특성 발현 예(*현행 복색류인 홍색, 주금색, 자색은 황색과 같은 등급으로 귀속함)

것이다. 출품년도를 정해야 그에 맞는 품종과 옵션이 뒷받침된 소재를 들일 수 있다. 3단계 소재 확보는 구상과 설계 단계에서 파악한 내용에 부합하는 난초를 구하는 과정이다. 가급적 성촉이 된 것 중 3촉 전후의 최고의 상등품(1등급품)을 들이면 좋다. 너무 어리거나 약한 것은 시간이 많이 걸려 좋지 않다. 몸을 만드는 데 시간을 허비할 수 있으니 가급적 최상등품을 들이도록 힘써야 한다.

참고로 무늬의 발현 정도도 나름의 순위가 있으므로 다음을 참고해 엽예를 아름답게 배양하도록 해보라.

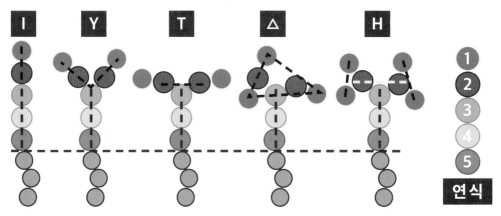

| <그림 3> 한국춘란 작품 모식

I형	Y형	T형	△형	H형
전진촉 1개	전진촉 2개	전진촉 2개	전진촉 3개	전진촉 4개
잎이 잘 안 넓어지는 종류와 탈색이 거의 없는 종류	표준	표준	소멸이 빠른 종류	소멸이 매우 빠른 종류
단엽, 환엽, 중투	전 장르	전 장르	사피, 서반, 산반	소멸이 빠른 산반

| <표 7> 한국춘란 작품 모식도의 활용 범위

한국춘란 가이드북 전문가편

| <그림 4> 중투 무늬 종류 1. 호 2. 편 중투 3. 좁은 중투(중압) 4. 중투 5. 넓은 중투

〈그림 4〉에서 5번 무늬가 가장 아름답다. 무늬색의 면적이 넓고 녹색 테두리가 황색의 무늬색을 100% 감싸고 있어 아주 좋은 품종이다. 색상의 대비도 아주 훌륭하다. 가장 피해야 할 무늬는 1번이다. 1번의 무늬로는 작품의 완성도를 높일 수 없다. 4단계 몸만들기부터 8단계 장식은 이번 장에 수록된 내용을 참고하면 도움이 될 것이다.

백조의 아름다움을 보려면 물 밑에서 치열하게 움직이는 발짓을 볼 수 있어야 한다는 말이 있다. 호수 위에서 아름답게 유영하는 백조의 아름다움은 물밑에서 수백, 수천 번의 발짓으로 만들어진다. 이처럼 하나의 아름다운 작품이 완성되려면 다양한 단계를 거쳐야 한다. 어느 한 가지도 소홀히 할 수 없다. 하나의 완벽한 작품은 이렇게 고단한 수고와 어려움 속에서 탄생된다. 그래서 그 아름다움이 더욱 빛을 발한다. 아름다움의 이면에 숨어 있는 배양자의 수고와 땀방울이 담겨 있기 때문이다. 난초에 발을 디뎠다면 그 아름다움의 결정체를 하나라도 만들어낼 수 있기를 바란다.

우리는 알고 임해야 하고 목적과 방향을 정해놓고 가야 한다. 농부도 좋지만 예술가가 되면 양수겸장이라 더 좋다. 페인트 상점보다는 페인트 개발 회사가 더 나은 삶일 것이다. 그리고 페인트 개발 회사보다는 화가가 더 나은 삶일 것이다. 나아가 화가보다는 프로 작가가 더 나은 삶일 것이다. 촉을 생산해 난을 한 촉 두 촉씩 판매하는 건 작품의 소재를 생산해 시장에 내는 것이다. 소재 난초를 팔아서 얻은 소득도 기쁘지만 이보다는 작품을 만들어 소득을 올리면 기쁨은 10배가 됨을 이해해야 한다. 하지만 메이저대회에서 직접 큰 성적을 내는 것이야말로 최고의 희열이 있음도 알았으면 한다.

우리는 생을 잠시 살다 간다. 인생은 짧고 예술은 영원하다. 잠시의 삶이지만 한국춘란에 발을 디뎠다면 예술의 경지로 느끼는 짜릿함을 맛보길 권한다. 그러므로 무작정 태극선을 꽃피워 전시회에 내지 마라. 태극선의 잎과 뿌리 한 가닥, 잎 한 장, 그리고 꽃잎 한 장 한 장마다 자신의 생각과 땀을 쏟아부어라. 자신의 혼을 담아내라. 그러면 돈을 떠나 어느 것과도 바꿀 수 없는 나만의 태극선이 된다. 이게 예술이다. 전시회는 난초의 아름다움의 극치를 선별하는 곳이지 어떤 게 비싼가를 겨루는 형이하학적인 장이 아니다. 작품은 난초에 입문해 평생동안 걸어가야 하는 숙명의 길이자 마지막 관문이다. 그 관문을 멋지게 장식하도록 돕기 위해 10여 개의 큰 단체가 존재한다. 난계의 각 단체들은 존재 이유를 명확하게 해야 한다. 자기 단체들의 발전만 원하는 개인주의라면 희망이 없다. 난계 전체의 공동체 의식이 필요하다. 뭉쳐서 한목소리를 내야 힘이 생긴다. 내가 명명해 보급한 촉당 7~10만 원 하는 홍륜(주금색 복륜화)이 농림부장관상 시합에서 1억을 호가하던 보름달을 작품력으로 이겼다. 2020년 기준 촉당 2만 원 하는 태극선(주금색 중투화)은 홍륜보다 더 우수하다는 평가를 받는다. 단돈 10만 원을 들여서 태극선으로 도전해보라. 홍륜도 해냈는데 태극선이라고 안 될 리 없다. 이게 작품을 하는 예술의 세계에서 누려야 할 희열이다. 작가의 땀과 시간, 기술과 혼으로 빚어낸 승리다. 이런 평범한 진리가 난계에 뿌리 내리길 기대한다.

감상(특성 발현) 포인트를 살려 작품성을 높여라

　자산가가 되는 길은 다양하다. 가장 쉬운 방법은 막대한 자본을 투자해 수익을 창출하는 것이다. 두 번째는 소자본으로 성공전략을 세우고 전략품종을 선정해 건강한 난초를 생산해 출하하며 수익성을 높이는 것이다. 도시농업에 진출하는 사람들에게 가장 이상적인 방법이다. 어떤 형식이든 성공하려면 난초의 특성을 이해하고 기술력을 확보해야 한다.

　난초로 성공을 이루는 요인에는 반드시 돈만 있는 게 아니다. 명예와 성취감도 돈 못지않게 중요하다. 철저한 계산과 계획을 통해 우수한 작품을 만들어내는 것은 순위나 성적과는 상관없이 즐거운 일이다. 당해 시합 직전에 돈을 주고 사서 내는 것과는 비교가 안 된다. 그래서 작품을 하려면 적어도 엽예 9강과 화예 16강의 각 강마다 고유의 특성과 개성을 최고로 표현해낼 수 있는 품종을 고를 수 있는 안목(기술)이 절대적으로 필요하다.

　나아가 각 계열(강/종별)마다 핵심이 되는 미술적 특성 포인트를 세련되고 고급스럽게 잘 표현시켜 완성도 높은 작품을 만들 수 있게 하는 전략과 전략품종이 필요하다. 돈만 있다고, 열정만 있다고 되는 것이 아니다. 반드시 어떻게 준비하는 것이 최고의 작품을 만들 수 있는 길인지를 알고 덤벼야 한다.

내 주변에 평생 동안 난초를 사서 출품하는 사람이 있다. 출품하면 거의 상을 받는다. 그런데 대회가 끝나면 무조건 팔아버린다. 더러는 조금 남기고, 더러는 조금 손해보고. 이분은 난을 기르는 분이 아니다. 렌털하는 분이다. 여름에 난초가 죽으면 어떡하나 해서 판다고 한다. 위로를 해야 할지 반대해야 할지 헷갈린다.

나에게는 최고의 동반자가 있다. 해마다 대회에 출전하는 신문(2019년 농림부장관상 대회 2위)이다. 살 사람이 줄을 서 있다. 어떤 사람은 촉당 시세의 3배를 쳐준다는 분도 있었는데 나는 거절한다. 10년간 잎 한 장, 뿌리 한 가닥을 다 내 손으로 받았으니 남에게 줄 수가 없다. 이 얼마나 즐거운 일인가? 신문이 매년 나에게 즐거움을 주는 요소는 돈으로 환산한다면 수천만 원을 호가한다. 이렇듯 한번 몸이 만들어져 궤도에 오르면 매년 상을 받게 해주니 팔지 않아도 된다. 어찌됐든 사람들이 매력을 느끼고 관심을 가질 수 있는 작품을 만들어야 돈보다 더한 것도 가질 수 있다.

작품을 만들 때 가장 먼저 생각해야 하는 것은 가상의 조감도를 그리는 것이다. 완성작을 머릿속으로 그릴 수 있어야 그 모습을 구현해낼 수 있기 때문이다. 신발이나 패션 디자이너들이 먼저 조감도를 그린 후 디자인을 하는 것과 같은 이치다.

한국춘란은 각 계열마다 추구해야 하는 미술적 특성 발현 포인트가 다 다르다. 그 점을 잘 발현시켜야 된다. 원판화는 원판화다워야 하고 두화는 두화다워야 한다는 말이다. 각 계열마다 최고의 아름다움이 어떤 것인지를 가늠하고 작품을 만들면 뛰어난 작품을 만들어낼 수 있을 것이다. 다음 그림과 표를 참조하여 계열마다 아름다움을 나타내는 기준이 무엇인지 살펴서 자신만의 작품을 만드는 데 활용하기 바란다.

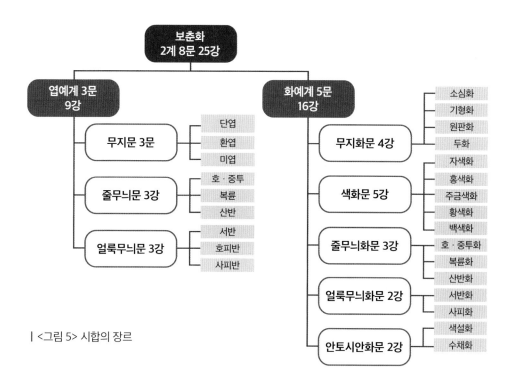

| <그림 5> 시합의 장르

엽예계

1. 무지문 – 잎에 무늬가 없으면서도 키가 짧거나 잎의 형태가 수려한 종류

	주 감상 포인트	잘 발달된 라사
단엽(短葉)	잘 발달된 라사, 잎 끝이 둥글수록, 잎의 색상이 진할수록, 두텁고 윤기가 날수록 좋다.	
	주 감상 포인트	짧고 동글동글한 엽 형태
환엽(丸葉)	짧고 동글동글한 엽 형태일수록, 키는 10cm 정도, 잎의 색상이 진할수록, 두텁고 윤기가 날수록 좋다.	
	주 감상 포인트	두텁고 웅장한 엽 형태
미엽(美葉)	두텁고 웅장한 엽 형태일수록, 잎은 환엽을 닮을수록, 키는 10~15cm 정도, 잎의 색상이 진할수록, 두텁고 윤기가 날수록 좋다.	

2. 줄무늬문 - 잎에 황색이나 백색의 수려한 줄무늬가 세로로 나타난 종류

호·중투(鎬·中透)	주 감상 포인트	노란색의 속 줄무늬
	녹색 복륜이 깊을수록, 가운데 무늬색이 황색일수록, 무늬색과 녹색이 진할수록, 나이가 들어도 변색이 없을수록, 무늬색과 녹색의 보색이 선명할수록 좋다. 작품 프로세스 <그림 4>의 4·5가 좋다.	
복륜(覆輪)	주 감상 포인트	노란색의 갓줄무늬
	황색 복륜이 두터우며 깊을수록, 무늬색과 녹색이 진할수록, 나이가 들어도 변색이 없을수록, 무늬색과 녹색의 보색이 선명할수록 좋다. 작품 프로세스 <그림 4> 3·4의 녹색의 복륜이 무늬로 나타나면 좋다.	
산반(散斑)	주 감상 포인트	노란색의 수를 놓은 듯하며 정교하게 긁어내린 듯한 무늬
	수를 놓은 무늬가 깊을수록, 황색일수록, 잎 장마다 균일하게 나타날수록, 나이가 들어도 무늬감소 폭이 작을수록, 무늬색과 녹색의 보색이 선명할수록 좋다.	

3. 얼룩무늬문 - 잎에 황색이나 백색의 수려한 무늬가 가로로 나타난 종류

서반(曙斑)	주 감상 포인트	노란색이나 백색의 가로형 얼룩·구름무늬
	무늬 색상이 진할수록, 무늬 발현이 화려할수록, 무늬색이 황색일수록, 나이가 들어도 변색이 없을수록, 무늬가 선천성일수록, 시간이 경과해도 무늬색 감소가 작을수록, 무늬색과 녹색의 보색이 선명할수록, 녹색이 진할수록 좋다.	
호피반(虎皮斑)	주 감상 포인트	노란색이나 백색의 가로형 마디 띠무늬
	무늬 색상이 가로로 또렷할수록, 무늬 색상이 진하고 화려할수록, 무늬색이 황색일수록, 띠무늬가 3~4 마디일수록, 무늬색과 녹색의 보색이 선명할수록, 녹색이 진할수록, 시간이 지나도 무늬색이 감소하지 않을수록, 무늬가 선천성일수록 좋다.	
사피반(蛇皮斑)	주 감상 포인트	서반 무늬에 녹색의 기러기 군무
	서반의 특징인 구름무늬 크기가 클수록, 황색일수록, 색상이 진할수록, 무늬에 나타난 녹색의 기러기 반점(군무가)이 화려하고 아름다울수록, 잎 장마다 균일하게 나타날수록, 나이가 들어도 무늬 감소 폭이 작을수록, 무늬색과 녹색의 보색이 선명할수록 좋다.	

화예계

1. 무지화문 - 꽃은 민춘란인 초록색이면서도 형태가 수려하거나 독특한 종류

소심화(素心花) 꽃의 4가지 필수	주 감상 포인트	꽃 전체 붉은 선과 점이 없는 순백 미
	내·외삼판과 화경 포의 모두에서 붉은 선이 없을수록, 초록 색상이 진할수록, 순판이 흴수록, 순소심일수록, 꽃잎이 두터울수록 좋다.	
기형화(奇形花)	주 감상 포인트	기형의 아름다운 형태인 꽃
	해마다 비슷하게 피어야 하고 예쁜 느낌이 들어야 좋다. 지저분하지 않고 단성의 다설일수록 좋다.	
원판화(圓瓣花) 꽃의 4가지 필수	주 감상 포인트	외삼판(주·부판)이 둥근 형태
	두화에 근접할수록, 주부 판의 폭 대비 길이가 1/1.3-1.5 이내로 둥글고 꽃잎이 두터울수록, 립스틱이 진할수록, 화경이 녹색일수록, 꽃이 클수록 좋다.(표 12 참고, 149p 참고)	
두화(豆花) 꽃의 4가지 필수	주 감상 포인트	내·외삼판 6장의 꽃잎이 둥근 형태
	내·외삼판 모두 폭과 길이가 1/1-1.2 이내로 주부판 모두가 동그랄수록, 꽃잎이 두터울수록, 립스틱이 진할수 록, 화경이 녹색일수록, 꽃이 클수록 좋다. (표 12 참고, 149p 참고)	

2. 색화문 - 꽃잎이 녹색이 아닌 자, 홍, 주금, 황, 백색으로 피는 종류

자색화(紫色花) 꽃의 4가지 필수	주 감상 포인트	주·부판과 봉심에 진하고 고르게 나타난 자주색
	색상이 진할수록, 소심에 가까울수록 좋다. 대륜이며 두꺼울수록 좋다. 개화 시 발색이 순조로울수록, 개화 후에도 자색 감소가 작을수록 좋다.	
홍색화(紅色花) 꽃의 4가지 필수	주 감상 포인트	주·부판과 봉심에 진하고 고르게 나타난 붉은색
	색상이 진할수록, 소심일수록 좋다. 대륜이며 두꺼울수록 좋다. 개화 시 발색이 순조로울수록 좋다.	
주금색화(朱金色花) 꽃의 4가지 필수	주 감상 포인트	주·부판과 봉심에 진하고 고르게 나타난 붉은 황금색
	색상이 진할수록, 소심일수록 좋다. 대륜이며 두꺼울수록 좋다. 개화 시 발색이 순조로울수록 좋다.	

황색화(黃色花) 꽃의 4가지 필수	주 감상 포인트	주·부판과 봉심에 진하고 고르게 나타난 노란색
	색상이 진할수록, 소심일수록 좋다. 대륜이며 두꺼울수록 좋다. 개화 시 발색이 순조로울수록 좋다. 화경이 초록색일수록, 서화가 아닐수록 더 좋다.	
백색화(白色花) 꽃의 4가지 필수	주 감상 포인트	주·부판과 봉심에 진하고 고르게 나타난 흰색
	색상이 진할수록, 소심일수록 좋다. 대륜이며 두꺼울수록 좋다. 개화 시 발색이 순조로울수록 좋다. 화경이 초록색일수록, 서화가 아닐수록 더 좋다.	

3. 줄무늬화문 - 꽃잎에 황색이나 백색의 수려한 줄무늬가 세로로 나타난 종류

호·중투화 (鎬·中透花) 꽃의 4가지 필수	주 감상 포인트	주·부판과 봉심에 나타난 노란색의 속 줄무늬
	무늬 색상은 홍색이나 황색이 좋다. 녹색 복륜이 깊을수록, 초록(바탕) 색상이 진 할수록 좋다. 만개 시 변색이 없으면 좋다. 무늬색과 녹색의 보색이 선명할수 록 좋다. 작품 프로세스 <그림 4>의 4·5·3 순으로의 형태가 가장 좋다.	
복륜화(覆輪花) 꽃의 4가지 필수	주 감상 포인트	주·부판과 봉심에 나타난 노란색의 갓줄무늬
	무늬 색상은 홍색이나 황색이 좋다. 무늬색과 녹색이 진할수록 좋다. 만개 시에 도 변색이 없으면 좋다. 무늬색과 녹색의 보색이 선명할수록 좋다. 작품 프로세 스 <그림 4>의 3·4·2 순으로 녹색의 무늬 형태가 무늬색일 때 좋다.	
산반화(散斑花) 꽃의 4가지 필수	주 감상 포인트	주·부판과 봉심에 나타난 노란색의 자수를 놓은 듯한 정교한 무늬
	황색 수를 놓은 무늬가 깊을수록, 홍색이나 황색일수록, 꽃잎마다 균일하게 나 타날 수록, 만개 시에도 무늬감소 폭이 작을수록, 무늬색과 녹색의 보색이 선명 할수 록 좋다.	

4. 얼룩무늬화문 - 꽃잎에 황색이나 백색의 수려한 줄무늬가 가로로 나타난 종류

서반화(曙斑花)	주 감상 포인트	꽃잎에 나타난 노란색이나 백색의 가로형 얼룩·구름무늬
	무늬 색상이 진할수록, 무늬 발현이 화려할수록 좋다. 만개 시에도 변색이 없 으면 좋다. 무늬색과 녹색의 보색이 선명할수록, 꽃잎마다 균일하게 나타나면 좋다.	

사피화(蛇皮花)	주 감상 포인트	꽃잎에 나타난 노란색이나 백색의 가로형 얼룩·구름무늬에 나타난 기러기 군무의 녹색의 점박이 양상
	구름이 떠 있는 듯한 넓은 서반 무늬에 녹색의 반점 군무가 화려하고 아름다우면 좋다. 꽃잎마다 균일하게 나타나고 만개 시에도 무늬감소 폭이 작을수록, 무늬색과 녹색의 보색이 선명할수록 좋다.	

5. 안토시안화문 - 꽃은 민춘란이면서도 꽃잎 안쪽과 입술이 아름다운 종류

색설화(色舌花)	주 감상 포인트	안토시아닌 색소에 의한 입술(舌) 전체에 나타난 붉은 립스틱
	입술(舌) 전체에 나타날수록, 붉은색일수록, 지저분하지 않고 깨끗한 느낌이 들수록, 색상이 진할수록, 만개 시 변색이 없을수록, 입술을 제외한 모두가 소심일수록 더 좋다.	
수채화(水彩畵)	주 감상 포인트	꽃잎 전체에 나타난 자주색 물방울 형상
	안토시아닌 색소에 의한 꽃잎 안면에 나타난 크고 작은 자주색 물방울 형상이 지저분하지 않고 깨끗한 느낌이 들면 더 좋다. 색상이 진하고 선명할수록 좋다. 무늬 면적이 60~70%가 좋다. 화경과 포의는 소심처럼 깨끗하면 더 좋다.	

※ 입문편 4장 4-2 '한국춘란의 가계도를 살피다' 사진 참고

| <표 8> 8문 25강의 감상 포인트(표현 포인트)

화형과 화판형에 대한 개념을 정립하라

　나만의 작품을 만들려면 어떤 꽃이 아름다운지, 어떤 옵션으로 구성돼 있어야 좋은 등급을 받는지 기본을 알아야 한다. 여기서 나만의 작품이란 대회의 성적도 좋지만 프로 작가라면 자신의 취향도 고려하라는 말이다. 175cm는 되어야 미인대회에서 수상 가능성이 높다고 한다. 그러나 농구선수의 입장에서 본다면 다를 수도 있다는 관점을 말하는 것이다.

　즉, 무턱대고 작품을 만들어서는 대회에서 좋은 성적을 거두기 힘들다. 그래서 화형과 화판에 대한 개념을 정립할 필요가 있다. 두 가지가 아름다운 꽃의 조건을 충족하는 데 매우 중요한 덕목이기 때문이다.

　꽃집에서 장미꽃 한 송이를 사더라도 요리조리 살피며 고른다. 선물 받을 사람에게 아름다운 것을 주고 싶은 인간의 본능 때문일 것이다. 그렇다고 값이 턱없이 비싸지는 않다. 같은 값이면 더 예쁜 꽃이면 좋다는 의미다. 난초도 다르지 않다. 난초도 하나의 꽃을 피워 작품을 만드는데 같은 값이라도 예쁘게 피워야 한다. 예쁜 꽃을 예쁘게 피우고 가장 예쁠 때 대회에 나가야 좋은 성적을 거두고 가치를 인정받게 된다. 난초를 매매할 때도 같은 꽃이어도 화형과 개화의 정도에 따라 값이 달라지는 것을 볼 수 있다.

1	표정(관상)	인상이 잘생겼는가의 높낮이 계급
2	화형	예쁜 정도의 높낮이 계급
3	화판형	신분의 높낮이 계급(두화, 원판화, 매판화, 수선판화)
4	크기(대륜, 중륜, 소륜)	만개한 상태에서 꽃의 크기 정도의 계급

| <표 9> 표정과 화형 vs 화판형의 이해

난초 대회는 미인대회다. 잘생긴 것이 우선이지 원판이나 두화가 우선이 아니다. 미인대회는 살림 잘하고 어질게 생긴 사람을 가리는 게 아니고 예쁜 것을 가리는 곳이란 점을 이해해야 한다. 물론 다 같이 예쁘다면 두화가 최고일 것임은 말할 필요도 없다. 출품 코드에 원판과 두화만 있으므로 일반 화판형은 아무리 잘생겨도 어차피 큰 의미는 없다.

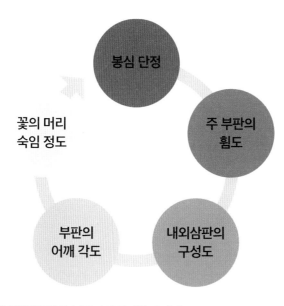

| 화형의 5대 요소(80~100% 개화 시 기준)

실제 경기에 나가 보면 원판과 두화는 하이클래스라고 해서 하나의 장르로 구분돼 있다. 하지만 이는 분리되어야 한다. 왜 통합시켰을까? 원판화와 두화의 구분이 까다롭기 때문이다. 까다로운 것이라도 학습과 룰을 통해 평가 기준을 선진화해야 한다. 국전은 국무위원의 상장이 나갈 정도로 권위가 있는 대회다. 깊이 고민해보아야 할 대목이다. 세세한 디테일이 사라지면 희망이 없다.

등급	1	2	3	4	5
4대 요소	아주 잘생겼다	잘생겼다	보통이다	못생겼다	아주 못생겼다

| <표 10> 화형의 계급 - 80~100% 개화 시 기준(표정+화형)

〈표 10〉의 화형의 4대 요소는 '화형의 5대 요소'를 매우 복합적이고 과학적이며 관상학적으로 풀어낸 종합적인 결론이다. 그럼에도 화형에 대해 물어본다면 이렇게 답할 수 있다. 가령 두화일지라도 봉심이 붙었고 어깨가 비견이라 삼각 구성이 탁월하다면 예쁜 두화라고 말해야 한다. 반대로 봉심이 벌어졌고 어깨가 너무 낙견이라 인상과 표정의 균형미가 없으면 예쁘지 않은 두화라고 말해야 한다. 즉 얼마나 예쁘게 피는 유전적인 특성을 가지고 있느냐가 중요하다. 그럼에도 이는 관리자의 실력에 따라 차이가 많이 난다.

모두(표 10과 표 11)에서 1등급이면 나는 절반의 예를 부여하라고 교육을 시킨다. 〈표 12〉의 화판형의 2등급(원판화)도 귀하지만 화형과 청결도 면에서 모두 1등급을 받은 난 또한 매우 귀하기 때문이다.

우리나라는 백의민족의 특성상 일본과 중국보다는 소심을 좋아하는 민족성을 나타낸다. 소심과 거의 비슷한 정도로 화근이 없는데 립스틱만 곱게 그려져 있다면 이 또한 매우 희귀하고 아름답다. 잘생긴 것도 하나의 희소가치가 있는 만큼 추접하지 않고 깨끗한 것도 귀하고 아름답다. 이웃 일본은 나의 관점에서 볼

등급	1	2	3	4	5
꽃의 청결도	아주 깨끗하다	깨끗하다	보통이다	지저분하다	아주 지저분하다

| <표 11> 화근의 청결도(유무) 계급 - 80~100% 개화 시 기준

때 부족함이 많은 품종들이 대부분이다. 그렇기에 그들은 한국적 아름다움에 대한 갈증이 남달랐을 것이다. 그래서 인지는 몰라도 자국 스타일보다 한국적 아름다움을 나타내는 4가지를 갖추고 예쁜 난을 유독 많이 수입해갔다. 이는 앞으로 부딪혀야 할 중국도 대만도 마찬가지일 것이다.

이제는 화판형의 계급이다. 원판이면 그 이하의 등급보다 금배지를 하나 더 달아준다. 예를 부여한다는 것이며 귀하다는 의미이지 잘생겼다는 의미는 아니다. 화형이 종합건설이라면 화판

| <그림 6> 향수 -립스틱을 제외하고는 100% 소심

형은 전문 건설인 셈이다. 화판형은 원판화부터 예가 붙는다.

구분	두화	원판화	매화판	수선화판	죽엽판
등급	1	2	3	4	5
폭 대비 길이%	1:1~1.2	1:1.3~1.6	1:1.7~2.0	1:2.1~2.4	1:2.5~3.0

| <표 12> 화판형의 계급 - 80~100% 개화 시 기준

화판형은 1~5등급으로 편의상 나누고 그 이하 검형과 침형은 등급 외이다. 두화에는 판(瓣)자가 빠져 있다. 그러나 2등급부터는 모두 판(瓣)자가 합성되어 있다. 판은 꽃받침(주·부판)을 의미하는 말이고, 화는 꽃잎 6장(주·부판+봉심+입술(脣)) 모두 합한 것을 말한다. 원판을 포함한 판자를 수식한 것들은 외삼판의 폭 대비 길이만 맞으면 된다. 하지만 두화는 내·외 삼판 6장에서 모든 조건을 두루 갖춰야 한다.

판은 화형을 뜻하는 것이 아니다. 판은 꽃받침의 형태를 말하는 것이다. 원판에 비해 두화는 훨씬 조건이 까다롭다. 시중에 자신의 꽃이 두화라고 주장하는 사람이 많은데 100% 개화할 때 보면 대부분 원판이거나 매판인 것이 많다. 계급의 정의 체계조차 자리가 잡히지 않아 생긴 상황이다. 그래서 교육과 체계의 보급화가 시급하다.

| <그림 7> 원명

보통 아빠들은 자신의 딸이 미스코리아처럼 예쁘다고 말한다. 어디까지나 아버지의 기준이다. 그러나 남들은 그렇게 보지 않는다. 남들은 좋은 점보다 단점을 보고 평가를 하기에 그렇다. 아버지는 단점보다 장점을 본다. 난초로 의미 있는 작품을 만들려면 다른 사람의 시선에서 바라봐야 한다. 그 시선의 기준이 되는 것이 바로 화형이라는 말이다.

내가 개발해서 그런지 황

한국춘란 가이드북 전문가편

화 원명은 마르고 닳도록 칭찬해도 질리지 않는다. 왜냐하면 잘생겼기 때문이다. 원명은 원판, 두화, 소심이 되지 못한 점을 빼고 다른 점에서는 모두 퍼펙트하다. 잘생긴 매판에 봉심 단정도, 화근 단정도, 내외삼판 구성미, 화근색상과 립스틱 단정도, 황색의 깊이, 잎과의 콤비네이션, 확실한 국내 산채, 머리 숙임 단정도, 측면에서 본 주·부판의 휨까지 9가지를 충족했다. 그래서 최고라고 칭찬한다.

지금까지 설명한 화판과 화형의 이야기를 잘 기억하며 전략품종을 들이고 작품을 만들어야 한다. 그래야 진짜 전문가가 되고, 자산가가 되는 일석이조의 효과가 뒤따른다.

시합과 대회가 나아갈 방향 고찰

　시합이나 대회는 같은 소속 구성원들의 친목 성격이 강한 전시회와는 다르다. 시합과 대회는 상금을 노리거나 랭킹을 높이려는 의도로 치러지는 것이다. 가볍게 생각할 곳이 아니란 말이다. 본편은 구성 자체가 프로 작가를 향한 방향을 제시하고자 기획한 것이다. 박세리 프로가 골프 산업에 미친 영향을 보라. 우리 난초의 역사가 40년이다. 유명 프로 작가(스타플레이어)가 나와야 한다. 프로급의 순위를 매기는 대회도 만들어야 한다.

　프로는 수작(秀作)을 만들어내는 사람을 말한다. 그러려면 수작이 무엇인지 알아야 한다. 수작이 무엇인지 정의가 내려져야 의미 있는 예술세계를 펼칠 수 있다. 그래서 프로급의 작품이 무엇인지 정의를 내리고 평가 방식을 만들었다. 무감점 (골프의 이븐 72점)을 향한 기술과 방법들을 구체화한 것이다. 한국춘란이 세계화의 길을 걸으려면 반드시 수작을 만드는 프로 작가가 나와야 하기에 꼭 필요한 덕목이다. 프로를 배출하는 예술이나 스포츠들은 저마다 규정과 규율이 있다. 최종 도달해야 할 목표와 지향점이 있기에 선수들은 그것에 합당한 실력과 기술을 익히기 위해 땀을 흘린다. 올림픽 같은 경우는 어려서부터 규정에 부합한 실력을 갖추려고 실력 있는 코치를 찾고 유학까지 간다. 그래야 진정한 기술과 실력을 겨루게 되고 승부에 승복할 수 있다.

　프로 무대인 대회와 시합이 치러지려면 대진과 진행, 채점 규정이 최소 3년 전에는 공지돼야 한다. 대회에 참가해서야 알 수 있는 정도면 문제가 있다. 프로가 작품을 하나 만들어 대회에 출품하려면 구상, 설계, 품종 도입, 몸만들기를 거쳐 작품 완성까지 길게는 5년이 걸리기 때문이다. 특히 감점을 알려 주는 채점 규정집과 실격(반칙) 규정집도 만들어 3~5년 전에 배포해야 한다. 프로들의 격전장인 만큼 파울과 반칙을 엄격하게 적용해야 한다는 말이다. 난초는 선비들의 게임이자 페어플레이를 최우선으로 하는 신사들의 게임이다.

　우리 문화는 아마든 프로든 작품 대회가 하이라이트이다. 이를 위해 협회가 존재하고 선수가 존재한다. 선수들은 작가들인데 이들의 사기를 떨어트려서는 안 된다. 대회가 꽃이라면 실력을 갖춘 선수는 꽃 중의 꽃인 셈이다. 선수들의 기량은 곧 우리나라의 얼굴이다. 순위를 가리는 대회와 시합을 주도하는 단체는 시대의 요구가 무엇인지 알아야 한다. 30여 년 전의 룰은 과감히 벗어나야 미래를 기대할 수 있다.

　나는 난계에도 박세리, 김연아, 이세돌과 같은 프로 선수들이 있어야 지속해서 발전할 것으로 생각한다. 그래서 프로 작가를 만들 요량으로 교과과정을 운영하고 있다. 교육을 받는 사람들마다 호응이 좋다. 이렇게만 된다면 비싸고 인기 있는 품종에 기대는 것이 아니라 정말 예술 작품이 탄생할 수 있다고 이구동성으로 이야기한다. 난계가 발전하려면 인구가 많이 들어와야 한다. 인구가 들어오려면 메리트(merit)를 줘야 한다. 메리트를 주는 방법은 말이 아니라 눈으로 느낄 수 있게 해야 한다. 프로 대회는 이게 프로들의 작품 수준이라는 것을 화끈하게 보여 주어야 한다. 딱 봐도 '사람이 어떻게 저렇게까지 혼을 불어넣을 수 있을까?'라는 경외감이 묻어나는 작품의 격전장이 돼야 한다.

　그럼 시합은 어떻게 치러져야 하는지 살펴보자. 먼저 대회의 방식이다. 우리 난계는 심사위원의 재량에 의존한 비교 평가 방식을 주로 활용해 왔다. 이 방식은 작품의 수준과 품종의 우수도 등을 고루 반영하는 방식으로 오랫동안 사랑을 받아왔다. 그러나 앞으로는 작품 실력을 더 우선하는 방향으로 나아갈 것이다. 난초가 넘쳐나는 시절이라 그렇다. 곧 있으면 보름달도 태극선처럼 마구 쏟아져 나올 것이다. 이때는 어떻게 우열을 가릴 것인가? 이점을 미리 살필 수 있다면 기존 방식으로는 현명한 답을 찾기 어려워 새로운 심사방식을 개발했다.

　다음 표는 기존 심사방식과 본 연구소에서 개발한 심사방식이다. 어떤 점이 효과적일지 표를 보며 판단해보길 바란다.

	경기방식	경기 대상	특성	장점
이대발 난 연구소 개발	총점 순위제	시합/대회	객관적 견해	정량적 평가
	총점 토너먼트제	전시대회	객관적 견해	정량적 평가
관 행	비교 평가제	전시회	주관적 견해	친목과 화합

| <표 13> 난 전시회의 과거형과 미래형

　본 연구소는 '프로 작가와 심판 과정'이란 교육과목을 2009년부터 개발해 프로 작가들이 자웅을 겨룰 시대를 준비해왔다. 내가 개발한 심사의 큰 방향은 정량적 수치화란 점이다. 눈대중이 아니란 이야기이다. 또한, 아무나 심사를 할 수 없게 한 방식이다. 휴먼 에러(심사위원의 직무 능력 결여 또는 사심에 따른 불공정)를 줄이고 같은 품종이 수십 개가 나왔을 때 일사불란하게 순위를 가리는 방법이다.

　기존 방식은 인간적이고 친목 위주의 협회 운영에 장점이 있다. 그러나 인기 있는 일부 품종의 과열을 양산했다. 시합이라기보다는 협회 단위의 친목 위주로 전시회가 운영되다 보니 소외된 종목은 서너 개 품종을 하나로 묶어 금상 1개를 배정하기도 했다. 어떤 계열은 1개의 종목임에도 수상을 3배수로 늘리기도 했다.

이에 따라 다양성이 실종되고 난계의 균형 발전이 무너지는 사태를 초래했다. 이런 크고 작은 문제점을 보완해 보고자 본 연구소가 개발한 것이다.

본 연구소에서는 오로지 작품력만을 우선하는 대진과 경기 진행방식을 개발해 교육하고 있다. 이른바 '총점 순위제'이다. 기술점수+구성점수 순으로 순위를 가리는 피겨스케이팅의 토털 스코어제를 모티브로 만들었다. 총점 순위제는 두 가지로 나뉘는데 아래 표에서처럼 총점순위 방식과 총점 토너먼트 방식으로 나누어진다. 두 방식 모두 장단점이 있는데 평가 방식을 이해하면 작품을 만드는 데 도움이 된다.

대회 운영 대진 방식						
총점 순위제<표 15>			총점 토너먼트제<표 16>			
재배기술+작품기술			재배기술+작품기술+전문위원 평가			
종목별 1위 점수			종목별 1위 성적+결승 심사위원 평가 점수			
결승	준결승	종목별	결승	준결승	준·준결승	종목별
대상	우수상	금·은·동	대상	최우수상	우수상	금·은·동
장점	정량적 평가로 시간 단축		장점	정량적 평가+대가 분들의 안목		

| <표 14> 이대발난연구소 개발 대진표

총점 순위제 - 엽예 대회 시상 내역 총 84점				
대상	우수상	금상	은상	동상
1위	그룹별	종 별<표 17>		
GRAND MVP	MVP	GOLD	SILVER	BRONZE
1	5	13	26	39
총점 순위제 - 화예 대회 시상 내역 총 146점				

대상	우수상	금상	은상	동상
1위	그룹별	종 별<표 18>		
GRAND MVP	MVP	GOLD	SILVER	BRONZE
1	7	23	46	69

| <표 15> 총점 순위제 총 수상 내역

〈표 15〉의 총점 순위제로 대회를 치르면 화예 23종목, 엽예 13종목으로 구분되며, 화예 146점, 엽예 84점의 수상 순위가 매겨진다. 이때 종목별 순위도 나오고 전체 순위도 매겨진다. 자기 작품의 점수도 알 수 있게 되어 선수들의 기량(경기력)을 높이는 데 큰 도움이 된다. 이때는 종목별 금, 은, 동을 1배수로 하면 총 77점이 된다.

〈표 16〉의 총점 토너먼트제는 총점 순위제보다 다소 인간미를 가미한 것으로 이른바 Classic 버전인 셈이다. 화예 23종목, 엽예 13종목의 종목별 1위를 모아 그룹별 최고인 우수상을 가린다. 이때는 준준결승인 셈이다. 여기서 다시 한번 압축해 준결승으로 올려보내는데, 화예는 '단예, 줄무늬, 복예' 3그룹으로 뽑는다. 엽예는 '단예, 복예' 2그룹으로 뽑는다. 그리고 대망의 결승은 대회의 위상과 권위에 적합한 분을 모셔와 채점표〈표 24〉대로 성적을 매긴다.

총점 토너먼트제 - 엽예 대회 시상 내역 총 85점					
대상	최우수상	우수상	금상	은상	동상
1위	대 그룹별	그룹별	종 별<표 17>		
GRAND MVP	SPECIAL MVP	MVP	GOLD	SILVER	BRONZE
1	1	5	13	26	39
총점 토너먼트제 - 화예 대회 시상 내역 총 148점					
대상	최우수상	우수상	금상	은상	동상

1위	대 그룹별	그룹별	종 별<표 18>		
GRAND MVP	SPECIAL MVP	MVP	GOLD	SILVER	BRONZE
1	2	7	23	46	69

| <표 16> 총점 토너먼트제 총 수상 내역

이때 우수상에서 올라온 화예 3점과 엽예 2점을 종목별 순위 결정에서 획득한 점수+결승 심판 위원 점수<표 24>를 통해 1위를 뽑는 방식이다. 총점 순위 방식과 는 다르게 대회를 상징적이고 풍요롭게 한다.

총점 순위제 - 엽예 대진표 <표 15>					
엽 예 대 상	우수상	그룹	금1·은2·동3		종목 별
GRAND MVP 초록색 재킷 입혀주기 	1	무지 MVP	1	단엽	1~8
			2	환엽	1~8
			3	미엽	1~8
	2	줄무늬 MVP	4	호·중투	1~8
			5	복륜	1~8
			6	산반	1~8
	3	얼룩무늬 MVP	7	서반	1~8
			8	사피반	1~8
			9	호피반	1~8
	4	단엽 복예 MVP	10	줄무늬문	1~8
			11	얼룩무늬문	1~8
	5	환엽 복예 MVP	12	줄무늬문	1~8
			13	얼룩무늬문	1~8

| <표 17> 총점 순위제 엽예 대진표

총점 순위제 - 화예 대진표 <표 15>

화 예 대 상	우수상	그룹	금1·은2·동3		종목 별
GRAND MVP 초록색 재킷 입혀주기 	1	무지 MVP	1	소심	1~8
			2	기형	1~8
			3	원판	1~8
			4	두화	1~8
	2	색화 MVP	5	자색화	1~8
			6	홍색화	1~8
			7	주금색화	1~8
			8	황색화	1~8
			9	백색화	1~8
	3	줄무늬 MVP	10	호·중투화	1~8
			11	복륜화	1~8
			12	산반화	1~8
	4	얼룩무늬 MVP	13	서반화	1~8
			14	사피화	1~8
	5	안토시안 MVP	15	색설화	1~8
			16	수채화	1~8
	6	소심 복예 MVP	17	무지문	1~8
			18	색화문	1~8
			19	줄무늬문	1~8
	7	화형 복예 (두·원판화) MVP	20	무지문	1~8
			21	색화문	1~8
			22	줄무늬문	1~8
			23	안토시안문	1~8

| <표 18> 총점 순위제 화예 대진표

총점 토너먼트제 - 엽예 대진표 <표 16>						
엽 예 대 상	최우수상	우수상	그룹		금1·은2·동3	종목 별
GRAND MVP 초록색 재킷 입혀주기	1 단예 최고상 SPECIAL MVP	1	무지 MVP	1	단엽	1~8
				2	환엽	1~8
				3	미엽	1~8
		2	줄무늬 MVP	4	호·중투	1~8
				5	복륜	1~8
				6	산반	1~8
		3	얼룩무늬 MVP	7	서반	1~8
				8	사피반	1~8
				9	호피반	1~8
	2 무늬 최고상 SPECIAL MVP	4	단엽 복예 MVP	10	줄무늬문	1~8
				11	얼룩무늬문	1~8
		5	환엽 복예 MVP	12	줄무늬문	1~8
				13	얼룩무늬문	1~8

| <표 19> 총점 토너먼트제 엽예 대진표

　품종전(돈 잔치)에서 작품전(기술 잔치)으로의 변화는 이미 시대정신이다. 이를 맞이하기 위해 만든 것이니 오해가 없었으면 한다. 전 종목 균형 발전의 가능성이 있다는 취지로 이해했으면 한다.

화 예 대 상	최우수상		우수상	그룹	금1·은2·동3		종목 별
GRAND MVP 초록색 재킷 입혀주기	1	단예 최고상 SPECIAL MVP	무지 MVP	1	1	소심	1~8
					2	기형	1~8
					3	원판	1~8
					4	두화	1~8
			색화 MVP	2	5	자색화	1~8
					6	홍색화	1~8
					7	주금색화	1~8
					8	황색화	1~8
					9	백색화	1~8
	2	무늬 최고상 SPECIAL MVP	줄무늬 MVP	3	10	호·중투화	1~8
					11	복륜화	1~8
					12	산반화	1~8
			얼룩무늬 MVP	4	13	서반화	1~8
					14	사피화	1~8
			안토시안무 늬 MVP	5	15	색설화	1~8
					16	수채화	1~8
	3	복예 최고상 SPECIAL MVP	소심 복예 MVP	6	17	무지문	1~8
					18	색화문	1~8
					19	줄무늬문	1~8
			화형 복예 (두·원판화) MVP	7	20	무지문	1~8
					21	색화문	1~8
					22	줄무늬문	1~8
					23	안토시안문	1~8

| <표 20> 총점 토너먼트제 화예 대진표

대회 진행 방식의 이해

대회 진행방식도 나름의 연구를 통해 개발한 것이다. 본 연구소에서 개발한 대로 한다면 예술 작품이 공정하게 평가받는데 일조할 수 있다. 그야말로 다양한 품종에서 최고의 작품을 만들어낼 수 있어 난초 세계화를 이끌어낼 수 있는 기회의 장이 될 수 있다.

1차 관문은 예심이다. 수준 이하를 걸러 내는 것이다. 안목적 평가를 통해 실격 실격 요소에 해당하는 것과 기본을 갖추지 않은 것들을 배제하고 남은 것 중 2배수(각 16점)를 선발한다. 이때 심사는 예비심사위원으로 신망이 높은 2인을 기준으로 하되 10인 정도까지도 무방하다. 채점지는 없다. 논의해가면서 협의해서 한다. 심사위원의 주관적 개입이 있을 수 있으므로 순위 밖으로 밀려난 작품의 이의 제기가 있을 시 소명한 후 진행한다.

2차 관문은 본심이다. 2차는 1부와 2부로 나뉘는데 1부는 잘 갖추어진 것을 뽑는다. 본 연구소가 개발한 채점표대로 점수를 매겨 10위 이하는 컷오프시킨다. 이때 심사는 본심 심사위원이 되며 실력이 검정된 4~5명 정도면 된다. 채점지의 평균으로 하여 고유 점수를 결정한다. 이는 재배기술+작품기술 점수이다. 이 점수가 모든 걸 가늠하므로 철저히 채점표대로 정확하게 진행돼야 한다. 이때도 순위

순서		기준	분수	심판 자격	선발	
1차	예심	기본을 갖춘 것 선발	종별16	신망 높은 2인	16위까지	예선
2차	본심 1부	종별 탑10 선발	종별10	초대작가 4~5인	8위까지 (금·은·동)	본선
	본심 2부	실격 품만 탈락	종별8	전문가(기술자) 1인		
3차	준결승	종별 1위 중 그룹별 1위를 선발	그룹별1	종별 채점 순대로 (진행 요원)	그룹별1위 (우수상)	결선
4차	결승	그룹별 1위 중 1위를 선발	전체 1		1위(대상)	우승

※ 각 협회와 단체마다 유기적으로 활용하면 됨

| <표 21> 심사 단계별 진행

가 결정 나면 고유 채점 점수를 공개해 이의 신청을 받는다. 이의가 있으면 명쾌해질 때까지 설명하고 없으면 다음 라운드로 진행한다.

이런 이유로 심사(심판)는 최고로 실력을 갖춘 사람이 해야 한다. 난이 많고 감투를 쓴 사람이 아니라 기술과 실력과 안목을 갖춘 사람이라야 한다. 본 연구소에서는 그런 사람을 심판(referee)이라 부른다. 이 자리는 본인이 작품을 통해 최고수준에 도달하지 못하면 엄두를 낼 수 없는 자리이자 위치이다. 다른 예술계로 치면 초대작가들인 셈이다.

2차 2부는 실격(중대 반칙)을 가려내는 심사이다. 비디오 판독과 같다. 이때 심사위원은 기술 심판(professional skill referee)이라 부른다. 최고의 영예이다. 일명 기술자들인데 철저히 비공개로 해야 한다. 1명으로도 족하다. 첨예하게 대립하는 요소들이 많기 때문이다. 그래서 비디오 판독이라 칭하는 것이다.

3차 관문은 준결승이다. 2차의 1~2부를 모두 통과한 것 중 1위만 모아서 화예는 7개 부문, 엽예는 5개 부문으로 압축한다. 이때 〈표 21〉 대로 그룹을 만들어 그룹별 최고점수 작품을 우수상으로 결정한다. 직선제 방식일 때는 이미 본선 1부에서 획득한 점수가 그대로 반영되므로 진행 요원들이 점수순으로 시상하면 끝이다. 그러나 총점 토너먼트제를 채택했다면 종목별 1위를 모아 화예 3개 권역, 엽예 2개 권역으로 한 번 더 압축해 1위를 결선으로 보낸다. 결선에서는 대가 분들의 안목을 가미해 총점 순으로 1위를 가리고 2위와 3위는 최우수상이 된다.

총점 순위제 - 엽예 대회 MVP 시상 내역 총 5 부문(우수상)				
무지 그룹	줄무늬 그룹	얼룩무늬 그룹	단엽복예	환엽 복예 MVP
1위	1위	1위	1위	1위

종합 1위 대상 GRAND MVP

총점 순위제 - 화예 대회 MVP 시상 내역 총 7부문(우수상)						
무지 그룹	색상 화 그룹	줄무늬 그룹	얼룩무늬 그룹	안토시안무늬 그룹	소심복예 그룹	화형복예
1위	1위	1위	1위	1위	1위	1위

종합 1위 대상 GRAND MVP

| <표 21> 총점 순위제 심사 부문별 MVP 우수상

총점 토너먼트제 - 엽예 대회 SPECIAL MVP 시상 내역 총 2 부문(최우수상)				
무지 MVP	줄무늬 MVP	얼룩무늬 MVP	단엽복예	화형복예
1위(단예)			1위(복예)	

종합 1위 대상 GRAND MVP

총점 토너먼트제 - 화예 대회 SPECIAL MVP 시상 내역 총 3부문(최우수상)						
무지 그룹	색상 화 그룹	줄무늬 그룹	얼룩무늬 그룹	안토시안무늬 그룹	소심복예 그룹	화형복예
1위(단예)		1위(무늬)			1위(복예)	

종합 1위 대상 GRAND MVP

※ 1위로 올라가면 올라간 공석은 동일 종목 다음 점수가 차지한다.

| <표 22> 총점 토너먼트제 심사 부문 별 SPECIAL MVP 최우수상

총점 순위제는 과학적이면서 심사 시간을 최소화한 방법이다. 반면 총점 토너먼트 방식은 클래식 방법으로 대가들(초대작가 또는 대회의 상징적인 분)의 각기의 취향을 존중하고 작품관을 존중해 직선제의 간편하고 간결한 방식에 풍미를 더하고자 본인이 개발한 방식이다. 각각의 고유 점수만으로 순위를 결정한 총점 순위제와는 달리 3~5분의 결선 심사위원들이 비교 평가를 통한 안목적 점수를 더해 대상을 가리는 휴먼방식이다.

이때는 결승심사 채점표에 체크해 합산한 평균 점수를 최초의 종별점수와 합산해 최고점을 대상(그랜드 MVP)으로 뽑는 방식이다. 동점일 때는 결승 심사위원들의 비교 평가 방식으로 진행한다. 화예 3종목에서 1위로 올라온 것 중 최고점수는 대상이 되고 나머지는 최우수상이 된다.

엽예결승		번호	4점	3점	2점	1점
단예 ✔	복예 ✔					
품종성			체크	체크	체크	체크
작품성			체크	체크	체크	체크
장식성					좋음	부족
					체크	체크
심사위원 홍길동 서명					총점 점	

화예결승		번호	4점	3점	2점	1점
단예 ✔	무늬 ✔	복예 ✔				
품종성			체크	체크	체크	체크
작품성			체크	체크	체크	체크

장식성			좋음	부족
			체크	체크
심사위원 홍길동　서명			총점　점	

| <표 24> 결승 심사 채점표 체크(토너먼트제에만 해당됨) ☑

우승자는 3년에서 길게는 10년씩 걸려 작품을 만든다. 대 여정의 노고를 기리기 위해 대회 기간 내내 그린재킷을 입을 수 있도록 해야 한다. 예술 작품을 완성한 것을 존중하고 존경한다는 의미이다. 나는 교육에서 이렇게 강의하고 있다.

채점방식의 이해

프로 작가가 되려면 누구나 가지고 싶어 하는 나만의 작품을 만들 수 있어야 한다. 그러려면 장르별 감상 포인트(백미)의 안정된 발현 기술과 예쁜 난의 기준, 감점과 실격당하는 난초가 무엇인지 알아야 한다. 이 정도만 알아도 작품을 만들어 가는 데 도움이 된다. 여기서 한 가지 더 알아두면 좋은 것이 있다. 대회에서 심사와 채점이 어떻게 이루어지는지 그 기준을 아는 것이다. 심사와 채점이 진행되는 과정을 알면 작품의 큰 그림을 그리는 데 유용하다.

큰 대회마다 심판 위원회가 있어야 한다. 매년 3월 전후로 화예품 대회가 열리고 11월에는 엽예품 대회가 개최된다. 전시회와 대회를 준비할 때 실력 있는 심사위원을 모시려고 분주할 것이다. 보통은 난계에 명망이 있고 기술력을 인정받는 위원들이 위촉돼 심사하지만, 만약 프로 대회라면 프로들의 기량을 이해할 수 있어야 하므로 1차 심사는 대회 운영위에서 결정해서 하고, 인원수는 2인을 기준으로 하되 10인 정도까지도 무방하다. 그리고 2차 심사부터는 심사위원이 아니라 심판으로 불린다. 심판은 그 대회에서 입상 점수가 30점(대상 20점, 우수상 10점, 금상 5점, 은상 2점, 동상 1점)을 달성한 초대 프로(작가)가 된 분으로 해야 한다.

채점은 실격 사유를 통과한 작품에만 주어진다. 다음 편의 난초 대회 자격 상실 10개 항목에 저촉되면 나는 교육생들에게 실격시켜야 한다고 말한다. 가짜, 반칙, 실격을 발본색원해야 난계가 살아날 수 있기 때문이다. 프로들의 대회는 일반 전시회와는 입장이 다르다. 파울라인을 밟았는데 실격을 시키지 않으면 프로의 세계가 아니다. 대회 시합이다. 대회는 합리적인 법과 원칙이 있어야 한다. 그리고 그 법과 원칙을 추상같이 수호해야 안정을 찾고 그들만의 리그라는 소리를 면하고 번영할 수 있다.

난초 판매를 위해 치장을 하고 나서는 곳은 시장이다. 그러나 시합에 나가는 곳의 이름은 대회장이다. 대회는 얼마나 건강하게 잘 길렀느냐와 얼마나 잘 만들었느냐를 평가하는 곳이다. 본 연구소가 개발한 〈표 25〉의 본심 1부 채점표는 이 두 가지 요소를 반반씩 안배했다. 대략 '이런 것이구나'라고 이해하면 된다.

엽 예 품	세부점수		기준	상	중	하	등외
재배 기술	50	20	작품성(몸만들기)	20	12	6	0
		15	포기의 건강미	15	10	5	0
		15	잎의 여백 및 조화	15	10	5	0
작품 기술	50	20	계열별 품종의 우수성	20	12	6	0
		15	계열별 특성 발현 기술	15	10	5	0
		15	장식 기술	15	10	5	0
총점	100		점수: ___점				
화 예 품	세부 점수		기준	상	중	하	등외
재배 기술	50	15	개화기술	15	10	5	0
		15	잎과 꽃의 건강미	15	10	5	0
		10	작품성(몸만들기)	10	7	4	0
		10	잎과 꽃의 조화	10	7	4	0

		품종의 우수성	15	10	5	0
	15					
작품 기술	15	특성 발현 기술	15	10	5	0
	50					
	10	꽃의 잘 생긴 정도	10	7	4	0
	10	장식 기술	10	7	4	0
총 점	100	점수: ___점				

| <표 25> 본심 1부 채점표: 엽예, 화예(2020 이대발난연구소)

　　학력고사 점수처럼 하나의 작품이 고유의 절대적 평가를 받는 점수는 매우 의미가 크다. 등수를 떠나 출전한 프로 도전 작가 스스로의 발전과 퇴보를 알게 해주어서 그렇다. 앞 편의 대회진행 방식의 2차 본심 1부에 적용하는 기준이다. 이 점수가 곧 모든 걸 결정하는 근본이다.

　　교육에서 교육생들에게 이 기준을 완전히 외우라고 가르친다. 엽예는 포기의 작품성(몸만들기)과 계열(종)별 품종의 우수성이 최고로 중요하며, 화예는 개화기술과 잎과 꽃의 건강미+ 품종의 우수성과 특성 발현 기술이 중요하다. 화예는 개화기술과 계열별 품종의 우수성이 최고일 때 각 20점씩이다. 아주 중요한 부분이다. 이 부분에 높은 점수를 받으려면 전문가편의 2, 3, 4장을 완전히 숙달해야 가능해진다. 계열별 품종의 우수성은 화예, 엽예 4가지를 완전히 숙달해야 가능해진다.

　　멀고도 힘든 여정이다. 그러나 정상에 도달했을 때는 분명 후회하지 않을 것이다. 개화기술은 전략품종 설계에서 전문가편의 2, 3, 4장을 완전히 숙달함은 물론 개화 전 3개월간 피나는 노력을 해야만 높은 점수를 받을 수 있다. 프로 작가는 한 겨울 내내 분주한 시간을 보내야 한다.

　　이제는 우리도 나아져야 한다. 혹시라도 그럴 일이 없겠지만 대회의 기여도, 협회의 기여도, 가격의 후광, 품종의 후광, 뒷배 등이 있다면 발을 붙일 수 없도록 해야 한다. 오로지 잘 선택하고, 잘 만들고, 정성을 많이 들이고, 작가의 땀 냄새가 진동하는 난초만이 좋은 성적을 낼 수 있도록 해야 한다. 진정한 실력만이 자리하게 되는 방법을 담아 내기 위해 이런 기준을 만들어 교육하고 있다.

교육 때 위의 방법에 대해 어떻게 생각하느냐고 물어보면 100%가 아주 좋다고 한다. 많이 달라질 것이다. 달라져야 한다. 대회는 놀이가 아니다. 문화이다. 그리고 예술이다.

위와 같이 심사와 채점이 이루어진 것을 보고 경력자로서 어떤 생각이 드는가? 수많은 난초 농가와 전문가, 프로들이 저마다 자웅을 겨룰 최고의 작품을 출품해 경쟁을 펼치는 과정이 머릿속에 그려지는가? 얼마나 치열하게 경쟁을 치르는지 알 수 있을 것이다.

심사가 결정될 때마다 환호성과 탄식이 교차되는 광경도 상상이 된다. 이처럼 치열한 과정에서 하나의 작품으로 뽑히면 그야말로 가문의 영광이다. 이런 과정에서 최고의 작품이 선정된다는 것을 이해하고 작품 활동을 해 보면 좋다. 그러면 자신만의 최고의 작품도 어떻게 만들어갈지 구체화할 수 있다. 이렇게 해서 입은 그런 재킷은 어떤 상금보다 값진 가문의 영광일 것이다.

무감점의 난초는 이렇게 만든다

전시회에 출품할 정도로 좋은 작품을 만들려면 전문가 수준이 돼야 한다. 앞편의 본심 1부 채점표를 보라. 하나의 작품이 만들어지기까지는 인고의 세월이 필요하다. 작품을 만들어가는 과정에 탈이 나지 않아야 하고 건강도 유지해줘야 한다. 난초의 특성을 잘 발현하는 기술도 익혀야 좋은 작품이 탄생한다.

난초를 길러보면 알겠지만 자신의 이름을 걸고 전시회에 출전하는 것은 출전 그 자체보다 큰 의미가 있다. 그만큼 어렵고 힘겨운 과정이라는 말이다. 하지만 힘겨운 과정을 극복하는 과정에서 난초를 기르는 참 맛을 알게 된다. 전문가 수준의 기술력을 소유하게 되고 난초를 바라보는 태도도 달라진다. 무엇보다 난초를 배양하고 있다는 자부심이 크다. 자신과 함께 동고동락한 난초는 식구처럼 가깝다. 작품은 한번 만들어놓으면 그 다음은 매년 유지만 하면 된다.

전문가의 길에 들어선 사람들에게 전시회 출전을 목표삼아 난초를 길러보라고 하면 모두 고개를 절레절레 젓는다. 너무 어려운 과정이라는 것이다. 전시회에 출전할 정도의 기술은 분명 어렵다. 하지만 넘어설 수 없는 큰 산 정도는 아니다. 열정이 있고 기술을 익히면 얼마든지 도전이 가능하다. 지금까지 여러 가지로 전시회에서 의미 있는 결과를 만드는 내용을 풀어놓았으니 그 점을 참고하면 좋은 성적도 기대할 수 있다.

한국춘란 전시회는 복잡하게 생각할 필요가 없다. 작품은 본인이 꿈꾸는 대회의 대진 방식, 채점 룰을 익히고 실격만 피하면 된다. 기존 관리에서 약간의 계산을 해서 튼튼하게 만든 것일 뿐이다. 평소 잘 기르던 것에서 전시회에 맞게 조금만 계산을 덧붙이면 된다. 그 계산은 경쟁자들과의 경합에서 기술과 정성의 가치 변별을 위한 것이다.

예를 들어 붓글씨를 신문지에 쓰면 연습이지만 똑같은 글이라도 화선지에 쓰고 오탈자를 점검해 낙관을 찍고 작품과 관련된 정보를 적으면 작품이 된다. 거기에 배접[17]과 표구를 하면 어디에 내놔도 손색이 없다. 이처럼 약간의 규칙을 준수해 출품한 것이 작품이 되고, 그 작품의 경연장이 곧 전시회다.

아무도 작품에 도전하지 않으면 미래가 없다. 화가가 없는데 물감이 무슨 의미가 있겠는가? 난초계의 활성화가 어떻게 이루어지겠는가? 작품이 없는데 어떻게 한국춘란의 아름다움을 세상에 알리겠는가? 이제는 고경력자들부터 입장을 바꿔서 도전해야 한다. 그러면 너도 살고 나도 살고 모두가 살 수 있다.

전시회에는 나름대로의 규칙과 질서와 예의가 있다. 작품을 경연하는 데 나름의 정도를 지켜서 출품해야 한다. 아주 사소한 것에서부터 겉치장까지 세심하게 살펴야 전시회의 위상이 선다. 전시회의 위상은 난초의 발전과 문화를 만드는 데 매우 중요하다. 성숙한 문화가 만들어져야 산업화도 이루어지고 모두가 금전적인 면에서도 도움을 받을 수 있다.

〈표 26〉은 전시회에 출품할 때 지켜야 할 에티켓과 필요한 기술을 정리한 것이다. 작품의 질도 중요하지만 기본과 예의를 지키려는 의지가 필요하다. 그게 예술 작품을 경연하는 사람의 최소한의 도리다. 그래야 관람객에게 좋은 반응을 기대할 수 있다. 관람객이 환호해야 돈도 뒤따라온다.

---

17 종이나 헝겊 또는 얇은 널조각 따위를 여러 개 겹쳐서 붙임

항목	나아갈 방향		점검해야 할 사항
예의	최소한의 예의는 지켜졌는가	1	전시용 화분으로 교체했는가?
		2	화분과 난초 포기의 정면이 일치하는가?
		3	화장토는 적합한가?
		4	꽃과 잎에 묻은 농약의 흔적은 없는가?
		5	마른 잎은 다듬었는가?
		6	노촉과 덜 자란 촉은 다듬었는가?
기본	실격품을 주의하라		P.377 <표 27> 실격 기준 참조
기술	무감점에 도전하라	1	출품 장르가 정확한가?
		2	봉심이 단정한가?
		3	꽃의 개화 시기가 맞는가?
		4	발색과 개화는 잘 되었는가?
		5	꽃의 정면 응시는 나쁘지 않은가?
		6	꽃의 대수는 적합한가?(2, 3, 5, 7개)
		7	꽃의 스카이라인은 좋은가?
		8	포의는 마르지 않았는가?
		9	수분된 꽃은 없는가?
		10	탈색과 소멸 정도는 나쁘지 않은가?(잎 꽃)
		11	병에 걸리거나 상처는 없는가?(잎 꽃)
		12	잎과 꽃의 조화가 잘 되는가?(잎 꽃)
		13	잎 장수가 촉마다 6장인가?(단엽 제외)
		14	촉수가 적당(5~7촉)한가?
		15	잎 끝이 마르지 않았는가?
		16	잎 넓이와 길이가 균일한가?
		17	잎의 스카이라인은 좋은가?
		18	잎 간 공간과 여백미가 좋은가?
		19	무늬 색과 특성은 잘 표현되었는가?
		20	화분 장식은 좋은가?

| <표 26> 전시회 출품 난초 점검표

전시회에 출전하는 데는 나름의 목적이 있다. 아마추어에서 벗어날 수 있는 가장 좋은 기회이며 작품을 하는 순간 전문가가 된다. 나아가 프로가 되겠다는 의지의 표현이다. 목표가 달라지면 그에 따른 실력도 달라진다. 동네에서 야구하는 것과 프로에서 하겠다고 마음먹는 것이 다르고, 국내 프로리그보다 메이저리그에 도전하겠다는 목표를 세우면 차원이 다른 실력을 기를 수 있다. 난초도 다르지 않다. 전시회에 출전하기 위해 무감점에 도전하면 프로 수준의 기술력을 기를 수 있고, 어느새 자

| <그림 8> 꽃잎에 묻어 있는 농약 흔적

산가의 길에 가까이 서 있는 자신을 발견하게 될 것이다.

무감점의 관문 데커레이션 기술

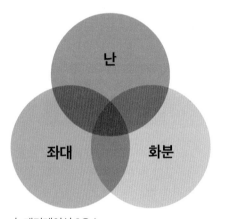

| 데커레이션 3요소

데커레이션은 장식이다. 한국춘란을 통해 전시회를 개최하고 손님을 전국 단위로 초청하려면 기본을 갖추어야 한다. 기본이 서지 않으면 결례가 된다. 회사에서도 제품을 만들면 그것을 담아내는 과정이 중요하다. 제품이 살아나고 가치를 인정받는 최후의 과정이 데커레이션이다. 데커레이션은 자신의 작품을 더 예쁘게 보이게 할 뿐더러 정성과 성의도 보여주는 과정이다.

내가 심사를 할 때였다. 난초는 너무 훌륭했다. 그런데 전시용 화분으로 갈지 않고 출품해 실격을 시켜버렸다. 성의가 하나도 없었다. 대신 옵션은 조금 부족했지만 정성과 공이 들어간 작품에 상을 주었다. 당시 심사 방법은 심사위원의 재량에 전적으로 맡긴 것이었다.

여러 가지 옵션을 갖춘 예쁜 난이어도 성의와 기본을 갖추지 않았다면 다르게 봐야 한다. 예컨대 미스코리아 선발전에 추리닝 차림에 머리도 안 감고 나온 절세

미인이 있다고 치자. 누가 상을 줄까? 예술 세계는 작가의 정성과 에티켓, 예의, 더 나아가 얼마나 많은 공을 들였느냐에 따라 작품의 가치가 매겨진다.

나는 작품을 꾸미지 않고 성의 없이 출품한 난을 실격 처리시키고, 해당 선수에게는 교육을 시켜야 한다고 교육 때 말한다. 난초 전시회에 출품할 때 성적을 염두에 둔다면 결혼식 당일 차려입는 정도의 수준을 갖추라고 말한다. 목욕하고, 잘 다려진 양복을 입고, 반짝이는 구두를 신고, 머리를 다듬고, 넥타이를 맞추고 벨트와 얼굴 기초화장까지 마친 수준으로 치장(장식)을 하라고 한다. 이게 귀찮으면 성적을 포기해야 한다. 성적을 포기하려면 시합에 나가지 않는 편이 더 낫다. 그래야 민폐를 줄일 수 있다.

난초 전시회 장식에서 첫 번째가 난초 기초화장이다. 잎에 묻은 농약을 깨끗이 닦고, 노촉을 분리하고, 마른 떡잎을 제거하고, 벌브 주위를 고압 스케일링시키고, 가을신아를 제거하고, 화경에 감은 철사를 벗겨내고, 포기의 정면을 결정하고, 꽃의 정면 응시와 함께 전방을 결정하고, 활력제를 충분히 공급해 잎이나 꽃에 활력을 넣어 윤이 나게 해야 한다. 이때 전진 촉이 난초의 정면과 일치할 수 있도록 꾸준히 연습을 해야 한다.

두 번째는 화분이다. 화분은 반드시 외출용 미분(정장양복이나 턱시도)을 쓰라고 한다. 집에서 기르던 것은 생활분이다. 아무리 금분, 용분에 키웠더라도 대회에 출전하려면 새롭게 갈아야 한다. 무슨 대회 기념이라고 쓰인 답례품 화분은 집의 기념 타월처럼 보관하는 것이니 절대로 거기에 심어서 내지 말아야 한다. 예의에 어긋나니 하는 말이다.

출품분은 신랑이 잔치에 예복을 입듯이 깨끗한 것으로 갈아야 한다. 혹시나 있을 흰색 염류도 깨끗이 씻어 반짝이게 해야 한다. 금분도 수명이 있다. 반짝거림이 가실 무렵이면 새것을 사용해야 한다. 금 도안이 된 미분 5만 원짜리면 5년은 쓸 수 있다. 시합에서 돌아오면 관유정에서는 세제로 깨끗이 닦고 자외선이 없는 곳에 보관한다. 금색이 바랠 것을 염려해서다. 서양 사람이 입는 옷이 모두 양복은 아니다. 양복은 일정한 규정이 있다. 나는 제자들에게 가급적 정장의 틀을 많이 벗어나지 않는 범위의 감상분(외출복)을 사용하라고 권하고 있다.

| <그림 9> 출품분 랜덤형   정면 고정용

감상분은 복잡한 도안이 있는 것과 그렇지 않은 것이 있다. 도안이 있는 것은 도안의 주 포인트가 난분의 발 하나와 일치해야 한다. 〈그림 9〉 우측의 용머리는 발과 일치하지 않아 피해야 한다. 풍경 도안은 그런대로 분의 정면과 95% 일치한다. 〈그림 9〉 좌측은 랜덤형으로 도안과 화분 정면을 맞추기 번거롭거나 어려울 때 사용하면 된다.

용머리는 화분 삼발의 정면인 화분 정면과 일치해야 한다. 십장생이든 풍경이든 마찬가지다. 이를 맞추려면 출품용 금분을 판매하는 곳에서 직접 골라야 한다. 번거로우면 랜덤형을 선택하면 된다. 이렇게 분을 고른 후 분의 정면과 난초의 정면을 맞추어 난분의 한가운데 배치시켜 심어야 한다. 이때는 화분이 타이트해 핏이 확실하게 살아나게 심어야 한다. 전시장은 온도가 높고 건조하다. 이때 에틸렌 동화가 일어나지 않도록 수분 스트레스를 최소화하기 위해 관유정에서는 수태를

얼굴과 꽃이 우측으로 쏠려 좋지 않음   아주 좋음

좋음   좋음   좋음

좋음   좋음   좋음

| <그림 10> 도안과 화분의 정면이 잘 맞는 것과 부족한 것

| <그림 11> 출품작의 평가

사용해 심는다. 그리고 예쁜 색상의 화장토를 올려준다.

〈그림 11〉은 화분 도안은 정면으로 돼 있어 100점이다. 그러나 꽃의 포기가 정면보다 우측으로 쏠려 있어 70점, 꽃의 방향도 정면이 아니라 70점이다. 내가 이 작품으로 출전한다면 난초와 꽃, 화분의 정면을 더 신경 써서 가급적 모두 반듯하게 정면을 향하게 했을 것이다. 복잡한 게 아니다. 관람 오시는 팬들을 위한, 초보자를 위한 작은 성의일 뿐이다.

세 번째는 좌대이다. 좌대는 난초에 안정감을 줘야 한다. 색상이나 디자인이 너무 요란해 난초보다 돋보이면 좋지 않다. 화예품은 꽃과 잎을 모두 감상하는 것이므로 편안한 눈높이에서 관람객들이 감상할 수 있도록 배려해야 한다. 얼굴을 약간 숙이며 볼 수 있는 높이면 좋다. 엽예품은 잎 무늬의 경계나 발색 기술 구사 흔적이 잘 나타나는 높이로 해야 한다. 좌대가 너무 높아 안정감이 떨어지지 않도록

| \<그림 12\> 안정감을 주는 좌대   좌대가 너무 높으면 안정감이 떨어짐

| \<그림 13\> 저자의 개인전 좌대 활용 사진

해야 한다. 좌대에 난을 올려놓을 때는 반드시 화분 발의 정면이 〈그림 12〉처럼 관람객의 정면과 일치되도록 올려놓아야 한다.

　장식은 작품을 돋보이게 만드는 최후의 과정이다. 전략품종을 선정하고, 각종 배양기술을 덧입혀 아름다운 작품을 만들었는데 장식 때문에 실격을 당한다면 이것보다 어리석은 일은 없다. 그러니 위와 같은 점을 잘 기억해 작품을 돋보일 수 있는 장식을 하기 바란다.

어떤 작품이 실격처리되는가

나만의 작품을 완성하려면 어떤 옵션을 갖춰야 상을 받을 수 있을지 알아야 한다. 더불어 어떤 기준이 실격처리가 되는지도 이해해야 한다. 아무리 좋은 옵션을 갖춰도 자격 미달인 난초라면 상을 받을 수 없다. 오히려 창피만 당한다.

실격(失格)은 기준 미달이나 기준 초과, 규칙 위반 따위로 자격을 잃었을 때를 가리키는 말이다. 난초 전시회나 대회도 엄연한 경기이고 시합이다. 아무리 예술의 세계이고 작품의 기량을 겨룬다 해도 기본은 있기 마련이다. 우열을 가리는데 그에 합당한 게임의 룰이 없다는 것은 말이 안 된다. 게임 규칙은 1억짜리든 만 원짜리든 공평하게 적용돼야 한다. 육상에서 미리 출발하는 것은 부정 출발이며 약물 테스트에서 문제가 되어도 부정이듯이 춘란계에서도 규정에 미달된 난초는 실격처리하는 게 맞다.

한국춘란의 전시회 및 각종 대회는 매년 200여 개가 열린다. 각종 대회는 역사의 발전에 따라 다양하게 변화를 거듭해왔다. 난초계가 막 자리를 잡을 때는 품평회로 출발했다. 그러다가 전시회로 변화되었고, 요즘은 대회로 발전했다. 앞으로는 미술품 대전으로 승화시켜야 난계에 미래가 있다. 문화가 만들어져야 산업도 활발하게 움직이기 때문이다. K-POP이라는 문화가 만들어지자 그에 따른 산업도 활발하게 전개되는 것과 같다. 자동차 수만 대를 생산해 수출한 것보다 더 생산성이 높은 게 문화산업이다. 이런 아름다운 문화를 만들어내려면 성숙한 예술 의식이 마련돼야 한다. 예술 세계는 신사의 게임이기 때문이다.

나는 작가 양성 과정과 심판 양성 과정을 개설해 운영하고 있다. 이 과정에서 중점적으로 전하는 요소의 첫 번째는 실격기준이다. 예의에 어긋나는 10가지 항목을 만들어 어떤 요소가 자격이 상실되는지를 알려준다. 이 점을 참고하면 작품을 만들어가는 데 많은 도움이 될 것이다.

	항목	가/부
1	한국춘란(*Cymbidium goeringii*)이 아닌 것	실격
2	자연생이 아닌 교배종이나 조직 배양품	실격
3	조작한 난(염색, 생장 억제 물 처리)	실격
4	가짜 황색과 백색인 색화(서화는 사정에 따라 인정)	실격
5	피부병이 심하고 바이러스 감염 의심 증상의 난초	실격
6	봉심을 묶거나 인위적으로 붙이고 화경에 철사를 감아 지지대를 세운 꽃	실격
7	전진촉이 유실되거나 합식한 난	실격
8	작품을 꾸미지 않고 성의가 전혀 없는 출품란	실격
9	꽃 핀 지가 오래되어 세포가 괴사된 난초	실격
10	노촉을 분리하지 않고 출품하거나 잎을 철사로 묶은 난초	실격

| <표 27> 난초 대회 자격 상실 10개 항목

위의 10가지 항목에 해당되는 난초는 실격돼야 마땅하다고 나는 제자들에게 가르친다. 모두 공감한다. 작품이 될 만한 자질을 갖추지 못하고 있기 때문이다.

성의가 없고 상만 노리는 악의적인 접근도 차단시켜야 한다. 그래야 더욱 성숙한 난 예술 문화를 만들 수 있다. 대회에 나온 사람이 규정에 어긋난 유니폼과 장비를 착용하면 실격이듯이 난초도 다르지 않다. 난초도 하나의 예술 세계이며 시합이므로 최소한 위 10가지 항목 정도는 지켜야 한다. 그래야 작품성을 인정받을 수 있고 앞으로 작품의 질도 향상될 수 있다.

그럼 어떻게 하면 실격을 당하지 않고 작품성 있는 난초를 만들 수 있을까? 실격에 저촉된 난초를 어떤 방법으로 해결해야 좋은 작품을 만들 수 있을지 알아야 한다. 그래야 의미 있는 작품 활동을 해나갈 수 있기 때문이다.

작품을 만들 때 중요한 것은 첫 번째 관문인 기준에 저촉되지 않는 것이다. 저촉이 되면 바로 실격처리가 되므로 반드시 실격 기준을 점검하고 그 문제를 해결

	해결책
1	한국춘란(*Cymbidium goeringii*)이 아닌 것은 외국 난 부분에 출품하라.
2	자연생이 아닌 교배종이나 조직배양 의심품은 집에서 혼자 감상하라.
3	조작한 난(염색, 생장 억제 처리)이나 의심된 난초는 애초부터 출품하지 마라.
4	황색화와 백색화는 품종을 들일 때 화경이 초록인 것만 취급하라. 서화나 서산반화는 예외
5	미리 화경 굳히기를 하고 고개가 숙여지지 않는 품종을 선택하라.
6	피부병, 바이러스 감염이 의심되는 것은 병을 다 고친 후에 출품하라.
7	전진촉이 유실된 난과 합식한 난초는 출품하지 마라.
8	남들에게 보여줘도 부끄럽지 않도록 꾸민 후 출품하라.
9	과숙해 꽃의 세포가 괴사된 것은 난초의 건강을 위해 출품을 자제하라.
10	노촉(단백질 분해가 진행된 황록색)은 분리하고 잎을 묶은 철사도 제거하라.

| <표 28> 자격 상실 10가지 항목에 대한 해결책 한국춘란

하는 방법도 익혀서 대회에 나가도록 해야 한다. 한 번 더 말하지만 실격의 룰은 추상같이 지켜져야 하고 대회 2~3년 전에 선수들이 알 수 있게 공포해야 한다. 실격 룰이 정해지면 에티켓은 부끄러워서도 스스로가 더 신경을 쓸 것이다. 이런 문화가 자리 잡을 때 자신이 만들려는 난초가 작품으로 인정받을 수 있다. 누구나 정당한 잣대로 경쟁할 때 성숙한 문화가 형성되고 나아가 그에 합당한 대우도 받게 된다.

합격의 관문 철사 없이 꽃대 세우는 기술

시합과 전시회에 출품하기 위해 만든 작품은 그야말로 작품다워야 한다. 예술 작품을 출품하는데 조잡하게 꾸미거나 보조기구를 동원하면 예술품으로서의 가치가 떨어진다. 어느 예술 세계에나 그에 합당한 자세와 예의가 있다. 한국춘란으로 전시회에 출품한 작품은 무엇보다 작품다워야 한다. 누구나 고개를 끄덕일 정도로 준비해야 눈살을 찌푸리지 않는다.

이와 같이 강조하는 이유는 작품을 출품하면서 보조기구를 사용한 난초들이 많기에 하는 소리다. 근래 전시회에서 자주 목격한 현상은 난초가 분재와 헷갈린다는 것이다. 분재는 나무의 수형을 잡기 위해 연철사로 둘둘 감는 것이 보통이다.

그런데 난초도 연철사로 둘둘 감아 전시회에 출품한 것들이 많다. 연약한 꽃대를 꼿꼿하게 세우고 꽃이 안면을 응시할 수 있도록 연철사로 고정한 채로 출품한다. 어떤 난초는 벌어진 봉심을 묶어서 출품하기도 했다. 이것은 미인대회에 출전한 여인이 자신의 단점을 보완하기 위해 보조기구를 착용한 것과 다르지 않다. 누가 봐도 실격이며 자격미달이다.

	이유와 배경	솔루션
1	화경이 약해서	1년 전부터 튼튼하게 기르고, 웃자람을 시키지 말고, 화경 굳히기를 30일 전부터 충분히 하라!
2	정면 응시율이 부족해서	꽃의 정면은 반드시 모두가 앞을 보지 않아도 된다. 화경 굳히기 초반부에 천천히 조금씩 틀어 교정하라!
3	꽃이 머리를 숙이는 성질이라서	유전적인 특성이므로 그대로 두라. 그리고 머리를 숙이는 DNA는 작품으로 부적합하다. 전략품종 설계를 다시 하라.

| <표 29> 연철사 화경 지지에 대한 해결책

야생에서 자란 난초는 차가운 겨울을 견디고 강한 비바람에도 끄떡없이 꽃대를 세운다. 땅속에서 수년을 인내하고 새 촉을 올린 후 또 3~4년을 살다가 드디어 꽃대를 올리는데 그 자태가 자못 당당하다. 화경을 꼿꼿이 세우고 아름다움을 뽐낸다. 이것이 춘란의 매력이다.

| <그림 14> 야생 민춘란의 화경   연철사에 의지한 홍화

그런데 우리는 당당한 자태보다 연약한 난초를 자주 본다. 연철사에 의지해 세상에 자태를 뽐내겠다는 애처로운 난초를 보게 된다. 참 안타깝다. 조금만 배우고 노력하면 얼마든지 야생에서의 그 당당한 모습을 인공배양장에서도 발현할 수 있는데 말이다.

꽃이 화경에 비해 큰 포기는 화경의 힘이 달려 고개를 숙일 수 있다. 유전적인 이유가 대부분이지만 이것도 조금만 관심을 가지면 해결할 수 있다. 야생에서는 꼿꼿하므로 인공재배장에서도 꼿꼿이 키울 수 있다.

화경을 꼿꼿하게 하려면 난초가 실해야 한다. 잎 6장에 뿌리도 6개여야 하고 최소한 3촉 이상이 돼야 한다. 평소 웃자람을 시키지 않도록 조도를 개선하고 연간 순 광합성 양을 늘리면 된다.

화경의 길이도 스토리가 있으면 좋다. 홀수로 꽃송이를 만드는 것이 짝수보다는 훨씬 안정적이고 보기에 좋다. 항상 화경의 가장 높은 곳(마운트)은 가장자리를 피해 가운데에 위치해야 안정감이 있다. 잎의 길이에 비해 꽃의 위치가 너무 높거나 낮아도 좋지 않다. 잎과 조화로운 위치에 꽃이 자리해야 감상미가 좋다.

그러므로 개화 30일 전부터 꽃대의 예상 높이를 결정해 조절해줘야 한다. 키가 낮은 것들은 야간 온도를 올려서 화경이 자라도록 해줘야 한다. 반대로 화경의 길이가 길어진 것은 40일 전부터 야간 온도를 조절해 자라지 못하도록 해야 한다. 화경이 온도조절에 상관없이 너무 긴 품종은 전시회에 불리한 조건이므로 신중해야 한다.

개화할 때 꽃 앞면이 한 곳을 응시하는 것도 중요하다. 하나는 앞을 보고 하나는 뒤를 또는 옆을 보고 있다면 미관상 좋지 않다. 꽃 전체를 한눈에 감상할 수 없으므로 이 점도 철저히 대비하며 고쳐야 한다. 꽃은 정면을 향해 자연스럽게 배열되어야 하므로 매일 매일 손으로 조금씩 틀며 방향을 잡으면 도움이 된다. 손의 힘으로 조절이 불가능하면 연철사로 링을 만들어 고무줄이나 철사 등으로 묶어가며 화경의 경화가 많이 진행되기 전부터 조금씩 그리고 천천히 꽃의 앞면을 유인해 잡아주면 된다.

그렇다고 모든 꽃이 돌잔치 단체사진 찍듯이 정면을 보게 하면 자연스럽지 않으므로 이 부분에 너무 집착할 필요는 없다. 어차피 자연에서 아름답게 핀 것을 화분으로 옮겨와 감상하는 것이기 때문이다. 무엇이든 적당해야 하는 이치다.

| <그림 15> 화경 굳히기를 한 후 15일 후 제거   화경 굳히기를 못해 쓰러짐

연철사는 난초를 아름답게 만드는 보조도구일 뿐이다. 전시회 출품 전에 난초 상태를 파악해 아름다움을 돋보이게 해주는 역할이다. 하지만 출품할 때는 반드시 제거하고 내보내야 한다. 이것이 난초에 대한, 난초를 관람하는 사람들에 대한 최소한의 예의다. 조금만 신경 쓰고 배우면 얼마든지 가능한 기술이다. 아니 기술이라기보다는 노력과 정성이다. 성의를 보이고 노력하면 된다는 말이다. 이런 자세가 전문가와 자산가의 길로 이끌어줄 것이다.

다예품의 의미를 살펴 작품을 만들어보라

입문편 한국춘란 가계도에서는 단예품만 소개했다. 갓 입문한 사람들에게는 간결하게 분류체계를 익히게 하면 좋을 것 같아 다예품은 뺐다. 다예품이란 두 가지 이상의 예를 갖춘 난초를 말한다. 근래에는 다예품의 인기가 좋으니 꼭 알고 넘어가면 작품을 완성하는 데 도움이 될 것이다.

단예, 다예를 이야기하는데 예가 무엇인지부터 이해해야 한다. 난초에서 예(藝)란 유전적(DNA)인 요인으로 돌연변이가 일어나 사람이 볼 때 희소하면서 아름답고, 구체적인 특성이 난초의 꽃이나 잎에 나타난 것을 말한다. 즉 넓은 의미로 귀하고 예쁜 난초를 의미한다. 그래서 한 가지 예가 아니라 두세 가지를 갖추면 더 좋다. 하지만 페널티 요소가 있으면 이 모두를 가감해 예를 결정한다.

예	예의 구분(수준)	이해
절반(50%)	가정용-집에서 감상용	준소심, 감중투, 원판성 등의 아름답지 않은 1예품을 포함
1	난우회 전시용	그런대로 예쁜 1예품
1.5	시군 시합 우승 도전용	2예품인데 감점 요소(-0.5) 하나 저촉

2	광역시, 도 시합 우승 도전용	무감예 - 잘 갖춘 2예품
2.5	권역별 시합 우승 도전용	3예품인데 감점 요소(-0.5) 하나 저촉
3	한국 메이저대회 우승 도전용	무감예 - 잘 갖춘 3예품
3.5	아시아대회 우승 도전용	4예품인데 감점 요소 하나(-0.5) 저촉
4	세계대회 우승 도전용	무감예 - 잘 갖춘 4예품

감예의 예시(관유정 사용 예)	
국적 의심 요소 많음	-0.5
봉심 오픈 심함	-0.5
화근 심함	-0.5
서화나 서산반화	-0.5
아주 예쁘지 않음	-0.5

예: 두화+홍화+소심+단엽=4예품인데 자세히 보니
봉심이 벌어져-0.5, 화근이 너무 많아 -0.5,
자세히 보니 라사가 없고 -0.5, 생육상도 옳은 단엽이 아니고 -0.5, 50%쯤 단엽성이라 -0.5
그렇다면 4-0.5-0.5-0.5=2.5예품임

| <표 30> 관유정에서 적용하는 예의 가감 기준표 양식(참고용으로 작성함)

〈표 30〉에서 감예란 100% 정확한 예가 되지 못했거나 예컨대 정확한 두화인데 감점에 해당되어 예가 강등된 것들이다. 이들은 사실상 매매는 불가능하고 전시회에서도 들러리밖엔 안 된다. 여기서 매매란 관유정에서 사줄 수 있느냐를 가지고 예를 들었으니 오해는 금물이다.

1예는 가감점 요소가 없는 정확한 것으로 개인전이나 난우회 품평회 정도로 가능하다. 더러는 입상도 가능하다. 1.5예는 시군구 대회에서 입상이 가능하다. 또한 지역 애호가끼리 서로 바꿀 수 있는 정도이며 매매는 된다.

2예는 2가지 예를 잘 갖춘 것으로 광역권 대회에 출품했을 때 성적을 낼 수 있는 정도를 말한다. 이때부터는 전국적으로 유통이 된다.

2.5예는 3예품인데 감점 요소 하나에 해당된 것이다. 4예품 중에도 감점 요소 세 개에 해당되는 것이 있다. 이 정도이면 대한민국의 어떤 시합에서도 높은 성적을 낼 수 있다. 해외 수출도 가능한 정도다.

3예품은 잘생긴 단엽+원판+황화가 핀 정도다. 그야말로 국제적인 수준에 달한 것이다. 값은 상상을 초월해 가늠하기가 어렵다. 3.5예품은 더 말할 것도 없다. 단엽+원판+황화+소심인 4예품이 봉심이 벌어져 −0.5의 감예가 발생한 정도다. 아시아를 넘어 세계적인 수준에 달한 것이다.

끝으로 정4예품은 단엽+원판+황화+소심에 무감예이니 태양계에서 다시 볼 수 없을 정도다.

이대발 난 연구소, 난 아카데미, 귀농귀촌 지원센터에서는 초보 단계 분들에게 난초를 엽예와 화예를 통틀어 25개〈그림 5〉로, 상급자들에게는 46개〈표 17.18〉로 나누어 교육시킨다. 저마다 인기가 높은 것도 있고 인기가 낮은 종목도 있다.

한때 난초계를 강타한 것은 복색화였다. 두 가지 색이 하나의 꽃에 조화를 이루며 핀 꽃을 말한다. 가장 인기를 끌었던 복색화는 태극선이다. 1촉에 오백만 원을 호가하기도 했다. 태극선은 주금색화와 중투화 두 가지 예를 갖춘 난초였다. 색감이 예술이며 두 가지 예를 갖추고 있어 인기가 하늘을 찔렀지만 지금은 대중화가 돼 가격이 하락했다. 가격은 내렸지만 두 가지 예를 갖춘 아름다움은 여전하다.

내가 명명한 홍장미는 복색화로 두 가지 예를 갖추었다. 아직도 인기가 사그라지지 않고 있다. 홍색에 중투화의 예를 갖춰 희소가치가 있다. 화예에서 홍색의 가치는 다른 색보다 뛰어나기에 인기를 유지하고 있는 것 같다. 이처럼 두 가지 예를 갖추고 있어도 색에 따라, 화형에 따라, 옵션에 따라 가치가 달라진다. 뛰어난 옵션에 여러 개의 예까지 갖추고 있다면 금상첨화다.

여기서 한 가지 짚고 넘어갈 것이 있다. 아주 예쁘지 않은 2예품보다는 아주 잘

| <그림 16> 홍색 중투화-홍장미

생긴 1예품을 택해야 한다는 것이다. 볼 때마다 싫증이 안 나기 때문이다. 단예품에 비해 다예품이 무조건 뛰어나다고 말할 수 없다는 것이다.

색감과 화형이 뛰어나고 무감점 예의 옵션이 뒷받침되면 다예품보다 그 가치를 인정받는 것도 많다. 예를 들어 올림픽 육상의 꽃은 100m 경기다. 100m 경기는 세계인의 이목이 집중되고 치열한 경쟁도 비켜갈 수 없다. 여기에서 동메달을 받는 것도 좋지만 금메달을 목표로 한다면 비인기 종목도 노려볼 만하다는 것이다. 비인기 종목은 관심이 적다 보니 참여하는 사람도 많지 않아 조금만 노력하면 금메달을 딸 수 있다.

작품의 자웅을 겨루는 것이 시합이다. 시합에서 성적은 은메달 100개보다 금메달 1개가 더 낫다. 올림픽에서 순위를 매길 때도 은메달 100개보다 금메달 1개를 더 값지게 평가한다. 전시회는 시합이다. 시합에서 메달을 노린다면 한번 생각해볼 대목이다. 요즘은 색화 소심의 2예품만을 고집하는데 비교적 관심이 적은 분야도 찾아보면 기회가 온다는 것을 말하고 싶다. 물론 비인기 종목 금메달이 100m 경기 은메달보다 낫다고 할 수는 없지만 그래도 은메달 100개보다는 금메달이 더 좋을 것 같아 하는 말이다.

아무런 계획도 준비도 없이 열심히 작품 활동을 해서는 곤란하다. 어느 구름에 비가 올지 모른다며 이것저것을 선택하는 것도 버려야 한다. 시작점부터 무엇을 어떻게 선택하고 나서야 할지 철저한 계획을 세워보라. 그리고 각 영역에서 옵션이 뛰어나게 발현된 나만의 품종(종자)를 찾아내야 한다. 그리고 배양 기술을 덧입혀 건강하고 아름다운 꽃을 피워야 전시회에서 빛을 발하게 된다. 단예품이냐 다예품이냐보다 더 중요한 것이 바로 이것이다.

국전 초대작가를 꿈꾸며 나아가기를

| <그림 17> 2020년 대한민국 동양란협회 전국대회 우승을 위하여 몸을 만들고 있는 '신문'

<그림 17>의 난초는 '신문'이란 품종으로 12년 전 나와 인연을 맺어 지금도 함께하는 오랜 친구다. 아마도 내가 난초를 그만두는 날까지 인연을 이어갈 것이다. 이 녀석은 10년째 출품만 하면 입상을 한다. 작년에는 최고 성적을 거두었다. 농림부 장관 대회에서 동점 1위에 올랐다가 아쉽게 2등을 했다. 금년(2020년)에는 대상에 도전을 한다. 작년에는 촉이 2개가 나와 수세가 약간 평범해져 아쉬운 2위였지만, 금년은 전진 촉이 2개인 만큼 2촉만 받으면 된다.

난초가 심겨진 생활화분은 6호 플라스틱이다. 잎의 넓이는 모두 1.3cm이고 잎의 장수는 모든 촉이 6~7장이다. 작년 기준 9촉에 잎이 56장이었고 뿌리가 59개였다. 금년 가을이면 2촉이 나와 잎 13장, 뿌리 13개를 보태면 69장에 72가닥이 된다. 1위에 도전해도 될 듯싶다. 작품은 이런 것이다. 한번 궤도에 오르면 오래도록 함께할 수 있다.

신문 중투호가 롱런한 것은 내가 개발한 룰과 기술, 매뉴얼과 공정으로 이룬 쾌거라고 말할 수 있다. 난초로 성공해보겠다고 패기에 차 공부하고 기술을 익힌 것의 결과물이다. 이런 결과물을 교육생들에게 보여주면 모두 감탄사를 연발한다. 전시회에서나 볼 수 있는 작품을 교육 중에도 관람할 수 있어서 즐겁다고 말한다. 이런 즐거움을 만끽하고자 교육을 받는다고 한다. 바람직한 모습이다.

나는 신문으로 수상한 상장이 10여 개나 된다. 앞으로도 쭉 성적을 낼 것이다. 이 난초와 같은 작품을 10종류만 가졌다면 매년 전시회가 기다려질 것이다. 이제는 이런 꿈을 품는 사람들이 많아졌으면 한다. 전문가라면 자신의 이름을 대변할 수 있는 작품 한두 개 정도는 만들어낼 수 있어야 한다. 남의 것을 돈으로 사서 전시회에 출품하는 것이 아니라, 한 품종을 합식해서 그럴듯하게 꾸미는 것이 아니라, 진짜 예술작품을 만들 수 있는 기술을 덧입혔으면 한다.

예술작품은 특별한 사람이 만드는 것이 아니다. 꿈이 있는 사람이 만들 수 있다. 국전 초대작가가 되겠다는 꿈이 있는 사람은 얼마든지 작품을 만들어낼 수 있다. 2020년 시세로 신문 1촉은 40만 원이면 구할 수 있다. 40만 원으로 시작해 난계 최고의 작품을 누구나 만들어낼 수 있다. 또한 태극선은 어떤가? 촉당 2만 원이다. 보름달 다음으로 대상을 많이 받은 품종이다. 구구한 변명을 버리고 오늘부터 도전해보길 권한다. 작품을 만들어낼 수 있는 기술과 안목이라면 자산가는 저절로 될 수 있다. 자신이 좋아하고 추구하는 가치와 부합한 난초를 찾아 도전해보라. 그런 사람이 많아져야 난계가 발전하고 희망의 싹이 돋아난다.

| <그림 18> 2019년 대한민국 동양란협회   출품 후 뿌리 사진
  전국대회 준우승 작품(화분 5.5호)

　　신문이 전시회에 위상을 드러내면 해외에서 온 사람들도 입을 다물지 못한다. 판매한다면 사가고 싶다는 말도 수없이 들었다. 그런 말을 들을 때마다 나는 한국 춘란의 세계화가 멀지 않았다고 생각한다. 한국춘란의 아름다운 매력과 가치는 K-Pop처럼 세계를 정복할 수 있다고 자신한다. 이제는 춘란계 모두가 밥그릇 싸움에서 벗어나 세계로 눈을 돌렸으면 한다. 힘을 하나로 모아 'K-Orchid(난초)' 문화를 선도해 나갔으면 한다. 그 꿈을 모두가 이루어내기를 기대한다.

　　스물두 살에 난초에 입문할 때는 학문의 기반과 바탕이 얼마나 중요한지 잘 몰

전문가편을 마무리하며

랐다. 운이 따르든가, 아니면 자본이 든든하면 될 줄 알았다. 그런데 난초를 하면 할수록 최고의 비책은 기술이라는 것을 알았다. 기술은 신성한 것이다. 가난뱅이를 부자로 만들어주는 가장 확실한 열쇠이기 때문이다.

늦었다고 생각할 때가 가장 빠른 때라는 말대로 서른 살부터 대학을 다니며 책을 보았다. 판매에 힘쓰기보다 학문적 토대를 먼저 닦았다. 공부를 해야 기술을 가질 수 있다고 믿었고 그 믿음이 대학원까지 이끌어주었다. 늦깎이 대학원생 때 눈물을 흘린 적이 한두 번이 아니었다. 실험실을 다 태울 뻔한 일도 있었고, 학위연구 시절 중국 산속에 있었을 때는 지역민이 신고해 도망쳤던 기억도 있다. 정말 무서웠다. 죽음의 경계를 넘나들었던 것이다.

나는 운도 없고, 돈도 없고, 인맥도 없었다. 거기에다 나이까지도 젊어 고객들과 융화되기도 어려웠다. 내가 승부를 걸 수 있는 길은 오로지 기술력(실력)뿐이었다. 뼈저리게 배우고 익혔다. 조직 배양, 방사능 처리, 육종 등을 닥치는 대로 공부했고 명장의 자리까지 오르게 되었다. 명장이 되고 나니 난계를 더 사랑할 수밖에 없었고, 내 기술과 노하우를 녹인 또 한 권의 책을 이렇게 내놓을 수 있게 되었다.

이 책에 서술한 내용은 내가 전문적으로 공부한 것과 관유정에서 성공적인 결과를 만든 것들을 토대로 풀어낸 것들이다. 누군가의 입장에서 보면 길잡이 역할을 하겠지만, 또 누군가의 입장에서 보면 별것 아닌 기술처럼 보일 수도 있다. 하지만 나는 자신한다. 이 책에 쓰인 내용이 한국춘란을 건강하게 잘 키울 수 있는 핵심 기술이라는 것을. 부디 나의 작은 생각이 난초에 몸담고 있고, 앞으로 몸담으려고 하는 분들에게 힘이 되고 밝은 등불이 되었으면 한다.

앞으로도 한국춘란의 깊이를 더하는 책을 2권 더 집필할 계획을 갖고 있다. 전체 4권으로 한국춘란의 전부를 담아내고 싶은 꿈이 있으니 독자들의 응원을 부탁한다.

지금 이 자리까지 올 수 있도록 도움을 주신 분들이 많다. 이번 책을 쓸 때 자상하게 지도해주신《한국춘란 이론과 실제》의 대표 저자이신 경북대학교 정재동 명예교수님, 난 병충해 분야의 역작《난의 병충해 진단과 방제》의 저자이신 영남대학교 장무웅 명예교수님, 끝으로 농사꾼 팔자를 한 분야의 연구자로 바꾸어주신 고재철 지도교수님, 엄성욱 아우에게도 깊은 감사를 드린다. 일일이 존함을 기재하지 못하지만 오늘의 내가 있기까지 도움을 주신 모든 분들, 늘 기도로 후원하는 사랑하는 아내와 하늘에 계신 어머니에게도 감사를 드린다.

입문자편과 전문가편이 난초계 발전에 하나의 밀알이 되기를 기대하며 긴 여정의 마침표를 찍는다.

로이

이대건 명장의 한국춘란 교육과정 소개

과정	시간(사전 협의)	인원	교육 장소	교육 방법
부업반	1박 2일 또는 1일 10시간	1명	이대발 난 연구소	1 대 1 도제식
예술반	1일 8시간 9시~PM 6시	1~2명	이대발 난 연구소	1 대 1 도제식
컨설팅	1일 6시간 10시~PM 5시	1~3(공동)명	교육 수요 지역	1 대 1 도제식
전문가 양성	10주 토 PM 1:30~4시	선착순 15명	대구가톨릭학교 평생교육원	강의식(교재) 회당 150분
신바람 이동 캠퍼스	5회 매주 2과목씩	5~10명	교육 수요 지역	강의식(교재) 회당 4시간

교육 커리큘럼

과목	부업반	예술반	컨설팅	전문가 양성
1	희망 상담	정체성 확립 초대 작가의 길	고충 상담 및 구조조정 방안	난초의 매력
2	시장전망·분석	작품의 의미 예쁜 난의 조건	시설 및 환경 종합 점검	등급 결정 및 분류
3	판로 확보·설계	종별 표현미 난의 가계도	기술지도 환경 개선 방안	해부학 및 재배생리
4	맞춤형 영농 설계	대회 진행 방식 과 대진 룰	병충해 및 위기관리 기술지도	실전 재배 기술
5	상등품 만들기	실격과 채점	분갈이 및 품질관리 기술	환경조절 기술
6	재배생리	나만의 전략품종 선발 리스트	종합 대책 수립 전략 품종설계	소득창출 기술
7	생산기술	작품 프로세스		위기관리 기술
8	품질관리	장식과 출품 에티켓		품질관리 기술

차시	과목	교육 내용
9	위기대처		예술의 세계
10	위기대처		현장 실습 및 수료

부업과정 세부 커리큘럼

부업과정 커리큘럼(1박 2일) 첫날(토)10~6시 7 과목 / 둘째 날 10~1시 3과목		
차시	과목	교육 내용
1	희망 상담	애로 사항 상담 및 조언 / 부업의 정체성 확립
		부업 희망 이유와 목적 상담 및 조언
		실력 평가 및 기술 조언 / 난실 구조 조정안 컨설팅
2	시장전망·분석	희망소득 재원 마련을 위한 상담 및 조언
		악재와 난제 및 위험요소 컨설팅 및 조언
		성공과 실패 사례 분석과 조언
3	판로 확보·설계	SNS 시장의 형태 및 실태/ 직판과 OEM의 장단점 교육
		성공 표준 매뉴얼의 프로세스와 실제 적용 기술 교육
		종자목 판매와 완성품 판매의 특성 분석 및 활용기술 교육
4	맞춤형 영농 설계	품종 옵션 등급 체계 확립 기술
		품종설계 - 중점 전략품종과 일반 전략품종
		투자 기간 설계 - 단기, 중기, 장기
5	상등품 만들기	판매 불가품과 불량품을 이해하기
		상등품을 만드는 핵심 기술 배우기
		정질, 정품, 등급 규정 이해하기
6	재배생리	물의 순환원리 교육
		광합성과 난초 살찌우기 교육
		자신의 난실 환경 영향 평가 및 개선점 교육

7	생산기술	물주기 및 비료주기 이해와 기술
		겨울 광합성과 화아분화 이해와 기술
		T/R율 맞추기와 뿌리 탄화 감소 기술
8	품질관리	예찰 기술
		분갈이 기술
		스케일링 기술
9	위기대처	위기관리의 이해
		난초 보호제(농약)의 이해
		효과적인 방제 기술
		병충해의 이해
10		바이러스 대처 방안
		주요 병충해 대처 방안

이대발 난 연구소의 바이러스 검사 유전자 검사

바이러스 검사는 구입과 동시에 실시하는 것이 좋다. 최초 감염이 일어나면 30일 만에 전신으로 퍼진다. 어떤 경로로 감염되는지 모르게 일어나므로 구입 시점에 바이러스 검사를 실시해야 책임 소재를 명확히 할 수 있다. DNA 검사와 더불어 PCR 바이러스 검사도 판매 시점에 구매자와 합의해 검사를 실시하는 것이 분쟁을 줄이는 최선의 방책이다.

	소요기간	조직(잎 or 뿌리)	접수처	금액(건당)
유전자 검사	10~14일	7cm	이대발 난 연구소	10만
바이러스 검사	5~7일	7cm	이대발 난 연구소	20만

| 바이러스 검사 진행 과정과 비용(2020년 기준)

1	ORSV	오돈토크로섬 둥근 무늬 바이러스
2	CymMV	심비디움 모자이크 바이러스
3	CyMMV	심비디움 마일드(어렴풋한) 모자이크 바이러스
4	OFV	난 괴저 얼룩무늬 바이러스

| 바이러스 검사는 현재 보고된 것 중 빈도가 높은 위 4종을 실시

이대발 난 클리닉 센터

값이 비싼 난들은 언제 탈이 날지 모른다. 조기에 발견해 내원하면 대부분 살려낼 수 있다. 장기간 입원을 병행해 치료해야 하는 경우도 많다. 여러분들의 소중한 꿈과 재산을 지켜내는 일인 만큼 소홀히 생각해서는 안 된다.

	소요 기간	과정	접수처	금액(건당)
휴대폰 원격 진료	15분 이내 가벼운 품종	상담 진단 처방 재발 방지 솔루션	010-3505-5577	3만
내원 진료	사전예약	진단, 수술 및 당일 치료. 처방전	이대발 난 연구소	5~10만
입원치료	3개월~1년	진단 입원 중·장기 치료	이대발 난 연구소	협의
바이러스 소견	5분	내원 육안 검사	이대발 난 연구소	3만

| 클리닉 센터 운영 과정과 비용

교육상담   이대발 난 연구소: http://www.nanacademy.co.kr
              이메일: nanacademy@hanmail.net
              전화: 010-3505-5577
접수처   대구시 수성구 청호로 72길
              이대발 난 연구소: 053-766-5935

대한민국 명장이 직접 전수하는
한국춘란 가이드북 전문가편

1판 1쇄 발행 2020년 07월 31일
2쇄 발행 2022년 05월 30일

지은이	이대건
펴낸이	한승수
펴낸곳	문예춘추사

편집	이상실
마케팅	박건원
디자인	박소윤

등록번호	제300-1994-16
등록일자	1994년 1월 24일
주소	서울시 마포구 동교로27길 53 지남빌딩 309호
전화	02-338-0084
팩스	02-338-0087
이메일	moonchusa@naver.com

ISBN	978-89-7604-419-8 14520
	978-89-7604-412-9 (세트)